sciences et société

Dans la collection « Sciences et société »
Aux Éditions La Découverte

Marcel Blanc, *L'Ère de la génétique.*

Mohamed Larbi Bouguerra, *Les Poisons du tiers monde.*

Philippe Breton, Serge Proulx, *L'Explosion de la communication.*

Bernard Cassen (sous la direction de), *Quelles langues pour la science ?*

Alan Chalmers, *Qu'est-ce que la science ?*

Alan Chalmers, *La Fabrication de la science.*

Denis Duclos, *La Peur et le Savoir. La société face à la science, la technique et leurs dangers.*

Bruno Latour, Steve Woolgar, *La Vie de laboratoire. La production des faits scientifiques.*

Yves Lenoir, *La Vérité sur l'effet de serre. Le dossier d'une manipulation planétaire.*

Pierre Lévy, *La Machine univers.*

Pierre Lévy, *Les Technologies de l'intelligence. L'avenir de la pensée à l'ère informatique.*

Richard C. Lewontin, Steven Rose, Leon J. Kamin, *Nous ne sommes pas programmés* (épuisé).

Sven Ortoli, Jean-Pierre Pharabod, *Le Cantique des quantiques.*

Guitta Pessis-Pasternak (entretiens avec), *Faut-il brûler Descartes ? Du chaos à l'intelligence artificielle : quand les scientifiques s'interrogent.*

Michel de Pracontal, *L'Imposture scientifique en dix leçons.*

Rémy Lestienne

Le hasard créateur

ÉDITIONS LA DÉCOUVERTE
9 *bis*, rue Abel-Hovelacque
PARIS XIIIe
1993

DU MÊME AUTEUR

Les Fils du temps. Causalité, entropie, devenir, Presses du CNRS, 1990.

Si vous désirez être tenu régulièrement au courant de nos parutions, il vous suffit d'envoyer vos nom et adresse aux Éditions La Découverte, 9 *bis*, rue Abel-Hovelacque, 75013 Paris. Vous recevrez gratuitement notre bulletin trimestriel **A la Découverte.**

ISBN 2-7071-2191-6

A celle que j'ai rencontrée
par hasard
et qui est devenue ma femme.

Je dédie aussi ce livre à Thomas Jefferson, le troisième président des États-Unis, et à son épouse Martha. Dans une note manuscrite retrouvée, Martha avait recopié cette phrase, tirée du livre de Laurence Sterne *Tristam Shandy* : « Time wastes too fast : every letter I trace tells me with what rapidity life follows my pen. The days and hours of it are flying over our heads like clouds of windy day never to return — more everything presses on... »
Sur le même feuillet Thomas Jefferson avait complété la citation : « and every time I kiss thy hand to bid adieu, every absence which follows it are preludes to that eternal separation which we are shortly to make ! »

Introduction

Lorsqu'il reçut le prix Nobel en 1984, le physicien Carlo Rubbia déclara qu'à son avis les générations futures respecteraient la nôtre, non pas tellement pour notre puissance industrielle ou nos réalisations techniques, mais pour la profondeur des questions que nous nous posons sur le système du monde et l'audace des expériences que nous mettons en œuvre pour essayer d'y répondre. Les interrogations des philosophes anciens étaient certes d'une grande pertinence, mais jamais auparavant la science n'avait prêté son concours pour embrasser d'un même élan les questions portant sur l'essence ultime de la matière, sur son origine et son destin, et sur notre place dans le monde.

La chance a voulu que je fasse partie de cette génération-là. Malgré leurs connaissances toutes neuves et bien incomplètes encore, les questions auxquelles les chercheurs de notre génération ont cherché obstinément des réponses ne sont pourtant guère différentes de celles de nos aînés ; en définitive, elles se ramènent souvent à celles-ci : comment être sûr que nos sens ne nous trompent pas sur la réalité du monde ? Quelle est la nature réelle des intuitions qui participent le plus à notre vie affective : le temps qui passe, par exemple ? Au moment de l'écriture de mon premier ouvrage *Les Fils du temps*[1], j'ai constaté l'intervention constante, dans les questions portant sur l'irréversibilité temporelle, du *hasard*, chose curieuse entre toutes pour un physicien élevé dans la tradition de Galilée, Newton et Einstein. Le hasard et le temps sont des notions qui se ressemblent par plus d'un côté : toutes deux sont à la racine de notre sentiment d'exister ; toutes deux sont à la fois essentielles, mais difficiles à cerner, à définir de façon opératoire ; aucune d'elles ne se laisse volontiers enfermer dans le cadre des théories physiques de la nature ; enfin, elles jouent un rôle dans les sciences de la nature : discret — quoique fondamental — en physique, et beaucoup plus éclatant dans les sciences de la vie. Bref, une étude sérieuse de ces deux notions exige aujourd'hui qu'on interroge tour à tour, avec rigueur, les sciences physiques *et* les sciences biologiques. Avec rigueur, parce que l'interrogation, qu'elle soit de nature philosophique, psychologique, ou religieuse, ne peut plus reposer aujourd'hui sur des approximations, des emballements prématurés, des constructions hasardeuses qui déformeraient l'enseignement réel de l'observation scientifique.

Depuis que j'approche l'étude des mécanismes cérébraux, je commence à comprendre à quel point l'exigence impériale de notre cerveau pour une vision cohérente du monde peut nous induire en erreur et expliquer la diversité des opinions présentées souvent avec bonne foi comme des évidences, quand elles ne sont que des preuves de l'efficacité de nos machines mentales à fabriquer des visions personnelles des choses. Il n'est pas rare que le cerveau, pour satisfaire ce besoin de cohérence, supprime parmi les perceptions élémentaires qui lui sont soumises, celles qui sont contraires à l'esprit de (son) système. Modestie donc de l'approche : mais qu'on aurait tort de prendre pour une indifférence. Parler hier du temps, parler aujourd'hui du hasard, c'est parler de

---

1. R. Lestienne, *Les Fils du temps. Causalité, entropie, devenir*, Les Presses du CNRS, Paris, 1990.

toute façon de soi : ce n'est pas Marcel Proust qui me contredirait sur ce point ! La méthode d'approche que j'ai adoptée diffère de la sienne, sans doute : à force de douter des mérites de l'introspection, j'en suis venu à penser qu'il valait mieux se fier à la démarche scientifique, externe et intersubjective. La contribution d'une telle démarche à la connaissance de nous-mêmes est certes modeste, mais c'est quand même le guide le plus sûr à notre disposition.

La première instance que nous devons interroger pour connaître la nature du hasard est la chaleur. Dans l'univers que nous habitons, il n'est pas de substance, matérielle ou non, à laquelle ne puisse être associée une température. Or, qu'est-ce que la chaleur ? Depuis la fin du siècle dernier, les physiciens répondent : c'est la manifestation à l'échelle macroscopique de l'agitation désordonnée des molécules. Le désordre est donc partout, autour de nous, en nous, sous la forme de ce frémissement incessant des composants ultimes de la matière. Depuis la fin du siècle dernier, on sait aussi que ce désordre est indispensable pour la manifestation de l'irréversibilité temporelle, de la « flèche du temps ». Canalisez le mouvement des molécules, en les orientant par exemple toutes dans la même direction, vous n'avez plus de la chaleur mais du mouvement, de l'énergie cinétique ; or le mouvement est réversible : on peut faire rebondir une balle pour la faire revenir à son point de départ, tandis qu'on ne peut pas renverser un flux de chaleur. Il y a donc une différence de nature entre ordre et désordre à l'échelle moléculaire. Le désordre des mouvements manifestés par la chaleur contient l'irréversibilité en acte. Pour tenter de généraliser cette observation, je proposerai d'appeler « hasard naturel » chacune des manifestations du hasard marquée par un lien congénital entre désordre et irréversibilité. Il s'oppose au « hasard mathématique », celui des jeux de cartes, pour lequel les donnes les plus surprenantes peuvent sortir, disparaître et ressortir à nouveau, si l'on se donne la peine de battre les cartes suffisamment longtemps.

Ce préliminaire peut paraître évoquer inutilement une

magie du hasard. Le développement récent des théories du chaos déterministe donne en effet l'impression que le mystère du hasard est définitivement dévoilé : il ne s'agirait que d'une illusion, liée à l'extraordinaire variété de destins que connaissent souvent les systèmes physiques se trouvant à l'origine dans des états très voisins (ce que les physiciens appellent « l'instabilité par rapport aux conditions initiales »). Il est vrai qu'un système physique obéissant strictement à une loi déterministe, entraînant des évolutions réputées réversibles, peut donner lieu à des phénomènes qui ont toutes les apparences de l'aléatoire, à l'exemple des cyclones océaniques qu'un simple battement d'aile de papillon pourrait faire basculer du champ des possibilités à celui de l'existence. Mais il convient ici d'être rigoureux. Le chaos déterministe n'est en rien assimilable au hasard. Il s'oppose même à lui. Car, comme on le verra, il lui manque l'ingrédient essentiel, l'imprévisibilité *de principe*, que le vrai hasard de la thermodynamique statistique ne partage, en ce monde, qu'avec la mécanique quantique. Or, le fait de l'irréversibilité est présent dans presque toutes les situations envisagées par la science expérimentale et l'observation de la nature, et non pas seulement dans les phénomènes étudiés habituellement par la thermodynamique ou la mécanique quantique. N'est-ce pas le signe que le hasard devrait être explicitement introduit dans toutes les autres branches du savoir, universellement ? C'est l'opinion d'un physicien contemporain tel que Roger Penrose, qui pense que la future *theory of everything* sera une théorie quantique de la gravitation dotée des deux ingrédients essentiels que sont l'imprédicibilité et l'irréversibilité, ou ne sera pas.

D'un autre côté, l'objet de la science est de dévoiler les ordres cachés de la nature, et ses progrès mêmes témoignent que celle-ci n'est pas seulement non-sens ou absence de causes. Les physiciens du siècle dernier se demandaient déjà comment le hasard pouvait engendrer l'ordre, et beaucoup de biologistes depuis Darwin se sont posé la question de savoir comment l'évolution imposante des êtres vivants, avec l'émergence de la complexité et de la conscience qui lui semble associée, pouvait trouver une explication dans le jeu aveugle des mutations.

On connaît la réponse des partisans de la théorie synthétique de l'évolution : c'est la sélection naturelle qui pousse les êtres vivants à toujours plus de complexité. Mais peut-on pour autant parler de progrès ? Le progrès de l'évolution est-il continu, inéluctable, ou bien au contraire n'est-il qu'une illusion ?

Darwin lui-même en doutait. « Les naturalistes, écrivait-il, n'ont pas encore défini, d'une façon satisfaisante pour tous, ce que l'on doit entendre par ''progrès de l'organisation''...[2] ». Cette interrogation a été reprise en termes modernes par Motoo Kimura, par exemple, qui a montré qu'en de nombreuses instances les mutations et réorganisations du matériel génétique sont neutres pour le progrès de l'évolution, et ne peuvent donc l'expliquer[3]. De leur côté, Daniel Brooks et E. O. Wiley proposent d'interpréter le progrès apparent de l'évolution comme un simple effet de perspective[4]. Selon eux, la diversité des systèmes vivants augmente bien comme le veut la loi d'accroissement de l'entropie, mais dans une mesure bien moindre que la diversité des variations théoriquement imaginables, à cause des contraintes de l'hérédité. En d'autres termes, le nombre d'organismes vivants réellement existants croît beaucoup moins vite que le nombre de niches écologiques rendues accessibles par l'évolution, au fur et à mesure que les organismes incorporent et organisent une quantité plus importante de matière. En outre, comme l'a remarqué avec talent Stephen J. Gould, on a tort de se représenter l'évolution des êtres vivants comme un arbre aux branches buissonnantes : la plupart de ces bran-

2. Charles Lenay, *Enquête sur le hasard dans les grandes théories biologiques de la seconde moitié du XIXe siècle*, thèse de doctorat (non publiée) de l'université de Paris-I, 1989, p. 127.
3. Motoo Kimura, *Théorie neutraliste de l'évolution*, Flammarion (pour la traduction française), Paris, 1990.
4. D. Brooks et E. O. Wiley, *Evolution as Entropy*, University of Chicago Press, 1986, rééd. 1988.

ches sont des rameaux morts, témoins de formes de vie disparues à jamais[5].

Passant outre aux propres scrupules de Darwin, les disciples de ce dernier ont brandi l'étendard du darwinisme pour proposer de façon militante une explication laïque du progrès visible de l'évolution. Dans le camp adverse, partisan d'une explication théologique, on ne s'y trompait pas. Ce qui rendait le transformisme darwinien inadmissible aux yeux de beaucoup des contemporains de Darwin, c'était précisément qu'il ne pouvait pas être récupéré par la théologie naturelle. Il était hors de question pour eux de laisser le hasard et la lutte pour la vie modeler le destin du monde vivant. Il est exact que de son côté Darwin affirmait l'indifférence totale de la variation par rapport à la sélection, c'était là pour lui la définition même de ce qu'il appelait une variation naturelle. Il instituait par là une coupure presque étanche entre les deux ordres de phénomènes, qui ne permettait pas d'envisager que ces deux aspects puissent être assortis et soumis à quelque plan divin préétabli.

Darwin ne cherchait pourtant pas lui-même à offenser les croyants, et professait à l'égard de la religion un agnosticisme prudent. Son propos était à la fois plus modeste et plus ambitieux. Sur le plan scientifique, ce qu'il cherchait en fait à montrer, c'est que le hasard avait une réalité *objective*, ou du moins et plus précisément que le hasard avait dans sa théorie le même statut de réalité que les autres entités théoriques.

C'est cette problématique que je voudrais réexaminer aujourd'hui, enrichie de tous les apports d'un siècle et demi de recherche scientifique. Celle-ci, qu'elle se soit tournée vers la physique et les espaces immenses libérés par l'explosion initiale de l'Univers, vers la physique des particules élémentaires et la chimie des systèmes dissipatifs, ou vers les bourgeonnements de l'arbre de vie inventant des espèces nouvelles, a découvert que dans toutes ces étapes essentiel-

5. Stephen J. GOULD, *La vie est belle. Les surprises de l'évolution*, Le Seuil, Paris, 1991. Voir en particulier la figure reprise dans ce livre p. 105.

les le hasard joue un rôle prééminent. Comme un artificier qui fait apparaître par gerbes les féeries scintillantes dans l'homogénéité de la nuit, le hasard crée devant nos yeux et pour ainsi dire par explosions successives la plupart des merveilleuses constructions de la nature. Couronnant le foisonnement de ses explosions, il semble avoir inventé tout exprès la sexualité et ses loteries imbriquées les unes dans les autres, pour faire de nous, qui sommes pour ce temps les derniers figurants de cette formidable fresque, véritablement des *Fils du hasard*.

I

Le hasard classique

1

Brève préhistoire de la notion de hasard

De l'Antiquité jusqu'au XIXe siècle, c'est surtout à propos des activités ludiques que l'on évoque l'idée de hasard. Cependant au cours des siècles la notion de hasard a été appliquée à d'autres situations, en particulier à l'incertitude des témoignages (en particulier devant la justice), et à la comptabilité des occurrences d'un événement particulier parmi un ensemble d'événements possibles (élaboration de statistiques). Chacune de ces applications a conduit à un élargissement de la notion de hasard, ou plutôt à la présentation d'interprétations concurrentes des probabilités. Toutes ces interprétations prémodernes partagent cependant un fond commun. Pour elles, le hasard n'est qu'un nom inventé par pure commodité pour résumer une situation embrouillée, et non pas une réalité qui échapperait aux déterminations usuelles des choses. Le hasard est le voile dont on recouvre notre ignorance concernant les causes des événements, sans qu'on mette en doute l'existence de ces dernières.

Fortune et hasard

Le modèle de hasard ludique est l'agitation de dés dans un cornet ou le battage d'un jeu de cartes. Le mouvement des dés dans le cône de cuir, leur trajectoire heurtée sur la table sont trop compliqués pour être suivis pas à pas ; de même, la danse habile des doigts du batteur de cartes est trop rapide pour que l'on suive tous les changements de rang d'une carte donnée. Ces préparations fournissent, en fin de compte, des situations qui ont toute l'apparence de fruits du hasard. Mais les joueurs n'ont pas besoin d'évoquer une solution de continuité ou une rupture de causalité au cours de leurs manipulations.

L'Antiquité, le Moyen Age, et la période classique avaient dans l'ensemble une grande répugnance pour l'idée fondatrice du hasard, celle d'une absence radicale de cause. Ces âges peuvent au fond être qualifiés d'ultra rationnels, dans la mesure où tout événement, pour être accepté par l'esprit humain, devait avoir une explication, une raison. Il devait pouvoir être rattaché à une cause, quitte à ce que celle-ci soit d'ordre mythologique : le tonnerre effrayant est le bruit de la dispute des dieux, etc. Le triomphe de la religion chrétienne en Occident ne diminue pas, bien au contraire, ce besoin de rationalité. Ce dont la raison nous échappe ne peut survenir sans l'ordre divin. Pour imiter la sagesse divine, l'homme ne doit pas soumettre son destin aux errements des jeux : parce qu'il brouille le fil clair d'un destin ordonné, le hasard est suspect d'être l'habit du Prince des Ténèbres.

L'Antiquité admet bien la notion de contingence, c'est-à-dire d'événements qui peuvent survenir ou ne pas survenir dans le futur, mais, à l'exception notable de Lucrèce, elle ne se compromet pas trop à leur sujet sur l'absence objective de cause. On se souvient que pour Platon la substance primitive du monde est chaos, mais le Démiurge intervient, précisément pour lui donner forme. Une première réserve sur la nécessité du monde est exprimée par Aristote. Dans son traité *De l'interprétation*, celui-ci discute longuement de la notion de contingence, à laquelle il attache une grande importance, s'agissant des événements terrestres et sublunaires (par opposition aux événements nécessaires des sphères célestes externes). Dans ce texte, Aristote remarque déjà que toutes les éventualités possibles pour un événement contingent n'ont pas nécessairement la même chance de se réaliser. Ce en quoi Aristote se montre ici comme en d'autres domaines un étonnant précurseur (les *propensités* popperiennes n'ont-elles pas d'étranges ressemblances avec les *potentialités* aristotéliciennes, tout comme d'ailleurs avec les *potentia* d'Heisenberg[1] ?).

Le hasard n'ayant pas d'antécédent, on ne doit pas s'étonner si les anciens variaient dans leurs efforts pour lui en attribuer. Ainsi, chez les Grecs et les Romains, la gauche et les événements survenant par la gauche sont d'abord interprétés comme d'heureux présages, puis au contraire comme l'indice de malheurs à venir. Contrairement à ce que certains pourraient être tentés de nous faire croire, l'association de l'idée de gauche avec d'aussi sombres prévisions n'avait pas, à l'époque, de contenu politique ! La vérité est qu'entre-temps les Romains avaient finement observé que la main gauche est celle avec laquelle on dérobe les bijoux des passants. Le mot qui la désigne en latin, *sinistra*, est à l'origine de notre usage du mot « sinistre » appliqué aux présages et aux événements funestes. Mais les Romains disposaient aussi du mot *fortuna*, qui est à l'origine de notre expression « à la bonne fortune », à la connotation beaucoup plus heureuse. La fortune, c'est la chance qui sourit à l'enfant bien né ; mais chacun peut réclamer ses faveurs et saisir à l'occasion ses largesses. On peut aussi la provoquer. La bonne fortune seule donnait une chance au manant, ou au mal-né, de subvertir l'ordre établi et de conquérir par un haut fait de guerre, par exemple, les titres que la naissance vous a refusés. Même si l'épopée racontée dans un roman tel que *Ben Hur* est très caricaturale, bien des roturiers romains et des esclaves ont pu ainsi redresser un sort qui leur était défavorable.

1. Cf. W. HEISENBERG, *Physique et Philosophie*, rééd. Albin Michel, Paris, 1971, p. 240.

Le hasard une première fois apprivoisé

Le mot hasard lui-même est d'origine arabe. On pense que les croisés se sont familiarisés, au cours de leurs lointaines expéditions, avec les jeux de dés, alors pratique courante chez les Moyens-Orientaux. Comme ces populations appelaient les dés *az zahr*, l'habitude fut bientôt prise d'appeler du seul mot de « hasard », surtout en relation avec les activités ludiques, ce que les générations précédentes appelaient tantôt « sort », « fortune », « chance » ou « aléas ».

Une première approche mathématique des jeux de hasard voit le jour au XVIIe siècle, à l'occasion des échanges épistolaires entre le chevalier de Méré, féru de jeux de dés, et Blaise Pascal. Le 29 juillet 1654, celui-ci, malade et alité, écrit fébrilement au chevalier pour lui dire qu'il a résolu le problème qu'il lui avait posé. La notion centrale qu'il utilise dans ce premier exemple de solution mathématique d'un problème de hasard est celle de *jeu équitable*[2], c'est-à-dire que les décisions doivent en dernier recours être basées sur ce que nous appellerions aujourd'hui *l'espérance de gain* de chaque joueur. Ainsi, on aurait tort de croire que la première notion dégagée à propos de la théorie du hasard soit celle de probabilité : dans les premières discussions de Pascal avec le chevalier de Méré, on ne nomme pas précisément les probabilités, et Pascal remarque même de la façon la plus vague que « le hasard est égal », ce qui laisse entendre qu'il n'envisageait que les cas d'équiprobabilités.

Un nouveau pas est franchi dans la théorisation des jeux avec la parution en 1713 du livre de Jakob Bernouilli *Ars Conjectandi*, dont l'accent est déjà nettement plus économique. Nicholas Bernouilli, le frère de Jakob, sera parmi les premiers à composer des tables d'annuités. Les deux frères

2. On peut rapprocher cette préoccupation d'équité des premiers assouplissements de la doctrine jusque-là rigide de l'Église catholique sur les prêts usuriers. C'est en 1645 que les jésuites obtinrent pour la première fois une dispense de la sacrée congrégation de la Foi pour les convertis chinois qui pratiquaient le prêt à intérêt (à 30 % !), à la condition que soit prise en compte une « juste » répartition des risques.

élargiront aussi les questions liées au hasard à l'évaluation de la vraisemblance des témoignages en justice.

Ce n'est qu'à la fin de cette période, vers le milieu du XVIIIe siècle, que la notion de probabilité va émerger comme notion primitive et être utilisée comme telle dans les théories du hasard[3]. Quand Laplace écrit enfin sa *Théorie analytique des probabilités*, il lui donne la place d'honneur, sous la forme classique de rapport entre le nombre de cas favorables et le nombre total de cas possibles, étant entendu que les divers cas considérés sont supposés également possibles. Ce qui soulèvera plus tard les remarques ironiques de Poincaré, selon lesquelles cette définition revient à définir le probable par le probable. Mais entre-temps, le champ des applications du calcul des probabilités s'était largement agrandi, et l'habit qui avait été taillé pour elles[4] était devenu notoirement trop étroit. La recherche des fondements épistémologiques et axiomatiques de la théorie des probabilités s'imposait, indépendamment même des applications économiques qui commençaient à poindre.

Statistiques et assurances

La pratique des statistiques se perd dans la nuit des temps. Du moins peut-on remarquer quelques signes certains de sa généralisation au cours du XVIIe siècle. A l'origine le terme était employé dans une acception fort différente de ce qu'elle est aujourd'hui (comme l'étymologie le suggère, il s'agissait alors de la « science des états »). Ce n'est que vers 1830 que le sens donné à ce terme évolue, d'abord vers celui de

3. L'origine du mot *probabilité* serait liée à la casuistique, selon laquelle toute transgression peut être absoute du moment qu'un théologien ou un autre a pris, sur le sujet, une position indulgente. Le mot serait donc, à l'origine, associé à une sorte de relativisme. Voir E. F. BYRNE, *Probability and Opinion. A Study in the Medieval Presuppositions of Post-Medieval Theories of Probability*, Martinus Nijhoff, La Hague, 1968.

4. A savoir, les probabilités envisagées comme résultant des symétries constatées dans l'énoncé des situations, ou comme traduction numérique des impressions subjectives de telle ou telle personne à propos des chances qu'un événement survienne.

« science numérique de la société », puis, vers la fin du siècle, vers son acception actuelle de traitement des données en nombre et d'art de la prédiction à partir de leur étude, quel que soit l'objet sur lequel porte le recensement.

En 1693, l'astronome britannique Edmund Halley (celui qui légua son nom à la comète la plus célèbre du système solaire) publie les premières tables complètes de mortalité, faisant référence à l'âge des défunts[5]. Il introduit à cette occasion la notion de courbe de survie et définit l'espérance de vie. Halley, comme Nicholas Bernouilli l'avait fait sur la base d'autres données, en déduisit quelle devait être l'augmentation des primes d'assurances sur la vie en fonction de l'âge pour un système d'assurance équitable, mais leurs travaux furent superbement ignorés des professionnels, pour des raisons qui apparaissent aujourd'hui assez claires.

La pratique des sociétés d'assurances s'apparentaient, au XVIIe siècle, à des paris ludiques. Elles se ménageaient, d'ailleurs, de confortables marges de profit et ne voyaient pas l'intérêt de plus justes appréciations des risques qu'elles encouraient, fussent-elles mathématiquement justifiées. En outre, à leurs yeux la variabilité des risques était trop grande, en ces temps incertains de piratage, d'épidémies, de brigandage, d'incendies monstres et de guerre, pour que ceux-ci soient représentés par les sages moyennes des statisticiens.

En raison même de leur ressemblance avec des maisons de jeux, les sociétés d'assurances ont rencontré, à l'origine, un sérieux problème de respectabilité. D'autant plus qu'à l'époque, rappelons-le, la pratique des jeux d'argent était considérée comme immorale, voire illégale. Un décret papal (*Naviganti* par le pape Grégoire IX) interdit formellement, au XIIIe siècle, les pratiques ordinaires d'assurance maritime. Au milieu du XVIe siècle, les juristes s'efforcèrent de dégager la notion de contrat équitable, sur la base d'une juste proportion entre le risque encouru et la prime payée. Mais les assureurs, assimilés à des joueurs, durent acquérir chèrement

5. Ces premières tables de mortalité reprenaient les données rassemblées par le pasteur protestant de Breslau à la demande de Leibniz.

le droit d'exercer leur commerce. Pendant un temps encore, la confusion régna entre le réflexe de jeu et de gain associé au risque, et la pratique prudente de l'assurance. Les contrats pratiqués au XVIIIe siècle furent presque tous plus proches du premier type que du second. Les énormes dispersions observées alors dans les risques naturels, ceux par exemple d'incendie ou les aléas des transports maritimes, ne favorisaient pas encore une approche rationnelle de ces problèmes. Enfin, en Angleterre, des actes légaux passés en 1764 et 1774 (Gambling Act) fondèrent sur la notion d'intérêt légitime la distinction entre l'assurance et le jeu. Par exemple, le souscripteur d'une assurance sur la vie devait prouver son intérêt légitime et proportionné quant à la vie assurée, faute de quoi la souscription pouvait être déclarée nulle et non avenue. Les assurances sur la vie n'en restèrent pas moins illégales dans la plupart des pays d'Europe jusqu'au XIXe siècle. Progressivement, cependant, on comprit que bien loin de jouer sur le hasard, l'assurance tendait au contraire à diminuer les risques insupportables, à tempérer les injustices du sort, et était parfaitement compatible avec un comportement de bon père de famille.

C'était particulièrement le cas des assurances sur la vie. En 1762, la première entreprise d'assurances fondée sur les tables de mortalité, *The Equitable Society for the Assurances of Lives*, fut créée à Londres. Pour la première fois, les primes d'assurance étaient modulées en fonction de l'âge, et leur calcul reposait sur les tables de mortalité. Le prospectus initial de la société insista sur son caractère de mutuelle : le risque était diminué par sa répartition sur l'ensemble des assurés, les bénéfices ou les déficits éventuels seraient partagés. Mais en fait les fondateurs, craignant encore des fluctuations extravagantes, prirent des marges très confortables et assurèrent l'accroissement rapide de la richesse de leur entreprise. En outre, dans la pratique des professionnels de ces premières assurances transparaît la difficulté de bien appréhender les rapports de la probabilité au temps. Alors que les promoteurs tendent à identifier temps et augmentation de l'incertitude, ne serait-ce qu'en raison des plus grandes possibilités d'apparition d'une épidémie ou de changements imprévus dans les conditions d'un voyage, les théoriciens des probabilités, au contraire, savent que les régularités annoncées par la théorie ne se dévoilent qu'avec le temps, grâce à l'accumulation patiente d'expériences.

L'introduction des statistiques dans les problèmes d'assurance marque un tournant fort important dans le traitement théorique du hasard. En fait, il s'agit bien de l'origine de l'interprétation « fréquentiste » des probabilités, en rupture avec les approches antérieures, fondées sur les jeux de hasard (dans lesquels la probabilité est appréciée à partir de considérations de symétrie) ou bien sur des jugements subjectifs, comme dans le cas de la vraisemblance des témoignages en justice.

L'utilisation des tables de mortalité pour l'évaluation des probabilités de survie marque le premier exemple concret d'une approche fréquentiste des probabilités. On peut en trouver le fondement dans la distinction faite par Jakob Bernouilli entre probabilités *a priori* (dans lesquelles les symétries entraînent l'équiprobabilité), et les probabilités *a posteriori* (lorsque les probabilités sont estimées à partir des statistiques de résultats). Assez remarquablement, Leibniz objecta déjà à cette époque que les statistiques étant nécessairement limitées, le choix de représenter les probabilités par une série concrète de résultats plutôt que par une autre est arbitraire. Bernouilli fut contraint de répondre qu'on pouvait supposer que « la nature suivait les chemins les plus simples », ce qui revient à supposer que toutes les situations aléatoires admettent, en leur fondement, quelque distribution uniforme des probabilités. Dans le cas des tables de mortalité, cette exigence était assez difficile à traduire, et les premiers traités sur le sujet se trompèrent grossièrement, en affirmant contre toute évidence l'équiprobabilité des chances de mortalité à tout âge !

Mesurer les probabilités

A la fin du XVIIIe siècle, on dispose finalement de trois méthodes pour la mesure des probabilités affectées aux diverses éventualités se présentant dans une situation hasardeuse :

a. L'examen des symétries physiques présentes dans un problème concret permet souvent d'attribuer des probabilités égales pour les différentes issues possibles d'une situation commandée par le hasard. Ainsi, la symétrie d'un cube pour différentes rotations dans l'espace conduit à attribuer à la sortie de chacune des figures inscrites sur la face d'un dé une probabilité égale à 1/6.

b. Certains penseurs à l'esprit plus sensible aux questions psychologiques, mettent en valeur l'aspect subjectif des probabilités en tant que croyance intime et éminemment personnelle concernant les espoirs et les risques liés à la survenue des différents événements possibles. Cette position, assez naturelle chez les hommes de loi par exemple, n'est pas la plus facile à défendre. Comment peut-on espérer tirer des lois d'une théorie fondée sur une définition aussi subjective des probabilités ? Comment même garantir l'intersubjectivité[6] du discours sur le hasard dans ce cadre, condition minimale pour que ce discours puisse être qualifié de scientifique ?

c. Enfin, la dernière approche voit le jour avec le développement des méthodes statistiques. Elle fait reposer l'évaluation des probabilités sur l'observation patiente des fréquences observées. On provoque activement la répétition des situations hasardeuses pouvant conduire à plusieurs issues possibles, tel un jet de dé, ou bien on attend sa répétition naturelle, comme dans les statistiques sur la pluviosité. Chaque observation enrichit la statistique d'une unité. Les pourcentages des différentes issues observées dans les épreuves

---

6. L'intersubjectivité est la propriété qui garantit que le jugement de vérité ou de fausseté porté sur une proposition ne dépend pas de la personne qui porte ce jugement. Un jugement intersubjectif est nécessairement unanime. La science demande que les propositions qu'elle énonce soient acceptées par tous (sur l'évidence des observations), mais n'exige pas nécessairement que ces propositions reflètent des propriétés objectives du monde : c'est le débat entre positivistes et réalistes.

passées déterminent, par définition, les probabilités affectées à chacune d'elles pour un essai futur (noter qu'on parle de statistiques pour les cas passés, et de probabilités pour les cas futurs). Une telle démarche dérive de façon naturelle des pratiques statistiques concernant, par exemple, les tables de mortalité et de natalité.

Les raisons cachées de l'aléatoire

Les hommes de science du XVIIIe siècle ont semblé fascinés par l'idée que, par-delà le désordre fondamental qui préside à l'occurrence d'événements aléatoires, ceux-ci semblaient obéir à quelque raison supérieure, qui les force à manifester dans leur ensemble certaines régularités. Plus précisément, la justification invoquée des lois du hasard insiste sur la réalité des causes des régularités observées : l'approche des probabilités est marquée alors par une vision platonicienne des phénomènes hasardeux. Pourquoi la fréquence des couleurs au cours d'une suite répétée de tirages dans une urne contenant par exemple des boules bleues et rouges tend-elle vers la proportion des unes et des autres ? Parce que, dit-on alors, cette proportion est la *cause* réelle de la régularité observée. Pourtant elle ne figure pas dans les données dynamiques du problème concret du résultat du tirage d'une boule particulière : il n'y a pas de relation dynamique entre la composition d'une urne et la chaîne des étapes mécaniques qui aboutissent au résultat d'un tirage donné. Autre exemple, source d'un non moins grand étonnement, la régularité des taux de mortalité. Observée dès 1741 par le pasteur allemand Johann Süssmilch, elle permet de définir une sorte de courbe idéale des risques de mortalité. On admet donc, avant que l'interprétation fréquentiste des probabilités soit élaborée, que les régularités empiriques rencontrées dans les phénomènes régis par le hasard révèlent l'existence d'un monde platonicien de causes et de raisons, qui transcendent en un sens les événements concrets de la vie quotidienne.

Ces régularités, dira-t-on aujourd'hui, sont précisément construites par le hasard même, en vertu des lois des grands nombres. Mais c'est là un argument que ne pouvait pas recevoir un homme du XVIIIe siècle, imperméable à l'idée d'un ordre issu du hasard.

Forts de ces observations, les théologiens tentent de récupérer le hasard et font valoir que Dieu tient celui-ci pour ainsi dire en laisse, fixant par avance les limites des variations que les cumuls de variables aléatoires peuvent endosser. L'exemple le plus admirable de la sagesse divine et le plus convaincant de son intervention est trouvé dans la répartition des sexes à la naissance. Ne voit-on pas que le taux de natalité des garçons surpasse celui des filles, dans la proportion de 21 à 20 ? Dans sa sagesse Dieu n'a-t-il pas prévu ainsi de compenser l'humeur batailleuse des garçons adolescents, dangereuse pour leur survie, pour rétablir à l'âge du mariage une proportion parfaitement harmonieuse entre les sexes ?

Dans cette optique d'un hasard muselé, les hommes de science eux-mêmes trouvent des arguments supplémentaires pour admettre que l'introduction des probabilités n'est qu'un recours ou un expédient provisoires, liés seulement à l'ignorance provisoire des causes profondes qui régissent les phénomènes paraissant soumis au hasard.

Le XIXe siècle bouleversera cette façon de voir, de manière progressive d'abord, notamment grâce à la proposition par Antoine Augustin Cournot d'une définition catégorielle des événements hasardeux. Ceux-ci, propose-t-il, sont à la croisée de deux chaînes d'événements, chacune d'elles liant les événements les uns aux autres par une suite de causes et d'effets. Mais chaque chaîne est totalement indépendante de l'autre. Puis le bouleversement se confirmera, de façon aussi révolutionnaire qu'insidieuse, à l'occasion d'une année *mirabilis* : 1859. Rompant avec l'épistémologie laplacienne, le hasard est évoqué par deux fois, au cours de cette même année, en tant qu'élément à part entière d'une explication scientifique. A quelques mois de distance, en effet, James Clerk Maxwell fonde la mécanique statistique des gaz en expliquant les propriétés énergétiques de ceux-ci par l'agitation désordonnée de molécules, et Charles Darwin explique l'évolution des espèces vivantes par le hasard des variations dans un milieu soumis à la sélection naturelle. En cette année commence, sans doute, la vraie carrière scientifique du hasard.

2

1859, la double révolution intellectuelle de Darwin et Maxwell

Le début de cette seconde moitié de siècle est frappé au signe du fer et du charbon. L'innovation, l'industrialisation nourrissent la foi nouvelle dans le progrès du genre humain, tandis qu'elles permettent à l'Angleterre victorienne d'affirmer son leadership sur les autres nations. C'est dans cette Angleterre en paix et sûre d'elle-même que prend place, en 1859, une double révolution intellectuelle. L'irruption, cette année-là, du hasard comme *élément explicatif de phénomènes*, en physique d'une part et en biologie d'autre part, constitue en effet une véritable rupture de l'ordre ancien, même si cette rupture n'est pas tout de suite perçue comme telle. Le fait que l'hypothèse de Maxwell et la publication du livre de Darwin datent de la même année est plus qu'une coïncidence. Il marque une maturation de l'esprit scientifique, désormais assez sûr de lui dans le domaine exploré des déterminations causales pour se lancer à la conquête d'autres terrains. Mais avant de faire entrer en scène les acteurs, il convient sans doute d'en décrire le décor.

Une époque bouillonnante d'innovations

Aucune époque, si ce n'est peut-être la nôtre avec sa révolution télématique, ne connaît un tel foisonnement de percées technologiques, promesses de bouleversements sociaux. Pendant que le chemin de fer et le télégraphe électrique étendent leurs toiles d'araignées, pendant que le moteur à vapeur conquiert les mers et envahit les manufactures, en cette année 1859 on invente la lampe à incandescence, le moteur à combustion interne, l'extraction du pétrole.

Comment s'étonner dès lors qu'un vent d'enthousiasme pour le progrès soulève la société bourgeoise, qui s'enrichit comme jamais auparavant, et dont les habitudes sociales sont profondément changées ? En France, en 1859, le premier programme d'équipement en voies ferrées, principal moteur de l'essor économique d'alors, est terminé. Les riches Anglais de Glasgow ou de Manchester peuvent partir à la découverte de la côte d'Azur. On a l'impression que le chemin de fer et le télégraphe rétrécissent l'espace du monde comme une peau de chagrin. En 1858 est mis en service le premier câble transatlantique, rapprochant les États-Unis de l'Europe. L'année suivante, Ferdinand de Lesseps fait donner le premier coup de pioche pour le percement du canal de Suez, destiné à rapprocher l'Inde de l'Europe. Déjà un réseau de télégraphe de plus de 10 000 kilomètres unit la province à Paris, et permet au gouvernement de convoquer sur-le-champ préfets et notables, qui bénéficiaient jusque-là d'un éloignement protecteur.

Pour la classe aisée, la vie quotidienne change rapidement. Les banques se multiplient : le Crédit industriel et commercial en 1859, le Crédit lyonnais en 1863. Les premiers grands magasins ouvrent leurs portes : Le Bon Marché, Le Louvre, bientôt suivis par Le Printemps. Les ateliers d'artistes photographes fleurissent dans toutes les grandes villes. A Paris, on vient d'inaugurer le boulevard de Sébastopol et la gare de l'Est, et la transformation de la ville sous l'impulsion du préfet Haussmann se poursuit. Dans le même temps, à Londres, on prépare déjà le percement des premières lignes de métropolitain.

Dans une certaine mesure, la confiance dans un avenir meilleur entraîne même le prolétariat. Certes, les conditions de vie des ouvriers des grandes villes restent misérables, et à certains égards empirent même au cours des ans. Le salaire horaire augmente, mais moins vite que le coût de la vie. L'insuffisance des revenus du chef de famille et la guerre de concurrence à laquelle se livrent les entrepreneurs poussent au développement du travail féminin et de celui des enfants. A tout prendre cependant l'ouvrier de 1859 vit mieux que celui de 1840, le besogneux dont le salaire stagnait ou baissait, qui n'avait de travail qu'à la petite semaine, et souffrait de disette endémique.

Le monde industriel est dominé par l'Angleterre, alors au sommet de son influence. En paix avec l'extérieur depuis la fin de la guerre de Crimée, la démocratie aristocratique de la reine Victoria a permis à la bourgoisie anglaise d'engranger les bénéfices de son avance technologique sur le continent.

En France, l'année 1859 est plutôt une année tranquille, dans le calme précaire qui caractérisait le Second Empire. Les troupes françaises se battent, il est vrai, pour une courte expédition en Italie[1]. La victoire incertaine et chèrement acquise de Solférino lui a dicté le retour à la paix.

La Prusse et l'Empire austro-hongrois partagent leur influence sur l'Europe orientale. En Prusse, le roi Guillaume Ier n'est encore que régent et n'a pas encore fait appel aux services de Bismarck, nommé Premier ministre en 1862. A Vienne, le mariage en 1854 de l'empereur François-Joseph avec Elizabeth de Wittelsbach, dite Sissi, alimente les conversations de salon tout autant qu'en France le mariage de l'empereur avec Eugénie de Montijo, une année auparavant.

1. Entré en campagne début mai à la tête des troupes françaises, l'empereur, qui s'était engagé auprès de Cavour à soutenir le Piémont contre l'Autriche dans ses efforts de construction de l'unité italienne, signe prudemment dès le 12 juillet les préliminaires de paix de Villafranca.

La voix baisse lorsqu'on y évoque aussi les derniers livres scandaleux, tels *Madame Bovary* et *Les Fleurs du mal.*

L'Amérique reste la nouvelle frontière. En 1859, James Buchanan préside une Union occupée surtout de sa propre consolidation. Sur son sol jaillit, le 28 août, la première goutte du précieux liquide qui allait pour une bonne part conditionner l'économie et la politique mondiale jusqu'à cette fin de XXe siècle : le pétrole. Un an plus tard, l'abolitionniste Abraham Lincoln succède à Buchanan. Les États-Unis s'acheminent alors inexorablement vers la guerre civile.

Dans les salons, on parle parfois de science. Le déterminisme n'a pas encore atteint son plein apogée ni son expression la plus achevée, dans la mesure où le principe universel de conservation de l'énergie, acquis en 1847, est encore un principe trop neuf pour être connu et discuté dans de larges cercles. Mais déjà on entend parler d'une nouvelle science, la thermodynamique, qui propose de nouvelles façons de penser les transformations et l'irréversibilité. Certains salons bien informés dissertent aussi sur la toute nouvelle hypothèse moléculaire, selon laquelle les gaz sont formés de toutes petites boules agitées de mouvements incessants[2]. Dans d'autres, on évoque sans doute le mystère de ces crânes et ces ossements trouvés à Néanderthal, presque humains sans l'être tout à fait[3]. D'une façon très large, sauf dans les milieux les plus conservateurs ou intégristes, la raison, la science et le progrès sont célébrés comme une nouvelle sainte Trinité. En 1848, Renan n'avait-il pas précisément proclamé « la science est une religion ; la science seule fait résoudre à l'homme les éternels problèmes dont sa nature exige impérieusement la solution » ?

Le hasard aussi joue un rôle concret et manifeste dans la vie quotidienne. Je ne parle pas seulement des jeux et lote-

---

2. C'est en 1858 que le chimiste italien Stanislao Cannizzaro clarifie l'idée de molécule, en utilisant l'hypothèse d'Avogadro (énoncée en 1811) selon laquelle tous les gaz contiennent dans un même volume le même nombre de molécules, lorsqu'ils sont pris dans les mêmes conditions de température et de pression.

3. Le premier spécimen de crâne de l'homme de Néanderthal, qui donna son nom à cette variété, a été découvert en 1856. Les paléontologues ont longtemps refusé de considérer l'homme de Néanderthal comme une variété de l'*homo sapiens.*

ries qui ont toujours existé, mais d'autres pratiques organisées. L'exemple le plus frappant concerne la France, pays dans lequel depuis 1818 la conscription est le résultat d'un tirage au sort. Tirer le bon ou le mauvais numéro peut signifier six ou sept années d'asservissement, de campagnes militaires, et la mort possible au champ d'honneur. L'argent permet, en achetant un remplaçant, de limiter aux plus défavorisés ce sort pénible. D'autres pratiques permettent également de dompter en partie les malheurs dus au hasard. Depuis 1820, en effet, le divorce entre les pratiques d'assurance et le jeu est consommé ; les premières sont devenues recommandables, au point que l'assurance sur la vie devient l'exemple favori pour démontrer l'utilité de la théorie des probabilités. On oppose la sagacité et le sens du sacrifice des assurés à l'égoïsme des particuliers qui placent leurs économies dans un bas de laine. Reste encore à vaincre la résistance de ceux qui pensent que l'assurance peut dispenser à trop bon compte les employeurs de rechercher les dispositions optimales de sécurité. Par exemple, certains reprochent aux constructeurs de chaudières pour moteur à vapeur de préférer la tranquillité d'une bonne assurance à la recherche résolue des conditions techniques qui permettraient d'éviter toute explosion accidentelle. Finalement, ce n'est qu'à la fin du XIXe siècle ou au début du XXe que le consensus s'instaure pour accepter la respectabilité et même la recommandabilité de l'assurance (sur la vie, sur la santé, sur le feu, sur les accidents de la circulation, etc.). Plus que jamais, les compagnies d'assurances avaient de beaux jours devant elles.

Le legs de Pierre Simon de Laplace

Malgré ces nouveaux commerces avec le hasard, la façon de penser ce dernier reste, à cette époque, très classique. Le hasard est le masque de l'ignorance, que la science est chargée de faire tomber dans tous les domaines qu'elle éclaire. En 1859, les exposés les plus célèbres et les plus complets des probabilités restent sans nul doute ceux de Laplace, mort depuis trente-deux ans : la *Théorie analytique des probabilités* de 1812 et sa volumineuse mais accessible nouvelle introduction, l'*Essai philosophique sur les probabilités*, écrite en 1814. Ils devancent encore dans les esprits les écrits plus récents de Poisson (*Recherche sur la probabilité des jugements*, 1835) et de Cournot (*Exposition de la théorie des chances et des probabilités*, 1843).

Dans ces essais, l'auteur de l'*Exposition du système du monde* défend une interprétation purement subjective des probabilités, une interprétation qui les relie exclusivement à notre ignorance de l'état réel des systèmes que nous soumettons à notre examen. Il ne pouvait en être autrement de la part d'un aussi ardent apôtre du déterminisme. On se souvient des fières paroles sur la toute-puissance du calcul et de la raison : « Pour un être suffisamment intelligent pour connaître à un instant donné toutes les forces s'exerçant dans la nature et toutes les positions et vitesses relatives des particules qui composent l'Univers, [...] rien ne serait incertain, et l'avenir comme le passé seraient présents à ses yeux[4]. »

L'attitude « platonicienne » à l'égard du hasard héritée du siècle des lumières survit à l'introduction des probabilités en physique et en biologie. On lit les travaux contemporains d'Adolphe Quetelet. Ses recherches sur les probabilités l'ont amené à découvrir avec bonheur que les régularités prédites par la théorie « physique » des probabilités se rencontrent aussi dans les événements sociaux, par exemple dans les statistiques criminelles. Cet auteur élabore à partir de là des considérations sur un prétendu « penchant objectif pour le crime » qui serait inné dans chaque homme et ne se manifesterait que d'une façon aléatoire. Ses détracteurs font remarquer avec raison que les régularités observées ne démontrent pas l'existence d'un tel caractère idéal : en réalité, les variations observées d'un échantillon de population à l'autre sont trop larges pour agréer cette hypothèse, et suggèrent au contraire que les criminels font partie d'une sous-

4. P. S. LAPLACE, *Essai philosophique sur les probabilités*, rééd. Christian Bourgois, Paris, 1986, p. 33.

population spéciale, celle qui récidive fréquemment, mais ils ne sont guère écoutés.

Le XIXe siècle presque tout entier sera marqué par cet « homme idéal » dont les représentants de l'espèce ne sont que des copies plus ou moins fidèles. Il faudra attendre Claude Bernard pour que l'autorité médicale s'élève avec force contre cet idéalisme ridicule et souligne au contraire qu'il est nécessaire, pour comprendre l'homme, de porter son attention non point sur l'homme moyen idéal mais sur l'homme réel. Non point sur un modèle humain abstrait mais sur les hommes et les femmes concrets, de chair et d'os, avec les variations individuelles qu'ils présentent : « Il n'y a rien comme un pouls moyen, une maladie moyenne, une urine moyenne », ironise l'auteur de l'*Introduction à l'étude de la médecine expérimentale*. Et d'insister sur l'étude des caractéristiques biologiques propres de chaque individu. N'est-ce pas précisément en mettant en évidence les corrélations qui peuvent exister entre telle et telle variation que l'on peut progresser dans l'entendement du fonctionnement du système physiologique et dans l'exercice de la médecine ?

L'ironie mordante de Claude Bernard sonne le glas de la conception « platonicienne » du hasard. Certes, le hasard a ses lois, mais celles-ci ne préexistent pas à ses manifestations : elles naissent de ses manifestations mêmes. Le hasard, par définition, récuse tout recours à un antécédent : ne peuvent être dits hasardeux, au sens strict, que les événements qui ne sont déterminés par aucune cause. Par là même, ils constituent la limite naturelle du déterminisme, le point d'aboutissement amont de toutes les chaînes causales que l'on peut reconstruire.

Dès 1859, cependant, le mouvement pour surmonter les difficultés de l'approche classique des probabilités était déjà lancé dans l'ombre. Dans les années 1830-1840, John Stuart Mill, Robert Leslie Ellis, Jakob Friedrich Fries avaient déjà élaboré l'essentiel de l'interprétation des probabilités en termes de fréquence, qui domine la scène encore aujourd'hui. Peu après John Venn exprimera clairement, dans *The Logic of Chance* (1866), ses doutes sur le lien entre régularités empiriques dans les problèmes de hasard et causes formelles intrinsèques de ces régularités, telles que la composition d'une urne dans laquelle on pratique des tirages répétés. Mais c'est à Augustin Cournot que l'on doit la première étude approfondie d'un hasard détaché de son modèle laplacien.

L'œuvre d'Antoine Augustin Cournot

Le livre du philosophe mathématicien bourguignon se donnait pour but, entre autres, de « bien faire comprendre la valeur philosophique des idées de chance, de hasard, de probabilité et le vrai sens dans lequel il faut entendre les résultats des calculs auxquels on est conduit par le développement de ces notions fondamentales ». De fait, il fut le premier à ne point se satisfaire de l'interprétation classique du hasard en termes d'ignorance. Il montra du doigt dans son ouvrage la propriété la plus essentielle pour pouvoir parler de hasard et de probabilités : celle d'*indépendance*[5]. Plus précisément, il définit le hasard comme *la rencontre de deux séries causales indépendantes.* « C'est un principe de sens commun, écrit Cournot, qu'il y a des séries de phénomènes *solidaires*, ou dépendantes les unes des autres, et d'autres séries qui se développent parallèlement ou successivement, sans qu'il y ait entre elles aucune dépendance, aucun lien de solidarité. Les événements amenés par la combinaison ou la rencontre de phénomènes qui appartiennent à des séries indépendantes, dans l'ordre de la causalité, sont ce qu'on nomme des événements *fortuits* ou des résultats du *hasard*[6]. » Plus tard, Cournot illustrera cette idée en donnant un exemple resté célèbre : « Une tuile tombe d'un toit, soit que je passe ou que je ne passe pas dans la rue ; il n'y a nulle connexion, nulle

---

5. Il n'était pas le premier à le faire. Le premier auteur à avoir accordé une attention spéciale à la notion fondatrice d'indépendance en théorie des probabilités fut sans doute le mathématicien anglais d'origine française Abraham DE MOIVRE, dans son livre *Doctrines of Chances* de 1718.

6. A. A. COURNOT, *Exposition de la théorie des chances et des probabilités*, Hachette, Paris, 1843, paragraphe 40.

solidarité, nulle dépendance entre les causes qui amènent la chute de la tuile et celles qui m'ont fait sortir de chez moi pour porter une lettre à la poste. La tuile me tombe sur la tête et voilà le vieux logicien hors de service : c'est une rencontre fortuite ou qui a lieu par hasard » (*Matérialisme, vitalisme et rationalisme*, 1875).

La définition du hasard donnée par Cournot est aujourd'hui célèbre. Elle n'en est pas moins fragile. Pour un esprit imprégné de l'idéal déterministe de Laplace, les séries causales qui déterminent par leur rencontre fortuite l'événement hasardeux n'échappent pas pour autant l'une et l'autre au déterminisme universel qui gouverne le monde. L'indépendance de l'une des séries par rapport à l'autre peut donc n'être qu'une illusion, causée par une vue insuffisamment globale des choses : la rencontre elle-même de ces deux séries obéit à une causalité supérieure, et, partant, pourrait avoir été prévue.

Cette objection n'avait pas échappé à Cournot. Dans son ouvrage, il y répond à l'avance par une série d'arguments en cercles concentriques de plus en plus généraux[7]. D'une part, il accepte que dans certains cas l'indépendance postulée entre les séries causales ne soit pas fondée : là, le postulat n'est que le reflet d'une attitude pragmatique. Peut-être pourrions-nous, en remontant suffisamment les deux chaînes, voir leur origine commune. Mais en pratique nous pouvons rarement le faire, les calculs devenant très rapidement inextricables. C'est pourquoi notre esprit, plutôt que de déclarer forfait, invente le hasard comme cadre d'explication des apparences : or, il se trouve que les phénomènes observés obéissent de très près, dans l'immense majorité des cas, aux lois tirées de cette construction mentale. C'est le premier cercle. Mais, ajoute Cournot, les cas de hasard postulés par ignorance sont loin d'épuiser les exemples fournis par la nature. Les séries causales peuvent aussi se rapporter à des lois physiques de nature différente, sans rapports entre elles. Cournot ne croit pas que

7. Voir l'analyse de la pensée de Cournot dans la thèse de C. LENAY, *op. cit.*, p. 25-62.

les lois de la nature puissent se résumer en une seule formule, selon le fameux programme que proposera plus tard Einstein. Il est convaincu de l'indépendance nécessaire et absolue des séries causales qui sont relatives à des lois de nature différente. C'est le deuxième cercle. En ce sens, il s'inscrit en faux contre l'affirmation de Laplace selon laquelle un esprit omniscient pourrait prévoir tout le devenir du monde. Cet esprit ne serait supérieur que dans la mesure où il pourrait, bien mieux que nous ne pouvons le faire, départager la part du nécessaire et celle du contingent dans le monde.

En outre, et c'est le troisième cercle de défense de la contingence, Cournot pense que l'homme est capable de poser certains actes même en l'absence de toute raison, et qu'il s'agit là en fait d'une capacité générale caractéristique de la vie. Il est donc amené à poser, sur le plan théorique et épistémologique, l'existence de classes de phénomènes contingents par eux-mêmes, peut-être provoqués par quelque cause physique, mais qui n'entretiennent aucune relation de *raison* entre eux, parce qu'ils sont influencés par la vie consciente (décider par exemple de sortir pour porter une lettre à la poste !). Ainsi, avec lui, on aboutit à cette démarche extraordinaire qui nous pousse à inférer, à partir d'une *absence* de raison, l'*existence* objective de phénomènes fortuits : selon lui, l'absence de raison suffit à fonder en droit l'invention humaine du concept de hasard et l'étude de ses lois. Cournot remarque que la probabilité est vraiment une probabilité philosophique qui « tient à l'exercice de cette faculté supérieure par laquelle nous rendons compte de l'ordre et de la raison des choses », parce que, face à un événement donné, c'est nous-mêmes qui choisissons, soit de concentrer notre regard sur l'enchaînement des causes et des effets, soit de l'inscrire dans l'ordre du hasard. On peut dire que Cournot était, au sujet du hasard « théorique », un véritable précurseur de Darwin[8].

8. Voir à ce sujet le texte de René VERDERAL sur A. A. COURNOT dans *La Philosophie du monde scientifique et industriel, Histoire de la philosophie VI* (sous la direction de F. CHATELET, Hachette, Paris, 1973), et la thèse de C. LENAY, *op. cit.*

Les efforts de Cournot sont méritoires, mais ils paraissent un peu courts. En dernière analyse, ils semblent n'aboutir qu'à une notion intersubjective de hasard, c'est-à-dire n'ayant de valeur que dans le cadre des rapports universels de la pensée au monde. Le hasard chez Cournot reste une invention, non une découverte. Mais pour le découvrir, il fallait d'abord le réinventer, puis l'utiliser dans les théories de la nature. C'est ce que firent Maxwell et Darwin. En 1859, précisément.

James Clerk Maxwell

Cette année-là, Maxwell n'a encore que vingt-huit ans. Il n'est pas encore l'homme de science prestigieux et respecté que nous imaginons et qu'il devint en effet après la publication des équations fondamentales de l'électromagnétisme en 1873. Mais, au cours de l'année 1859, il fait sans s'en rendre vraiment compte, sinon confusément, une découverte tout aussi fondamentale et tout aussi importante pour la philosophie des sciences. Il est en effet le premier à associer une distribution de probabilité à l'explication d'un phénomène physique.

Son intérêt pour les probabilités avait été éveillé quelques années plus tôt par son professeur et ami le physicien James David Forbes, qui avait discuté sur des bases probabilistes l'existence des étoiles binaires. Il s'était alors plongé dans les écrits de Laplace (et également de Boole) et avait acquis la maîtrise de cette nouvelle discipline. Il avait aussi pris connaissance d'un long article récapitulatif écrit par l'astronome John Herschel, et avait lu le traité d'Adolphe Quetelet intitulé *Sur les probabilités appliquées aux sciences morales et politiques* (1846). Un passage de l'article de Herschel contenait une démonstration de la méthode des moindres carrés (celle qui permet sur un graphique de faire passer au mieux une droite dans un nuage de points expérimentaux entachés d'erreurs), appliquée à des distributions à deux variables aléatoires. Cette démonstration faisait explicitement appel à l'idée que les deux dimensions X et Y associées aux deux variables aléatoires étaient indépendantes, ou en d'autres termes, que leurs valeurs exactes et donc les fluctuations qu'elles enregistrent autour de leurs valeurs moyennes ne sont pas corrélées. C'était là le schéma qu'il suffisait de transposer au mouvement de molécules : leur vitesse ou degré d'agitation selon les trois axes x, y et z devaient être indépendants. D'une façon plus précise, il fallait admettre que les projections des vitesses des molécules selon ces trois axes obéissaient chacune à une distribution de Laplace-Gauss, la plus naturelle et la plus générale des lois de probabilité (voir chapitre 3). Maxwell put en déduire pour la première fois une détermination correcte de la distribution en énergie des molécules, qu'on appelle depuis, précisément, la distribution de Maxwell. Ce faisant, il venait de jeter les bases de la théorie cinétique des gaz.

Dans la course à la découverte des fondements de cette nouvelle branche de la science, Maxwell aurait pu être devancé par son aîné de neuf ans, le physicien allemand Rudolph Clausius. En 1859, celui-ci est professeur de physique mathématique au Polytechnicum de Zurich. C'est l'époque où il approfondit la notion d'entropie et ses rapports avec celle d'échange de chaleur et de température : il a introduit la notion pour la première fois dans un article de 1850, mais il ne la baptisera qu'en 1865. En 1860, il échange une vive controverse avec Maxwell. Le motif peut paraître bien mince, mais il éclaire parfaitement la nature du tournant épistémologique opéré l'année précédente. Cette année-là donc, poursuivant ses travaux, Maxwell établit que la vitesse relative moyenne entre deux molécules de gaz est $\sqrt{2} = 1{,}414$ fois la vitesse moyenne propre de chaque molécule, tandis que Clausius affirme avoir démontré que ce facteur n'est que $4/3 = 1{,}333$. A y regarder de plus près, on s'aperçoit que Clausius avait raisonné sur les seules vitesses moyennes des molécules, alors que Maxwell avait fait le calcul complet en tenant compte correctement de leur *distribution de probabilité* en termes de vitesse. Le hasard était compris une fois encore comme partie intégrante et nécessaire de l'argumentation.

Maxwell est le véritable fondateur de la physique statistique. Il a introduit la notion d'ensemble statistique, bien avant Gibbs, le physicien américain qui devait systématiser cette approche. Assez curieusement, les découvertes de ce chercheur de grand talent l'amèneront à une philosophie probabiliste et indéterministe, fort éloignée de l'idéal matérialiste d'un Boltzmann, mais assez courante en cette fin de XIXe siècle. Son esprit religieux, sa croyance inébranlable dans le libre arbitre des hommes en feront finalement un penseur dualiste et vitaliste.

Maxwell fut aussi un maillon essentiel dans la chaîne qui prolongea l'utilisation des méthodes statistiques dans les sciences sociales et les sciences de la vie vers leur usage dans les sciences physiques. Ainsi que l'indique Lorenz Krüger[9], alors que Laplace, Quetelet et quelques autres cherchaient à fonder les sciences sociales sur la physique (sinon à réduire les premières à la seconde), Maxwell suivit le mouvement inverse et jeta les fondements de la nouvelle physique statistique des gaz en faisant explicitement référence aux travaux des statisticiens sociaux. Il a reconnu en particulier le lien qualitatif existant entre la complexité d'un phénomène et les sources de variation qui rendent l'utilisation des méthodes statistiques pertinentes en même temps qu'inévitables.

En 1859, l'autre grand challenger de Maxwell pour la construction de la mécanique statistique des gaz, Ludwig Boltzmann, n'a que quinze ans. Il n'a bien sûr pas encore développé son programme de recherche, qui devait plus tard l'amener à poursuivre l'œuvre de Maxwell en associant hasard et irréversibilité.

---

9. Dans l'ouvrage de Lorenz KRÜGER, Lorraine J. DASTON, Michaël HEIDELBERG, *The Probabilistic Revolution*, The MIT Press, Cambridge, 1987, p. 80.

Charles Darwin

Le 12 février 1859, Charles Darwin fête ses cinquante ans dans son cottage de Down dans la lointaine banlieue sud-est de Londres. Fatigué des voyages et des événements mondains, tourmenté par une santé inégale, il travaille activement sur le manuscrit de son livre *On the Origin of Species by Means of Natural Selection*. Il est en effet décidé à tirer, au plus tôt, les conclusions de la longue méditation commencée au cours de son voyage autour du monde sur le *HMS Beagle*, de décembre 1831 à octobre 1836. Pressé de prendre date par le manuscrit que venait de lui envoyer Alfred Russel Wallace, Darwin avait exhibé en 1858 quelques extraits d'un manuscrit de 1844 et une lettre qu'il avait écrite au botaniste américain Asa Gray, datée du 5 septembre 1857 ; ces documents, suivis de la communication de Wallace, avaient été lus devant la Société linnéenne de Londres, mais ces lectures n'avaient fait aucun tapage. « La seule remarque publique dont je puisse me souvenir à leur sujet, nota Darwin, fut celle du professeur Haughton de Dublin, qui jugea que tout ce qu'elles contenaient de nouveau était faux, et tout ce qui y était vrai était connu. » Enfin, en novembre 1859, l'ouvrage paraît. Le premier tirage à 1 250 exemplaires est vendu le jour même de la publication.

Contrairement à l'indifférence qu'avaient recueillie les premiers exposés, on reconnaît en effet très vite l'importance philosophique du livre. On a souvent souligné depuis le choc qu'il provoqua dans les esprits, en suggérant l'idée d'une filiation naturelle de l'homme, contre le dogmatisme clérical de l'époque. On se souvient de la fameuse apostrophe d'une dame choquée d'apprendre que « l'homme descendait du singe » : « Si c'est vrai, pourvu que la chose ne s'ébruite pas », s'était-elle écriée. Mais plus profondément, et du point de vue qui nous occupe, l'ouvrage de Darwin est un nouvel exemple d'appel au hasard comme élément d'explication d'un phénomène, vital cette fois-ci : l'évolution des espèces.

A vrai dire, Darwin n'est pas le premier biologiste à faire usage des notions de hasard et de probabilité. On se souvient par exemple que peu de temps auparavant (en 1856), Mendel avait débuté ses études systématiques sur l'hérédité. Mais alors que chez Mendel les probabilités apparaissent comme une complication rendue nécessaire par le jeu des combinaisons héréditaires, chez Darwin le hasard devient, pour la première fois, non pas un épiphénomène mais un élément constitutif essentiel de la théorie de l'être vivant et de son évolution au cours des âges. Chez Mendel le hasard est un effet gênant qui oblige l'expérimentateur à l'accumulation fastidieuse des données. Chez Darwin le hasard est le *deus ex machina* qui, allié à la sélection naturelle, va se révéler le moteur de l'évolution.

Le vrai mérite de Darwin et son plus grand achèvement peut-être au cours de la longue réflexion qu'il a menée sur l'évolution naturelle est d'avoir dégagé, indépendamment des physiciens, l'aspect irréductible du hasard : l'indifférence superbe, absolue, des événements élémentaires qui fondent l'apparition des événements hasardeux par rapport aux jugements des hommes et des décisions du destin. Comme l'a remarquablement bien montré Charles Lenay[10], l'hypothèse même du hasard introduit une coupure entre deux niveaux, dans la mesure où il faut définir par rapport à quoi les événements sont aléatoires. Dans le cas particulier de l'évolution des espèces, Darwin souligne l'indépendance des variations par rapport aux critères de sélection. Il vérifie cette idée d'abord dans la pratique des éleveurs, dans la sélection artificielle, qui ne peut que canaliser la succession des variétés obtenues, et non point la susciter ou la diriger. Puis il la postule dans le cas de la sélection naturelle. Il faut voir dans cette pensée la première introduction du hasard à titre d'explication dans une théorie biologique. C'est précisément pour cela que l'histoire, souvent injuste, a cette fois-ci eu raison de retenir le nom de Darwin comme fondateur du « darwinisme », plutôt que celui de Wallace. Ce dernier avait bien identifié l'évolution progressive des espèces mais n'avait pas analysé aussi profondément ses mécanismes.

10. Charles LENAY, *op. cit.*, p. 147.

D'un autre côté, alors que Maxwell avait compris que des fluctuations locales, quoique improbables, pouvaient fort bien conduire à des inhomogénéités observables, Darwin omit de s'intéresser aux effets des fluctuations sur des populations de petite taille, qui devaient se révéler tellement importantes pour le phénomène de création d'espèces nouvelles.

Quant aux probabilités en elles mêmes, au hasard « en soi », Darwin les considéraient comme un obstacle gênant sur la route de la vision qu'il portait en lui. N'avait-il pas cherché, dès le premier instant, à donner de la biologie une description aussi rigoureuse et mécaniste que Newton l'avait fait des objets célestes ? C'est pourquoi il ne parle que rarement, et comme à regret, des probabilités. Quand il le fait, c'est en les liant à notre ignorance. Il ne doute pas que les variations aient des causes inconnues mais qui seront un jour dévoilées. Il ne craint pas cette lumière future, pourvu qu'elle ne contredise pas son axiome fondamental : l'indépendance du surgissement des variations par rapport aux conditions d'adaptation des êtres vivants à leur environnement. Pour l'heure, il ne ressent que douloureusement cette ignorance des causes multiples, surtout quand elles donnent lieu à des merveilles d'une complexité et d'une harmonie exquises, comme celles des plumes de paon : « La vue d'une plume de la queue d'un paon, chaque fois que je l'aperçois, me rend malade... », écrit-il à Asay Gray en 1860[11].

Le programme épistémologique de Darwin connaît ainsi des ressemblances frappantes avec celui de Boltzmann. L'un et l'autre ont cherché une explication mécaniste, newtonienne, de l'irréversibilité temporelle, le premier dans les phénomènes de la vie et le second dans ceux de la physique des gaz. Boltzmann, comme Darwin, et comme lui à son corps défendant, se trouvera acculé à introduire les probabilités, le hasard, dans ses travaux. Et chez l'un comme chez l'autre, la flèche des processus naturels trouve son origine dans la parfaite indépendance des phénomènes élémentaires — les

11. Cité par R. Young, *Darwin's Metaphor : Nature's Place in Victorian Culture*, Cambridge University Press, Cambridge, 1985, p. 116.

variations au regard de la sélection chez Darwin, les collisions élastiques des molécules au regard des propriétés thermodynamiques globales des gaz chez Boltzmann. On sait que ce dernier fut un ardent défenseur de Darwin. On ignore, en revanche, les vues réciproques de Darwin sur l'illustre professeur viennois. Il est possible qu'il n'y ait jamais vraiment porté attention. Darwin paraît s'être peu intéressé aux mathématiques. La notion de variation au hasard chez lui n'a pratiquement pas été influencée par les développements formels de la théorie des probabilités. Son effort d'abstraction paraît avoir été plutôt de nature philosophique. En s'attachant à la variation en elle-même, en passant d'une conception « essentialiste » à une conception « populationnelle », on peut dire que Darwin a défriché les chemins qui conduisirent, beaucoup plus tard, à la génétique des populations.

Charles Sanders Peirce

Dans les coulisses du théâtre où se joue cette pièce qui met en scène le hasard, un jeune novice essaye sa voix. En 1859, il termine ses études au Collège de Harvard. Son père, Benjamin Peirce, professeur de mathématiques et de philosophie naturelle à l'université de Harvard, l'encourage vivement à entreprendre une carrière scientifique, et Charles suivra en partie ses conseils, bien qu'il soit plus naturellement porté à l'étude de la philosophie.

En 1859, encore étudiant, il est engagé comme stagiaire à l'US Coast Survey, entreprise qu'il servira jusqu'en 1891. Mais l'année suivante, en 1860, il fait un autre stage sous la responsabilité de Louis Agassiz, sur les techniques de classification. Très vite il adopte une métaphysique du hasard, pour laquelle le livre de Darwin l'influencera considérablement. Ses réflexions sur le rôle du hasard dans les sciences physiques et les sciences naturelles le pousseront à concevoir une *doctrine de la nécessité dans un univers de hasard*, qu'il livra sous forme d'articles dans la revue *The Monist*, dans la dernière décennie du XIXe siècle. Grand précurseur sur ce plan du mouvement de pensée de cette fin de millénaire, Peirce était sans doute trop en avance sur son temps. Malgré les efforts de William James, aucun poste universitaire permanent ne lui fut jamais confié, et la plupart de ses écrits ne furent publiés que longtemps après sa mort. Aujourd'hui assez connue dans le Nouveau Monde, sa pensée mériterait d'être mieux diffusée en Europe.

Le hasard en physique et en biologie : un bilan au sortir du XIXe siècle

La construction du déterminisme par Galilée et Newton exigeait qu'on relègue le hasard au rang d'épiphénomène, sans signification profonde, et qui pouvait entièrement se ramener au modèle des fluctuations des résultats de mesure. Celles-ci reflétaient avant tout la maladresse des expérimentateurs. Comme on l'a noté, cette origine marqua par la suite le statut des probabilités pendant tout le XIXe siècle. En sociologie et en médecine, en particulier, cette façon de voir a conduit les praticiens au concept d'« homme moyen », dont nous avons vu les dangers et les excès.

Maxwell et les autres fondateurs de la mécanique statistique des gaz ont cependant introduit un point de vue différent. On le sait, cette mécanique réduit les concepts de la thermodynamique tels que chaleur et température à des propriétés moléculaires : la chaleur à l'énergie cinétique totale de l'agitation désordonnée des molécules, et la température à l'énergie moyenne de chacune d'elles. Mais cette réduction a ses limites. La connaissance absolue de l'état de chaque molécule d'un gaz, position et vitesse, n'est pas seulement impossible à cause de l'imperfection de nos instruments de mesure ; elle est aussi inaccessible à cause de notre incapacité pratique à manipuler des données aussi nombreuses. Dès cette époque, Maxwell est prêt, semble-t-il, à admettre qu'il y a dans cette limitation quelque chose d'essentiel, qui donne aux principes de la thermodynamique statistique un statut différent de celui qu'ils auraient si l'introduction des probabilités dans cette théorie était seulement liée à un hasard d'ignorance.

Le développement des applications de la théorie des probabilités en biologie fut l'occasion, pour les penseurs qui s'y livrèrent, d'une remise en cause parfois radicale du dogme du déterminisme. On a déjà signalé le cas du physicien Maxwell, profondément indéterministe dès lors qu'il s'agissait des phénomènes de la vie et de la conscience. Karl Pearson, l'inventeur de nombreuses méthodes statistiques et de tests statistiques qu'il appliqua à la biologie, souligna que la croyance en un déterminisme strict n'était qu'un acte de foi. Charles Sanders Peirce fut un défenseur encore plus ardent de l'indéterminisme. Son originalité fut de relier, d'une façon plus systématique encore que ne l'a fait Boltzmann, l'idée d'indéterminisme et la propriété d'irréversibilité temporelle.

Pendant que le statut du hasard et des probabilités évoluait ainsi lentement, leur domaine d'application s'étendait. En cent cinquante ans (1750-1900), la théorie des probabilités finit par envahir les domaines de toutes les sciences d'observation dans leurs moindres recoins. Dès lors ce fait confortait l'idée que le hasard pouvait exister en dehors même de nos maladresses, qu'il pourrait « être autre chose que le nom que nous donnons à notre ignorance », selon la formule d'Henri Poincaré. Pour des raisons qui ne sont sans doute pas étrangères à cette prise de conscience, naît et se construit parallèlement une nouvelle pensée philosophique sur l'homme, insistant sur la contingence humaine. Probabilisme et existentialisme semblent aller de pair.

3

La naissance de la théorie des probabilités

La loi des grands nombres (ou les lois des grands nombres, puisqu'il en existe de nombreuses variantes) constitue sans contredit l'apport le plus important de la théorie des probabilités. Elle nous permet en effet de comprendre comment le hasard, par lui-même et sans le recours à d'autres hypothèses que la propriété fondatrice d'indépendance des événements hasardeux, loin de conduire à l'anarchie, produit ses propres lois : comment par exemple, le résultat de tirages de pile ou face donne pratiquement toujours un résultat de « piles » voisin de celui de « faces ». Ces importants acquis de la théorie des probabilités, complétés dans la seconde moitié du XIXe siècle par tout un arsenal de règles et de théorèmes mathématiques, ont cependant laissé dans l'ombre un certain nombre de problèmes non résolus. Ces derniers, le plus souvent liés au traitement des probabilités infiniment petites (qui constitue en quelque sorte le talon d'Achille de la théorie) montrent de façon évidente que le statut épistémologique du hasard n'est pas encore, à cette époque, entièrement maîtrisé.

La loi des grands nombres

La forme la plus primitive et la plus générale de la loi des grands nombres est résumée dans une communication de Simon-Denis Poisson devant l'Académie française des sciences, le 16 novembre 1835 : « Toute chose est sujette à une loi universelle que nous pouvons appeler *la loi des grands nombres*. Elle consiste en ceci : si l'on observe un très grand nombre d'événements du même genre, dépendant de causes qui varient d'une façon irrégulière, c'est-à-dire, sans dévier de façon systématique dans une direction, alors on trouve que les rapports entre les différentes issues possibles sont très proches d'être constants[1]. »

Avant Poisson, la stabilité des fréquences dans les séries d'épreuves répétées paraissait le signe d'une intervention de la divine providence. A partir de l'élaboration des formes successives de la loi des grands nombres, la nécessité d'une intervention spéciale et extérieure fut progressivement exorcisée : la convergence des fréquences vers les probabilités fut alors comprise comme une propriété inhérente au hasard lui-même, inscrite implicitement dans l'axiome d'indépendance. Tel est en effet le cas, et c'est pourquoi l'on peut dire qu'il n'y a pas de hasard sans loi.

On peut distinguer trois étapes dans l'énoncé progressif de la loi des grands nombres. Le théorème dû à J. Bernouilli (1713) indique que dans des situations aléatoires de type binaire (le jeu de pile ou face, ou une suite de tirages de boules dans une urne de composition fixe, etc.) la probabilité d'un écart donné entre la fréquence observée lors d'une série d'épreuves et la probabilité correspondante peut être rendue aussi petite que l'on veut, pourvu que le nombre d'épreuves soit suffisamment grand. En 1859, l'année même qui vit les travaux de Maxwell et la publication de l'œuvre maîtresse de Darwin, le mathématicien russe Pafnouti Tchebychev généralisa le théorème de Bernouilli à une suite d'épreuves sur une

1. Cité dans Ian Hacking, *The Taming of Chance*, Cambridge University Press, New York, 1990, p. 95.

LES LOIS DES GRANDS NOMBRES

Le théorème de Bernouilli

Soit un événement A, et une suite de n épreuves aléatoires identiques et indépendantes, au cours desquelles l'événement A peut ou non se réaliser. Soient n_A le nombre d'épreuves à l'occasion desquelles A est observé, P(A) la probabilité de A, et deux nombres ϵ et η donnés aussi petits que l'on veut. La fréquence d'observation de A est définie comme le rapport n_A/n. Il existe un nombre $n_0(\epsilon, \eta)$ tel que :

$$\text{Si } n \geqslant n_0 \text{ alors Prob } \left[\left| \frac{n_A}{n} - P(A) \right| \geqslant \epsilon \right] \leqslant \eta.$$

Les partisans d'une interprétation objective des probabilités considèrent que la mesure de la fréquence est le seul moyen d'évaluer concrètement la probabilité. Mais, ainsi que le note fort justement Bonitzer*, le théorème ouvre le champ à une régression à l'infini, car l'écart entre la probabilité et la fréquence est soumis à son tour à une probabilité de second ordre (probabilité d'un écart donné), qu'il faut elle-même évaluer par la méthode des fréquences, et ainsi de suite.

Pour les tenants de cette école, cette régression à l'infini est un scandale qu'il faudra bien surmonter un jour ou l'autre.

Pour l'éviter, les partisans d'une interprétation subjective des probabilités proposent de traiter les deux concepts de probabilité et de fréquence comme également accessibles à la mesure empirique directe (la probabilité étant mesurée au moyen de tests psychologiques). Mais pourquoi dans ce cas les deux concepts devraient-ils tendre l'un vers l'autre quand la série d'épreuves est poursuivie plus longtemps ? En raison d'une exigence de cohérence logique, répondent Bruno de Finetti et Leonard Savage, les statisticiens modernes qui défendent ce point de vue. On apprend par l'expérience. Mais alors la distinction entre la position des deux écoles s'amenuise : le cerveau, qui évalue les probabilités, est sommé de se plier à la discipline de l'apprentissage et de se ranger au verdict des fréquences.

La loi des grands nombres de Tchebychev

Soit la suite des variables aléatoires indépendantes X_1, X_2, ... X_n

* J. BONITZER, *Philosophie du hasard*, Éditions Sociales, Paris, 1984, p. 171.

obéissant à la même distribution de probabilité et une espérance mathématique commune, $E(X) = m$. Il existe un nombre n_0 tel que, pour tout couple de nombres ϵ, $\eta > 0$ aussi petits que l'on veut, alors $\overline{X}_n = 1/n\Sigma_k X_k$ satisfait :

$$\text{Prob}\ [|\overline{X}_n - m| \geqslant \epsilon] \leqslant \eta \text{ pour tout } n \geqslant n_0.$$

On remarque que la loi de Bernouilli est un cas particulier de la loi de Tchebychev, lorsque la variable aléatoire X prend la valeur 0 ou 1 selon que l'événement A est réalisé ou non.

La loi de Tchebychev a été l'une des premières manifestations de la tendance marquée, à la fin du XIXᵉ siècle, de redonner à l'espérance mathématique une place prééminente par rapport au concept de probabilité proprement dit. Malgré la généralisation qu'elle introduit, la nouvelle loi des grands nombres se heurte aux mêmes difficultés d'interprétation que la loi de Bernouilli.

La loi « forte » des grands nombres de Borel

Le théorème démontré par Borel en 1909, en s'appuyant sur la notion de convergence presque sûre, s'énonce plus simplement que les lois précédentes, car elle ne fait plus intervenir des limites finies pour les probabilités d'écart. Elle stipule simplement qu'il existe un nombre n_0 tel que pour tout l'ensemble des valeurs $n > n_0$, la moyenne des résultats observés $\overline{X}_n$ tend presque sûrement vers l'espérance mathématique :

$$\overline{X}_n \underset{\text{p.s.}}{\longrightarrow} m.$$

Autrement dit, on substitue à la limite une probabilité *nulle* aux probabilités très petites considérées par Bernouilli et Tchebychev. L'avantage évident est qu'on élimine par là le problème logique lié à l'évaluation de la probabilité des écarts. Cependant, il subsiste encore une régression à l'infini. En effet, dire que $\overline{X}_n$ tend presque sûrement vers m, c'est dire que pour une suite indéfiniment prolongée d'épreuves, la limite de la moyenne $\overline{X}_n$ est égale à l'espérance mathématique m avec une probabilité = 1, c'est-à-dire sauf peut-être pour un nombre fini de suites qui constituent des « événements négligeables ». Elle peut donc en différer en certaines occasions extraordinaires, du moment que dans une suite infinie de séries infinies d'épreuves, la moyenne ne diffère de l'espérance mathématique qu'un nombre fini de fois. La probabilité de ces suites extraordinaires est bien nulle, en valeur relative. Mais pour être sûr que la suite d'épreuves que l'on est en train de tenter n'est pas une de ces suites extraordinaires, il faudrait la recommencer... un nombre infini de fois.

variable aléatoire pratiquement quelconque (pourvu qu'elle admette une moyenne définie). Enfin, en 1909, Émile Borel introduisit la notion de convergence presque sûre, et démontra la loi des grands nombres sous une forme très générale. Sous cette forme, la probabilité d'un écart entre fréquence et probabilité est réduite à zéro pour une suite d'épreuves indéfiniment prolongée (un écart ne peut se produire que chez un nombre fini de suites dont la probabilité d'occurrence, par rapport à l'ensemble des suites possibles, est nulle). L'encadré ci-avant donne quelques détails un peu plus techniques sur ces trois formes successives de la loi des grands nombres.

Du point de vue épistémologique, l'étude des diverses formes de loi des grands nombres illustre parfaitement le rôle incontournable en théorie des probabilités de l'événement négligeable, qui constitue le refuge fortifié des tenants d'une interprétation subjective des probabilités.

A tout prendre, le point de vue objectiviste sur les probabilités exprimé au cours de ces discussions peut sembler le plus économe, puisqu'il ne considère qu'un seul concept opérationnel, celui de fréquence. Mais il reste que cette position est par nature incapable d'offrir une interprétation claire à la notion de probabilité pour *un événement unique* (qui ne s'est produit qu'une seule fois).

Peut-on définir la probabilité d'un événement unique ?

Il n'est pas toujours possible, en pratique, d'expérimenter sur des suites répétées d'événements : dans la vie on rencontre aussi des événements, heureux ou malheureux, qui n'ont guère de chance de se reproduire plus d'une fois ! Je pose un problème de ce genre lorsque je demande, par exemple, quelle est la probabilité de la rencontre de la Terre avec un gros astéroïde, semblable à celui qui, dit-on, a mis fin il y a 60 millions d'années au règne des dinosaures ? A l'aune des expériences vécues, nous ne pourrons jamais (malheureusement ?), dans des cas de ce type, vérifier la convergence des fréquences vers la probabilité. Mais des considérations de cosmologie plus générales, assez semblables aux considérations de symétrie considérées dans d'autres problèmes, peuvent nous avertir qu'un événement de ce type a sans doute une probabilité plus grande que nous pourrions le souhaiter. Des astronomes ont récemment essayé de supputer la probabilité de telles rencontres, compte tenu de l'encombrement de la trajectoire de la Terre par des débris d'astéroïdes et de comètes. Les chiffres auxquels ils sont parvenus sont heureusement très sujets à caution. On doit aussi tenir compte du fait que nous ne connaissons pas avec certitude l'avenir du système solaire, qui est un système complexe dont la stabilité n'est pas assurée, à l'échelle de la centaine de millions d'années[2].

On ne peut pas définir la probabilité d'un événement qui ne s'est produit qu'une seule fois, si l'on ne connaît pas la nature ou la taille de l'ensemble des événements possibles. Pour donner un exemple, un laboratoire américain a observé, le 14 février 1982, dans la boucle d'un solénoïde supraconducteur constituant un piège à « monopôles magnétiques » un saut brusque de courant d'une valeur compatible avec la détection, pour la première fois au monde, du passage à travers le solénoïde d'un exemplaire de cette particule encore hypothétique. L'observation n'ayant jamais pu être répétée, on ne peut exclure qu'il s'est agi dans ce cas d'un artefact, et les auteurs de l'expérience ont renoncé pour l'instant à revendiquer cette fabuleuse découverte. En supposant qu'ils l'aient fait, l'observation unique n'aurait pas pu permettre de déterminer la probabilité de détection réelle de leur solénoïde (le nombre moyen de monopôles détectables, par année d'observation, dans cet appareil) ; elle aurait permis cependant de fixer une limite supérieure à une telle probabilité, ce qui est déjà beaucoup.

2. Voir L. Laskar et C. Froeschlé, « Le chaos dans le système solaire », *La Recherche*, n° 232, 1991, p. 572.

Les probabilités négligeables

La distribution de probabilité pour une variable aléatoire continue (qui peut prendre en principe n'importe quelle valeur entre moins l'infini et plus l'infini) la plus fréquemment rencontrée dans la nature est la distribution « de Laplace-Gauss », dite aussi « distribution normale », qui stipule que la probabilité pour qu'un événement s'écarte de la valeur moyenne qui lui est attachée diminue exponentiellement avec le carré de l'écart à cette moyenne (cette formulation n'est, je le sais, ni claire ni rigoureuse, mais on me pardonnera cette faiblesse). La loi normale gouverne, par exemple, la dispersion des résultats de mesure dans quantité d'études expérimentales, quand les sources d'erreur sont petites, nombreuses, et concourent indépendamment les unes des autres à l'erreur totale : ce résultat fut établi par Laplace en 1810. L'application de la loi normale, non plus aux erreurs commises par un expérimentateur plus ou moins habile, mais à la nature elle-même, contribua à réorienter l'interprétation des probabilités dans un sens objectiviste. On a vu le succès de l'hypothèse de Maxwell, selon laquelle la distribution des composantes des vitesses des molécules d'un gaz de température donnée sur un axe de référence quelconque est aussi gouvernée par cette loi.

Dans la distribution normale, la valeur la plus probable est aussi la moyenne des valeurs que peut assumer la variable aléatoire en question. Autour de cette valeur maximale, la distribution présente une courbe en cloche, avec une bosse dont la largeur dépend des conditions d'application, symétriquement flanquée de chaque côté d'une traîne, qui indique que les écarts par rapport à la moyenne sont certes d'autant plus rares qu'ils sont importants, mais que leur apparition n'est jamais complètement exclue. La probabilité des événements correspondants, sans jamais s'annuler strictement, peut devenir aussi petite que l'on veut. Doit-on s'embarrasser de ces possibilités d'événements infiniment nombreux mais dont chacun d'eux est quasi impossible ? C'est une autre difficulté de la théorie. Émile Borel avait cru

Figure 1

La *Théorie analytique des probabilités* de Laplace démontre explicitement la loi des erreurs. Dans l'extrait ci-dessus, l'auteur énonce cette loi et se préoccupe déjà de la possibilité d'écarts par rapport à la moyenne tendant vers l'infini. Le dessin qui illustre la loi est tiré d'un traité ancien, mais ne figure pas dans le livre de Laplace qui ne contient aucun tracé.

THÉORIE

ANALYTIQUE

DES PROBABILITÉS;

PAR M. LE MARQUIS DE LAPLACE,

Pair de France, Grand-Officier de la Légion-d'Honneur, l'un des quarante de l'Académie française, de l'Académie des Sciences, Membre du Bureau des Longitudes de France; des Sociétés royales de Londres et de Gottingue, des Académies des Sciences de Russie, de Danemarck, de Suède, de Prusse, des Pays-Bas, d'Italie, etc.

TROISIÈME ÉDITION,

REVUE ET AUGMENTÉE PAR L'AUTEUR.

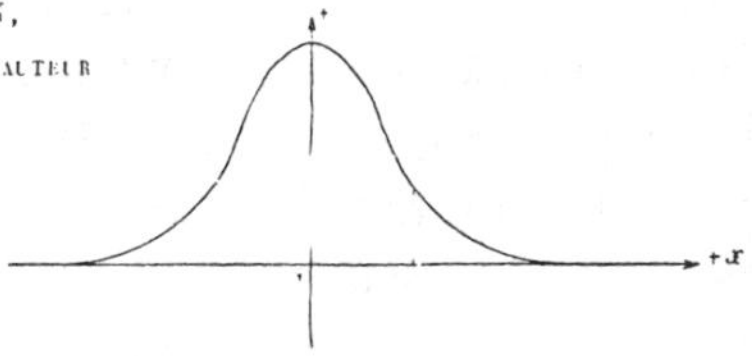

PARIS,

Mme Ve COURCIER, Imprimeur-Libraire pour les Mathématiques, rue du Jardinet, n° 12.

1820.

338 THÉORIE ANALYTIQUE

L étant une constante arbitraire; partant

$$c^{-\psi(x^2)} = c^{L-kx^2}.$$

Telle est donc la fonction qui peut seule, donner généralement la règle des milieux arithmétiques. La constante L doit être déterminée de manière que l'intégrale $\int dx \, . \, c^{L-kx^2}$, prise depuis $x = -\infty$ jusqu'à $x = \infty$, soit égale à l'unité; car il est certain que l'erreur x d'une observation doit tomber dans ces limites; on a donc

$$c^{L} = \sqrt{\frac{k}{\pi}};$$

par conséquent la probabilité de l'erreur x est $\sqrt{\frac{k}{\pi}} . c^{-kx^2}$.

A la vérité, cette expression donne l'infini pour la limite des erreurs, ce qui n'est pas admissible; mais, vu la rapidité avec laquelle ce genre d'exponentielles diminue à mesure que x augmente, on peut prendre k assez grand, pour qu'au-delà de la limite admissible des erreurs, leurs probabilités soient insensibles, et puissent être supposées nulles.

en 1930 pouvoir la circonvenir, lorsqu'il avait énoncé ce qu'il appelait « la loi unique du hasard ». Cette loi pose qu'un événement dont la probabilité est extrêmement petite ne se produit en fait jamais, et qu'on peut vivre ou pratiquer ses expériences de laboratoire comme si ces possibilités étaient tout simplement niées.

L'attitude de Borel simplifie beaucoup la vie : il suffit de considérer qu'un événement catastrophique qui ne se produit pas plus d'une fois par millénaire en moyenne, par exemple, n'a aucune chance d'affecter le même homme deux fois dans sa vie, ce qui évite bien des nuits sans sommeil. Mais cette attitude est-elle bien raisonnable ? Comment traitera-t-on les événements qui ont une probabilité infime de se produire, mais dont les conséquences seraient incalculablement élevées ? On songe ici, une fois encore, à la chute d'un gros météorite sur la surface de la Terre, qui plongerait de nouveau la planète dans une nuit glaciale séculaire. Mais on peut penser aussi aux calculs de probabilité affectant la sûreté des centrales nucléaires, dont Émile Borel, qui avait la chance de vivre à une époque sans ces énormes et complexes mécaniques, fut heureusement dispensé ! Car il se serait probablement trompé, comme l'ont fait la plupart des experts nucléaires après lui, ainsi que le rappelle Ivar Ekeland[3].

Dans des exemples de ce genre, on peut mettre en doute la pertinence de l'approche classique, qui insiste pour que les décisions soient prises sur la base du calcul de « l'espérance mathématique », c'est-à-dire du gain ou de la perte moyenne. Certains événements n'ont pas de prix ou constituent une perte irréparable — la mort, par exemple. Il est difficile dans ces cas de parler d'espérance ou d'évaluer un coût moyen. Psychologiquement, en tout cas, le critère de l'espérance mathématique est souvent mis en défaut. On l'avait déjà compris à l'époque de d'Alembert. Celui-ci s'était opposé à Daniel Bernouilli en 1760 à propos de l'« inoculation ». Il s'agissait d'accepter ou de refuser, sur la foi des statistiques,

3. I. EKELAND, *Au hasard. La chance, la science et le monde*, Le Seuil, Paris, 1991, p. 164.

cette pratique qui préfigurait la vaccination contre la variole (mais avec des risques bien supérieurs à ceux des vaccinations d'aujourd'hui). D'Alembert rappelait à Bernouilli que beaucoup d'hommes préfèrent le risque à long terme, même important, au risque immédiat, même « faible ». Le défaut du calcul des probabilités classique est son superbe mépris pour la dimension temporelle : il feint d'ignorer ici, comme en beaucoup d'autres applications, qu'un événement n'a pas la même valeur pour nous s'il survient aujourd'hui ou dans un avenir plus ou moins lointain.

Le paradoxe de Saint-Pétersbourg

Il existe une illustration très instructive des difficultés qui peuvent surgir lorsqu'on traite d'événements ayant une probabilité évanescente. Intrigué par un cas de ce genre, Nicholas Bernouilli le soumit par lettre à Pierre de Montfort en 1713. Il est resté un classique de la théorie des probabilités, sous le nom de « paradoxe de Saint-Pétersbourg ».

Traduisons-le en termes modernes. Supposons que Paul propose à Pierre (qui lui doit une forte somme d'argent) de lui remettre sa dette s'il accepte de jouer avec lui au jeu de pile ou face. Pour fixer les idées, supposons que Pierre ait choisi « pile », et Paul « face ». La règle habituelle de ce jeu est modifiée de la façon suivante. Si, au premier jet de la pièce de monnaie, celle-ci montre « pile », Pierre a gagné et est totalement libéré de sa dette ; mais si la pièce montre « face », il doit donner à Paul 2 F, et dans ce cas le jeu continue. A chaque partie perdue, Pierre doit donner à Paul le double de la somme donnée à la partie précédente. Le jeu s'arrête dès que, enfin, « pile » sort.

Afin de savoir si cette façon de jouer sa dette est avantageuse pour lui, Pierre calcule l'espérance de gain de Paul. Au premier coup, celui-ci a une chance sur deux de gagner 2 F, soit un gain moyen de 1 F. Il n'y a qu'une chance sur deux qu'il y ait un deuxième coup, et une chance sur deux pour qu'à ce coup Paul gagne 4 F, soit de nouveau un gain moyen de 1 F. Et ainsi de suite : chaque coup potentiel contribue pour 1 F à l'espérance de gain de Paul, et comme le jeu peut se prolonger à l'infini, son espérance de gain est infinie... Il semble, d'après cette logique et contrairement au sens commun, qu'aucune dette ne vale la peine d'accepter une telle règle du jeu !

Mais prolonger à l'infini la durée potentielle de la partie de pile ou face est-il réaliste ? Il y a plusieurs raisons d'en douter.

En premier lieu, la proposition d'Émile Borel, selon laquelle les événements de probabilité négligeable ne se produisent en fait jamais, offre une issue certes non rigoureuse mais combien conforme à notre bon sens à ce « paradoxe de Saint-Pétersbourg ».

La deuxième raison est plus pragmatique, et tient à la nature des économies humaines, faites d'espèces sonnantes et trébuchantes. Si Pierre perd les n premières parties, il doit donner à Paul une somme totale de $2^{n+1}-2$ francs[4]. Il ne peut se permettre de perdre qu'un petit nombre de fois, faute de quoi il se trouvera bientôt insolvable. Posséderait-il 10 millions de francs, il ne pourrait se permettre de perdre sans faire faillite que vingt-deux fois consécutives. L'espérance réelle de gain de Paul, en définitive, n'est donc que de 22 francs... un chiffre autrement moins attrayant !

La dernière raison que l'on peut invoquer est la plus radicale. Le problème de Saint-Pétersbourg montre avec quelle circonspection on doit considérer, dans certains cas, l'espérance mathématique. La loi des grands nombres permet d'affirmer que, lorsque l'espérance mathématique est finie, la différence entre le gain réel (moyen sur un grand nombre de parties) et l'espérance mathématique tend vers 0 quand le nombre de parties augmente. Mais dans ce cas l'espérance mathématique est infinie, et pour toute partie réelle de longueur finie, la différence entre le gain (nécessairement fini) et l'espérance mathématique infinie est toujours infinie. Il n'y a donc pas convergence dans ce cas. Et ce n'est pas se

4. Ce chiffre est en effet la somme de la série géométrique $2+4+ \ldots 2^n$.

montrer avisé que de suivre le conseil d'une loi mathématique (la loi forte des grands nombres), alors que précisément la loi ne s'applique pas à ce cas.

La définition des probabilités implique-t-elle un cercle vicieux ?

Dans son *Essai philosophique sur les probabilités*, Pierre Simon de Laplace avait averti le lecteur que « la théorie des hasards consiste à réduire tous les événements du même genre à un certain nombre de cas également possibles, c'est-à-dire tels que nous soyons également indécis sur leur existence », et précise la notion d'indépendance dans son troisième principe : « Un des points les plus importants de la théorie des probabilités, et celui qui prête le plus aux illusions, est la manière dont les probabilités augmentent ou diminuent par leurs combinaisons mutuelles. Si les événements sont indépendants les uns des autres, la probabilité de l'existence de leur ensemble est le produit de leurs probabilités respectives[5]. » Pour prendre un exemple concret, ce n'est qu'à condition de déclarer que les résultats de jets successifs de dés sont indépendants les uns des autres que l'on peut énoncer la probabilité de sortir deux six en suivant, en deux parties, est de $1/36$ ($=1/6 \times 1/6$).

Ainsi, la raison de l'importance de l'axiome d'indépendance est qu'il est nécessaire à cet énoncé capital de la théorie des probabilités, celui du produit des probabilités pour les événements composés. Le « b.a.-ba » de la théorie des probabilités est impossible sans l'axiome d'indépendance.

La théorie mathématique des probabilités, telle qu'elle a été axiomatisée par Andreï Kolmogorov, a conservé cette pierre angulaire : les événements élémentaires d'un espace probabilisable doivent être indépendants. Reprenons l'exem-

5. Pierre Simon DE LAPLACE, *Essai philosophique sur les probabilités, op. cit.*, p. 39.

ple d'un joueur qui lance un dé : la sortie d'un six ou d'un deux sont deux événements possibles, mais indépendants du point de vue de leur succession au cours d'une partie. On ne pourrait pas construire une bonne théorie probabiliste du jeu de dés si la réalisation d'un six affectait la probabilité de réalisation d'un deux au coup suivant (à moins, bien entendu, que l'on puisse remonter alors à un ordre d'événement antérieur, auquel on pourrait appliquer l'hypothèse d'indépendance des différents cas possibles).

Comme toute notion fondamentale d'ordre intuitif, celle d'indépendance au sens de la théorie des probabilités est subtile et pas très évidente à saisir. La tactique proposée dans de tels cas est toujours la même : on pose que la propriété en question est vraie, et on lui donne une définition opératoire. Si la théorie ainsi construite se montre efficace dans ses prédictions, le statut de la propriété tend à passer du niveau théorique au niveau ontologique. Ainsi, la propriété d'indépendance des événements élémentaires régis par le hasard a d'abord été considérée comme une commodité pour l'élaboration d'un cadre théorique de traitement des jeux de hasard, mais a fini par se hisser au niveau de principe fondamental de la physique statistique (le principe d'*égale probabilité « a priori »*), au point que le statisticien Richard von Mises a pu écrire : « Pas même le plus petit théorème de la théorie cinétique des gaz ne dérive de la seule physique classique : il y a toujours, en outre, une hypothèse d'espèce statistique.[6] »

Au-delà de cette difficulté (dont la théorie des probabilités ne détient pas l'exclusivité parmi les théories physiques ; certains épistémologues estiment que toute théorie physique contient une part de circularité, dont on s'accommode dans la mesure où la théorie fait néanmoins preuve de sa puissance prédictive), on peut dire en résumé qu'à la fin du XIXe siè-

6. VON MISES, « Uber kausale und statistiche gesetzmässigkeiten in der Physik », 1930. Cité par K. POPPER, *La Logique de la découverte scientifique*, Payot, Paris, 1978, p. 211.

cle la théorie des probabilités, déjà appliquée bien au-delà des jeux simples et des situations fabriquées de main d'homme qui ont présidé à sa naissance, se heurte encore à une série de problèmes techniques mal résolus. Ceux-ci ont trait :

— à la possibilité et au traitement des probabilités évanescentes ;

— d'une façon plus générale, aux probabilités portant sur des ensembles continus et non plus discrets (les deux problèmes sont liés) ;

— et enfin, sur l'interprétation pratique des résultats de la théorie dans un monde dominé par la mode, le temps, la pertinence et l'obsolescence des valeurs.

A dire vrai, cette intemporalité des principes de la théorie classique des probabilités n'est pas totale. En fait, elle admet tacitement que les événements dont elle suppute les chances sont des événements futurs, dont l'avenir peut vérifier l'occurrence ou non. Or, d'autres difficultés l'attendent quand il s'agit de l'appliquer non plus à des événements futurs, mais à des événements passés, et dont on cherche à évaluer la signification en termes de causes possibles.

4

La probabilité des causes

Prédiction et rétrodiction

L'homme de la rue aimerait bien savoir si demain il fera beau. Le joueur à la roulette aimerait pouvoir prédire sur quelle case la boule finira par s'arrêter. L'assureur vous propose de vous garantir contre des sinistres qui pourraient survenir dans le futur. Dans la vie courante, les actes réfléchis tendent avant tout à prévoir ce qui peut arriver, et notre réflexion consciente s'intéresse peu aux événements passés. On n'a plus rien à redouter d'eux. Il est significatif que dans le langage courant le mot « prédiction » soit ainsi ouvertement orienté vers le futur, et que nul mot ne semble exister pour la fonction inverse.

Ce n'est pas bien sûr que le passé soit indifférent, mais sa fonction est autre. Le passé est le maître, la source de toute connaissance. Voyez comment travaillent les historiens. La plupart du temps, ils ne regardent pas réellement en arrière. A partir de documents, ils cherchent à faire revivre une situation vécue, et à partir de ce moment reconstruit, de comprendre la suite des événements qui en ont découlé. La démarche du naturaliste établissant la chronologie des fossiles ramassés dans des couches géologiques n'est pas différente. En Occident du moins, elle suit la pente naturelle de l'esprit, qui est d'apprendre du passé et de spéculer sur l'avenir.

Une autre attitude de l'esprit, volontairement retournée sur le passé, est pourtant possible. Elle consiste à prendre acte du présent et à s'interroger sur les *causes* possibles, passées, de ce qui est aujourd'hui étalé sous ses yeux. Comme les causes possibles sont multiples, les conclusions auxquelles on aboutit ne sont généralement pas univoques : il s'agit alors de doser les divers antécédents possibles, bref, d'en évaluer les probabilités respectives. Suivant le néologisme repris par Olivier Costa de Beauregard, on dira qu'il s'agit de problèmes de rétrodiction.

Il y a une dissymétrie fondamentale entre les problèmes de prédiction et les problèmes de rétrodiction, qu'il convient de bien saisir. Dans les problèmes de prédiction, les lois de la physique permettent, en principe, d'annoncer exactement quelle sera la situation future, pour toute situation initiale donnée. Seule, l'ignorance de certains détails concernant la situation initiale réelle peut obliger le physicien à une certaine modestie ; il se contentera alors de donner les probabilités des différentes situations finales possibles, et la dispersion des résultats possibles reflétera dans une exacte mesure les ignorances du départ. Au contraire, un problème de rétrodiction fait nécessairement appel à des qualifications supplémentaires, extérieures aux données intrinsèques du problème. Ces qualifications portent sur les probabilités relatives pour que chacune de ces causes soit présente *a priori*, avant que l'événement en question se produise. En d'autres termes, alors que la théorie des probabilités appliquée dans les problèmes de prédiction n'exige qu'une vue limitée des conditions prévalentes qui peuvent conduire à la réalisation d'un événement aléatoire, la même théorie appliquée à des problèmes de rétrodiction exige une connaissance très étendue des conditions susceptibles d'entraîner la réalisation de cet événement.

Le théorème de Bayes (voir l'encadré ci-après), fait explicitement appel à ces probabilités *a priori*, chargées de résu-

LE THÉORÈME DE BAYES

Le théorème s'appuie sur la loi de composition des événements aléatoires, qui énonce que la probabilité de réalisation de deux événements A et B est égale au produit de la probabilité pour que l'événement A se réalise par la probabilité que l'événement B se réalise, sachant que l'événement A s'est réalisé. Cette règle intuitive se vérifie aisément grâce à une représentation imagée de l'ensemble des événements possibles ; elle s'écrit en notation de probabilités :

$$Pr(A \cap B) = Pr(A)\ Pr(B/A),$$

où Pr(B/A) désigne la *probabilité conditionnelle* pour que l'événement B se réalise, sachant que l'événement A s'est réalisé*.

Naturellement, la même probabilité peut aussi s'énoncer en fonction de la probabilité de réalisation de l'événement B :

$$Pr(A \cap B) = Pr(B)\ Pr(A/B).$$

Soit A un événement physique dont la réalisation peut être la conséquence de l'une quelconque des causes (exclusives les unes des autres) $B_1, B_2, \ldots B_n$, sans que l'on sache avec certitude laquelle de ces causes est responsable de la matérialisation de A. Appelons en outre $Pr(B_1), \ldots Pr(B_n)$ les probabilités *a priori* pour que les causes $B_1, \ldots B_n$ soient présentes indépendamment de la réalisation ou non de A. La probabilité pour que les événements B_i et A soient conjugués, c'est-à-dire la probabilité de réalisation de A à travers la cause B_i s'écrit :

$$Pr(B_i \cap A) = Pr(B_i)\ Pr(A/B_i) = Pr(A)\ Pr(B_i/A).$$

Donc la probabilité de la cause B_i cherchée est :

$$Pr(B_i/A) = Pr(B_i)\ Pr(A/B_i)/Pr(A).$$

De la même manière, la probabilité qu'une autre cause B_k soit à l'origine de l'événement A est :

$$Pr(B_k/A) = Pr(B_k)\ Pr(A/B_k)/Pr(A).$$

Finalement, le rapport des probabilités respectives des causes i et k est :

$$\frac{Pr(B_i/A)}{Pr(B_k/A)} = \frac{Pr(B_i)}{Pr(B_k)}\ \frac{Pr(A/B_i)}{(Pr(A/B_k)}.$$

On remarque que les probablités des *causes connaissant les effets* ne sont proportionnelles aux probabilités des *effets connaissant les causes* que dans le cas particulier où les différentes causes ont la même vraisemblance au départ ou la même probabilité *a priori*. Telle est l'essence du théorème de Bayes.

* On notera que si les événements A et B sont indépendants, alors Pr(B/A) = Pr(B) et la probabilité de conjugaison des événements A et B est le produit des probabilités respectives de réalisation de A et B.

mer, en quelque sorte, l'état de nos connaissances générales sur le problème physique, dans la mesure où elles peuvent influencer l'évaluation finale des probabilités des causes. Autrement dit, alors que les problèmes de prédiction peuvent se contenter des lois physiques, et faire table rase de toute l'*expérience* de la vie passée, les problèmes de rétrodiction nécessitent qu'on fasse appel à une sorte de résumé de nos connaissances acquises. Pour prendre un exemple simple, supposons que nous ramassions à terre un caillou rouge, et que nous voulions savoir s'il s'agit d'un morceau de bauxite ou d'un morceau de ferrite. Supposons en outre que nos moyens d'analyse assez frustes ne nous permettent que d'établir des probabilités pour que le caillou en question contienne de la bauxite ou de la ferrite. Les probabilités absolues pour que cet échantillon soit d'une espèce ou d'une autre, sachant le lieu où il a été recueilli, seront-elles les mêmes si le caillou a été ramassé en Lorraine, ou bien près des Baux-de-Provence ? Bien sûr que non. La réponse à la question dépendra donc des probabilités *a priori* pour qu'un caillou, ramassé là où il l'a été, soit d'une espèce ou d'une autre, compte tenu de la géologie de la région.

Ainsi, la subjectivité entre dans le théorème de Bayes parce que, dans la plupart des applications, il n'y a pas de moyen unique de déterminer les probabilités *a priori.* Thomas Bayes lui-même avait, pour cette raison, des doutes sur la portée véritable de son théorème, au point qu'il s'abstint de le publier de son vivant. Ses notes ne furent publiées par son exécuteur testamentaire, dans un essai intitulé *Essay Towards Solving a Problem in the Doctrine of Chance*, qu'en 1763. Le même résultat fut retrouvé par Laplace onze années plus tard. Mais Laplace, à la différence de Bayes, était un partisan convaincu de l'interprétation des probabilités en termes d'ignorance, et l'idée que l'ignorance se traduise par une distribution uniforme des probabilités *a priori* ne le troubla nullement. Il publia le théorème dans le cadre de sa *Théorie analytique des probabilités.*

C'est dans les problèmes de rétrodiction, ou d'estimation des causes que nous touchons du doigt, d'une manière spécifique, le rôle incontournable du hasard dans l'irréversibilité temporelle : de même que la loi de Fourier sur la diffusion de la chaleur ne peut s'appliquer qu'à l'évolution future d'un système, de même le calcul classique des probabilités ne s'applique que si l'on se place d'emblée dans le fil du temps et qu'on l'utilise en prédiction. Si l'on néglige ces précautions, les résultats du calcul peuvent parfois se révéler d'une absurdité saisissante. Dans *La Science et l'Hypothèse*, Poincaré illustre ce paradoxe apparent d'une anecdote : quelle est la probabilité, demande-t-il, pour que, m'asseyant à une table de jeu pour jouer à l'écarté, et voyant mon adversaire retourner un roi dès la première carte, quelle est la probabilité donc que cet adversaire soit un *Grec* ? (A cette époque le préjugé populaire voulait, semble-t-il, que tous les Grecs soient des tricheurs !) Et Poincaré répond : Le calcul classique vous dit : 8/9 [puisqu'il n'y a qu'une chance sur neuf que la première carte tirée soit un roi], mais c'est absurde, car si je pensais courir un tel risque de rencontrer un tricheur je ne m'assiérais jamais à une table de jeu !

L'argument peut paraître moins convaincant de nos jours, où les experts au jeu de l'écarté ne courent plus les rues. Le physicien Satosi Wanatabe[1] donne un exemple plus simple : si l'on me montre un jeu de cartes rangé dans l'ordre exact des figures (où dans toute autre configuration arbitrairement spécifiée *a priori*), *en fait* je ne croirai pas que cette *complexion* particulière puisse résulter d'un battage aveugle, bien que le calcul donne une probabilité finie non nulle pour un tel événement.

O. Costa de Beauregard achève cette démonstration par des exemples particulièrement parlants : « Si l'on me montre une cible percée d'un trou, j'en conclus qu'un projectile

1. M. S. WATANABE, « Symetry of Physical Laws. Part III. Prediction and Retrodiction », *Reviews of Modern Physics*, 1955, vol. 27, p. 179.

l'a traversée, nullement qu'un projectile va traverser le trou et restituer la cible intacte. Si je vois des traces de pas sur une grève, j'en conclus qu'un homme est passé par là, nullement qu'un homme arrivera marchand à reculons et effaçant les traces [...].

« Les procédures de rétrodiction qu'on vient de considérer ne sont à aucun titre des procédures de rétrodiction aveugle. Ce sont au contraire de ces toujours très délicats *problèmes de probabilités des causes*, dont la solution ne se trouve ici "sauter aux yeux" qu'à la faveur d'une *connaissance acquise* très ferme et très précise : celle de ce que sont une balle de fusil ou des traces de pas humains. [...]

« La trace de pas sur la grève (ou celle de la balle de fusil dans la cible) sont des *témoins* de l'interaction originelle d'où est issue la situation présente, interaction qui doit être *reconnue* dans sa spécificité pour que le problème de rétrodiction soit résolu[2]. »

Et Costa de Beauregard de conclure : les probabilités *a priori* (qu'il appelle coefficients de Bayes) sont là pour représenter au mieux l'interaction originelle du système d'étude avec le reste du cosmos, interaction qui, cessant (pratiquement) « à l'instant initial », a livré ce système dans l'état où le prend le calcul des probabilités.

Il est bien connu que si l'on choisit des coefficients de Bayes tous égaux entre eux, alors la formule des probabilités de rétrodiction devient formellement identique à celle des probabilités de prédiction ; c'est ce que Watanabe exprime en disant que la rétrodiction statistique aveugle (qui n'est pas physique !) est temporellement symétrique de la prédiction statistique.

En bref, on voit que le calcul classique des probabilités ne déduit aucunement l'irréversibilité statistique de prémisses qui ne la contiendraient pas. Au contraire, l'irréversibilité est posée dans les prémisses mêmes, comme une dissymétrie

2. O. Costa de Beauregard, *Le Second Principe de la science du temps. Entropie, information, irréversibilité*, Le Seuil, Paris, 1963. L'exemple de Wanatabe est cité également dans le livre de Costa de Beauregard.

a priori entre problèmes de prédiction et problèmes de rétrodiction.

Costa de Beauregard termine par cet avertissement : « Parce que nous n'avons sous les yeux qu'un seul système planétaire, le nôtre, le problème de son origine est bien plus éloigné d'une solution que celui de l'origine des étoiles. »

On a relevé à l'instant l'absence de mot dans la langue française pour décrire l'effort de la pensée qui, par une sorte de retournement sur soi-même, pose des questions de probabilité des causes. Mais dans le fond, est-ce bien certain qu'il s'agisse d'un effort inusité pour le cerveau ? Ne devons-nous pas considérer au contraire que le cerveau est en fait un instrument typiquement bayésien, qui évalue sans cesse les probabilités des causes ?

Revenons par exemple à la pratique des statistiques. Il est bien clair que tenir à jour, avec une conscience d'apothicaire, les tables de mortalité ou de tel ou tel autre sinistre ne relèverait que d'une manie de collectionneur, si elle n'était pas utile. En fait, elle prélude à l'utilisation de ces statistiques à des fins de prédiction à rebours, ou de rétrodiction. Ce que le statisticien cherche à faire en dressant ces statistiques, c'est de pouvoir inférer à partir de sa pratique quelque nouvelle vérité, par exemple sur les causes de décès révélées par une régularité jusqu'alors inaperçue. Telle est aussi la finalité générale des sondages d'opinion et des tests d'hypothèses.

L'idée de considérer sérieusement le cerveau comme un organe d'inférence statistique semble être apparue vers 1960, quand elle fut présentée et développée par Ward Edwards, dans son ouvrage *Human Information Processing*. Ce livre rapporte des observations faites sur un échantillon de sujets pressés de donner leur opinion sur les causes probables (parmi une liste présentée à l'avance) de situations concrètes diverses. L'expérience a montré que dans une situation de ce genre les sujets adoptent généralement une attitude trop conservatrice : ils répugnent à réviser leurs méthodes de jugement et ne tiennent pas suffisamment compte de l'expérience. En outre, la plupart des sujets attribuent généralement aux différentes hypothèses possibles une probabilité trop large, de sorte que la somme des probabilités dépasse l'unité.

L'un des premiers tests utilisés pourrait s'énoncer ainsi. Soit deux urnes identiques, disposées devant vous. La première, numérotée 1, contient 70 % de boules rouges et 30 % de boules bleues, et l'autre, numérotée 2, contient les proportions inverses. On vous présente un lot de 12 boules, constitué de 8 boules rouges et 4 bleues. Quelle est, selon vous, la probabilité pour que le lot soit tiré de l'urne n° 1, ou de l'urne n° 2 ? Naturellement, le théorème de Bayes peut vous donner la réponse, moyennant un petit calcul. Mais ce n'est pas ce qui est proposé : nous voulons que vous répondiez « au jugé », pour apprécier la compétence de votre cerveau en tant qu'estimateur de causes. La moyenne des réponses fournies par un public réel d'étudiants est que la probabilité que le lot soit tiré de la première urne est 75 %. Or le calcul exact, partant de probabilités *a priori* égales à 50 %, donne 96,7 % de chances pour que le lot en question ait été tiré de l'urne n° 1 ! L'écart entre l'estimation subjective de 75 %, et le résultat du calcul exact donne un exemple de ce phénomène de conservatisme mental dont nous parlions à l'instant.

Faiblesse de l'approche subjective

On se souvient que l'un des premiers champs d'application discuté du calcul des probabilités fut celui de la vraisemblance des témoignages en justice. Pour illustrer la faiblesse de la théorie bayésienne des probabilités, on a imaginé l'histoire suivante[3].

Un taxi est impliqué dans un accident avec délit de fuite. Dans cette ville, il existe deux compagnies de taxis ; la plus

3. A. TVERSKY et D. KAHNEMAN, « Causal Schemata in Judgments under Uncertainty », in *Progress in Social Psychology*, vol. I, M. FISHBEIN ed., Lawrence Erlbaum Ass., Hillsdale, NJ, 1980, p. 62. L'exemple est également rapporté par G. GIGERENZER, Z. SWIJTINK, T. PORTER, L. DASTON, J. BEATTY et L. KRÜGER, *The Empire of Chance*, Cambridge University Press, 1985, p. 218.

importante, qui contrôle 85 % des taxis, utilise des voitures vertes ; l'autre utilise des voitures bleues. Un témoin a vu la scène de la fuite et témoigne au tribunal, affirmant qu'il s'agissait d'une voiture bleue. Le juge fait contrôler la confiance qu'on peut accorder à son témoignage en le soumettant à une série de reconstitutions dans des conditions de visibilité comparables. Dans un lot de taxis (50 % de taxis bleus, 50 % de taxis verts), le témoin réussit à identifier correctement les fuyards dans 80 % des cas. Quelle est la probabilité que le taxi en cause dans l'accident soit véritablement un taxi bleu ?

Posez-vous vous-même la question et notez votre réponse sur un coin de feuille de papier avant de lire la suite. Les auteurs de l'étude montrent que les étudiants à qui l'on pose la question répondent en moyenne : 80 %, et c'est probablement à peu près ce que vous avez répondu. Mais vous pourrez vérifier facilement que le théorème de Bayes ne donne que 41 % de chances que le taxi soit réellement bleu, si vous adoptez la convention naturelle que la probabilité *a priori* qu'il s'agisse d'un taxi vert (ou bleu) est de 85 % (ou 15 %).

En réalité, comme tous les problèmes bayésiens, ce type de problème n'a pas de réponse unique, parce que la réponse dépend de façon cruciale de la façon dont vous choisissez les probabilités *a priori*. La réponse que l'on vient de donner suppose que l'on prenne pour référence la proportion absolue de taxis verts ou bleus dans la ville. Mais ne conviendrait-il pas plutôt de prendre la proportion de taxis de l'une ou l'autre couleur qui ont déjà eu des accidents dans le passé ? Ou celle des chauffeurs de taxis qui ont déjà commis des délits de fuite ? Ou la proportion des chauffeurs de taxis bleus qui circulent la nuit dans ce quartier ? A chaque système de probabilités *a priori* correspond une réponse différente.

D'ailleurs, comment fonctionne vraiment notre cerveau dans ces problèmes d'évaluation ? On a prétendu, avec quelque vraisemblance psychologique, que le cerveau ne pèse pas réellement des probabilités, mais adhère plutôt tantôt à une certitude, tantôt à une autre, comme dans l'histoire de ce roi qui est toujours de l'avis du dernier conseiller entendu. Mettons-nous par exemple dans l'esprit d'une femme s'interrogeant anxieusement sur le point de savoir si elle est enceinte. Est-il imaginable qu'elle dise posément qu'elle a 70 % de chances d'être enceinte ? Ne passera-t-elle pas plutôt par une succession de phases de certitude de l'être et de certitude de ne pas l'être, passant peut-être 70 % de son temps dans le premier état ?

Ces considérations nous montrent le danger et les limites de toute approche subjectiviste des probabilités. Il est probablement vrai que les probabilités sont un royaume étranger à la psychologie du cerveau humain, et tout particulièrement quand il s'agit de probabilités des causes. Mais l'homme n'est-il pas un *homo economicus* ? Certains ont cru qu'il était possible de s'affranchir des difficultés psychologiques que nous venons de relever en ancrant la théorie des probabilités sur une approche économique. Cette approche a donné le jour à la notion d'*utilité*.

Tests d'hypothèses, utilités

Un moyen imaginé pour s'affranchir des difficultés posées par le théorème de Bayes est de refuser de s'intéresser à des probabilités de causes en soi, et de ne s'intéresser qu'aux rapports entre probabilités relatives à telle ou telle cause.

C'est ainsi qu'en 1928 les mathématiciens Jerzy Neyman et E. S. Pearson développèrent la théorie des tests d'hypothèses. La subjectivité est alors reléguée dans le choix d'hypothèses à tester, le choix des niveaux de significativité (le degré de confiance à partir duquel on peut exclure une hypothèse en faveur d'une autre) et le niveau d'équilibre entre les « utilités » relatives aux deux hypothèses.

En 1935, sir Ronald Fisher fut plus dogmatique encore en proposant de choisir systématiquement comme contre-hypothèse ce qu'il appela l'hypothèse « neutre », c'est-à-dire celle selon laquelle le phénomène qu'on cherche à mettre en évidence n'existe pas. Une telle attitude, pensait Fisher, devrait conduire à une réponse unique dans n'importe quel problème d'inférence.

Dans les approches basées sur les tests d'hypothèses, on cherche à minimiser, soit une « erreur » (dans le cas d'un travail scientifique), soit un « coût » économique.

Reprenons le problème de la fuite des taxis. Le témoin peut par exemple chercher à adopter une attitude propre à minimiser le risque de se tromper. Ce critère l'amènera éventuellement à témoigner de façon excessivement prudente, « conservatrice », même si elle est contraire à son impression première et au témoignage de ses sens. Par exemple, s'il se trouve connaître à l'avance la proportion réelle de taxis verts et bleus dans la ville (85 % et 15 % respectivement), il ne prononcera un témoignage en faveur d'un taxi bleu que dans les conditions où ce témoignage a le moindre risque d'erreur[4]. Un calcul élémentaire corrige alors la probabilité réelle qu'il ait correctement identifié la voiture en fuite. En tenant compte de cet élément, on trouve que la probabilité que le taxi soit réellement bleu est ramené à 82 %, un chiffre proche des estimations générales des étudiants « juges » testés.

L'approche « économique » des tests d'hypothèses a en fait une portée très générale, consignée dans la « théorie statistique des décisions », formalisée notamment par Abraham Wald. Elle permet de définir rationnellement, par exemple, un intervalle de confiance : en face de deux hypothèses, le choix dépend de la comparaison des coûts entraînés par une erreur de jugement, dans l'un ou l'autre sens. Aux yeux de cette théorie, tout est finalement une question de coût. Par exemple, l'ingénieur chargé de réceptionner une marchandise établira la taille de l'échantillon testé et l'ampleur des analyses auxquelles il compte le soumettre de façon à balancer les risques de surcoûts entraînés par un mauvais diagnostic sur

4. Il pourra le faire, par exemple, en minimisant l'expression Pr(V)Pr(« B »/V) + Pr(B)Pr(« V »/B) qui représente la somme pondérée des probabilités de témoigner que le taxi était bleu alors qu'il était en réalité vert et de témoigner qu'il était vert alors qu'il était en réalité bleu. Pour les détails se référer à M. H. Birnbaum, *American Journal of Psychology*, 1983, vol. 96, p. 85-94.

la qualité de la marchandise, avec les coûts des analyses effectuées sur l'échantillon. Autre exemple : pourquoi pensez-vous que chez les physiciens l'usage consacré est de n'inscrire, dans les comptes rendus d'expérience portant sur la mesure d'une grandeur, que les seuls chiffres décimaux que l'expérience a identifiés sans ambiguïté, plus le premier chiffre décimal incertain ? Parce que, répondent les tenants de cette approche utilitariste, il faut s'arrêter à l'endroit où la mention d'une décimale supplémentaire n'est payée d'aucun bénéfice, ne justifiant ni le prix du papier ni la peine du lecteur.

Certains auteurs[5] semblent voir là l'ébauche d'une réconciliation possible des approches subjectives et objectives des probabilités. Le vrai fondement des probabilités serait à rechercher dans l'activité foncièrement économique des praticiens. Les probabilités seraient donc objectivement... économiques. Je ne suis pas certain de les suivre sur ce terrain. Le hasard existait sur la terre avant l'avènement de l'*homo economicus* !

---

5. Voir en particulier J. BONITZER, *op. cit.*, p. 1984.

II

Le hasard dans la vie

5

Variations et sélection : le hasard naturel chez Darwin

La publication en 1859 de l'*Origine des espèces* marque sournoisement l'entrée, dans les disciplines biologiques, de l'idée d'un hasard essentiel. Il ne s'agit pas encore, certes, d'un hasard ontologique comme la mécanique quantique le proposera plus tard ; mais l'œuvre de Darwin n'en marque pas moins une étape importante : elle rompt avec l'idée que les fluctuations ou les erreurs de mesure appartiennent nécessairement à un buissonnement de causes et ne peuvent être porteuses d'aucun *sens* en elles-mêmes. Pour Darwin, les petites différences ou « variations » qui apparaissent d'une génération à l'autre dans la morphologie (ou plus généralement le phénotype) d'une espèce peuvent bien avoir des causes qu'il ne connaît pas. Le point important pour lui est que ces variations naturelles sont aveugles, et que pourtant elles sont le moteur de l'évolution, dans la mesure où la sélection naturelle trie les variations avantageuses. Or, cette création de sens repose de façon cruciale sur une rupture de la chaîne de causalité, précisément entre variations et sélection.

Les biologistes s'attaquent aux variations

Les premières remarques sur les variations en biologie sont plutôt cocasses à lire aujourd'hui. En 1863, le statisticien allemand Gustav Rümelin remarque que la variabilité augmente lorsqu'on gravit les échelons de la vie, depuis les organismes les plus simples jusqu'aux plus élaborés. Les lettrés, note-t-il à l'appui de sa thèse, sont plus variés que les illettrés, les hommes que les femmes, les Caucasiens que les Nègres, les modernes que les anciens, et les humains que n'importe quelle espèce animale. Que peuvent aujourd'hui penser les femmes et les Noirs de ces remarques !

En 1876, Wilhelm Lexis a l'idée d'étudier mathématiquement la diversité sociale. Il s'agit d'analyser la dispersion des données statistiques et d'observer les fluctuations de cette dernière d'année en année. La série des données annuelles concernant le rapport entre le nombre de garçons et de filles à la naissance montre que ce rapport obéit aux prévisions de la théorie des probabilités : une moyenne fixe, des écarts moyens proportionnels à la racine carrée du nombre de naissances. Mais il observe aussi que dans le domaine culturel la dispersion est toujours supérieure à celle prédite par la théorie. Tel est le cas, par exemple, des suicides, des mariages, des crimes, des naissances et des décès, qui suivent à des degrés divers des « lois des séries », comme l'on dit, c'est-à-dire qu'ils tendent davantage à se produire par paquets que ne le feraient des événements indépendants.

Au début du XXe siècle, on entreprend l'étude systématique des variations en biologie selon deux écoles concurrentes : l'école « biométrique » d'une part, et l'école « mendélienne » de l'autre. Bien qu'elles contribuent toutes deux au développement des méthodes statistiques, ces écoles s'affrontent âprement, tout en étant l'une et l'autre foncièrement anti-darwiniennes, parce que toutes deux contestent l'existence ou le rôle de la coupure causale évoquée par Darwin.

En Europe, la première école est représentée par Francis Galton, lui-même influencé par Quetelet. Ce dernier avait montré qu'un certain nombre de variations naturelles, la taille des individus par exemple, suivent la loi normale de répartition des erreurs. On se souvient que cette loi avait été créée d'abord pour décrire la distribution des erreurs expérimentales commises au cours d'une suite répetée de mesures d'une grandeur réelle, comme la position d'une étoile sur la sphère céleste. Dans l'esprit des astronomes, il ne pouvait y avoir de doute que la grandeur mesurée avait une existence réelle et une vraie valeur, indépendantes des observations. Par analogie, constatant que de nombreux paramètres biologiques mesurés sur une population se répartissaient en suivant une loi normale, Galton se crut fondé à proposer que les variations naturelles observées reflétaient pareillement des imperfections, des erreurs de réalisation par rapport à un modèle dont l'existence se trouvait ainsi objectivée. L'« homme moyen » était dans son esprit aussi réel que la « vraie » position d'une étoile était objective. Pour lui, les sciences biologiques devaient se donner pour tâche première la description aussi complète que possible de ce « type idéal », par-delà les réalisations contingentes des individus.

L'école mendélienne n'est pas moins antidarwinienne. L'approche de cette école repose bien sûr sur des raisonnements statistiques et d'analyse combinatoire, mais elle met au centre de ses réflexions l'idée qu'il faut parvenir à une description causale des variations, non en termes d'échantillons de populations, mais pour chaque individu en particulier.

Il est piquant de constater aujourd'hui à quel point une découverte aussi essentielle que celle de Mendel (le caractère combinatoire des gènes) est née, non dans la pureté cristalline du diamant taillé, mais dans un halo de circonstances, de sérépendité, sinon d'irrégularités dans lesquelles la justesse de l'intuition de départ suggérait de passer outre à bien des difficultés. Le test dit « de chi2 », inventé par Karl Pearson en 1900, a été appliqué par Ronald Fisher à la détermination de l'accord ou du désaccord des observations génétiques par rapport aux prédictions mendéliennes. C'est ainsi qu'il put montrer, en 1936, que les résultats originaux de Mendel sur les pois lisses et les pois ridés étaient en fait *trop bons* pour n'être pas un peu « arrangés ». Les proportions mesurées entre les uns et les autres à chaque génération successive sont trop proches des rapports prédits par la théorie pour que l'expérience de Mendel soit vraiment crédible : on ne peut échapper à la conclusion que les données de Mendel ont été manipulées pour paraître plus probantes. Il n'est pas question de mettre en doute l'honnêteté personnelle du moine, mais il est probable que son assistant trop zélé ait manqué de rigueur dans la décision de classer les pois dans les différentes catégories, en se laissant influencer volontairement ou non par le souhait de parvenir au résultat souhaité par le maître. On connaît bien aujourd'hui la difficulté d'éliminer des biais de ce genre, d'autant plus pernicieux quand ils sont inconscients. Elle a motivé la mise au point, en médecine, de la technique d'expérimentation des drogues « en double aveugle », c'est-à-dire telle que ni le patient ni son médecin traitant ne savent si la drogue utilisée est la vraie molécule dont on recherche les propriétés médicales ou un simple placebo. On peut bien sûr plaider que, dans le cas de Mendel, ces biais n'ont fait que rendre plus manifeste un phénomène existant réellement, et que leur redressement n'aurait pas altéré les conclusions à tirer des expériences du moine autrichien. C'est exact, mais combien dangereux ! En outre, on sait aujourd'hui que les catégories de phénotype examinées par Mendel (pois lisses et pois ridés) ne représentent qu'un cas très exceptionnel de combinatoire génétique, car elles dépendraient en fait d'un gène sauteur. Cette affaire sera étudiée plus en détail au chapitre suivant.

Darwin, quant à lui, avait déjà fixé en 1859 le sens qu'il donnait au terme de variations. Selon ses propres termes : « Une mutation est *au hasard* en ce que la chance qu'une mutation survienne n'est pas affectée par le fait qu'elle puisse être utile à la survie de l'espèce. » Sa démarche de pensée pourrait se résumer ainsi : « Je ne sais pas si le hasard en soi existe. Mais s'il existe, de telle sorte que les variations soient au hasard par rapport à la sélection, alors les conséquences suivantes (observables) peuvent en être tirées. » Ainsi, le hasard est défini par Darwin par rapport à la sélection naturelle.

Comme on le sait, la pensée de Darwin est axée sur une comparaison entre la sélection artificielle d'une part, telle qu'elle est pratiquée chez les éleveurs, et la sélection naturelle d'autre part. D'après Lenay, le tournant de sa pensée eut très probablement lieu le 28 septembre 1838, au cours d'une période d'intense recherche théorique et à la suite de la lecture de l'*Essai sur les populations* de Malthus. Cet auteur avait souligné la rapidité de la croissance des populations obéissant à une loi de croissance géométrique, c'est-à-dire telle qu'à chaque génération le nombre de descendants est multiplié par un certain facteur supérieur à 1. Très rapidement, de telles populations envahissent le territoire à leur disposition [1]. Or, dans la plupart des espèces que l'on rencontre dans la nature, de telles croissances exponentielles ne se produisent pas, le nombre des individus reste au contraire à peu près constant. Cela suppose qu'à chaque génération il y ait un nombre énorme de disparitions.

Quel est le rôle du hasard dans les variations ? Darwin répond : « J'ai, jusqu'à présent, parlé des variations... comme si elles étaient *dues* au hasard. C'est là, sans contredit, une expression bien incorrecte ; peut-être, cependant, a-t-elle un avantage en ce qu'elle sert à démontrer notre ignorance absolue sur les causes de chaque variation particulière... »

La pensée de Darwin sur le rôle du hasard s'appuie sur l'observation des pratiques de sélection artificielle. Le fait fortuit pour la sélection artificielle n'est pas tant la variation en elle-même, c'est son *utilité*, c'est-à-dire ce qui dans la variation peut ou non servir les intérêts des éleveurs. Elle est donc définie par les éleveurs. On peut dire que l'utilité de

1. Par exemple, supposons que nous ayons un étang et que nous y fassions croître des nénuphars dont la feuille grandit de telle sorte que la surface feuillue double chaque jour. A l'origine, l'unique feuille de la jeune pousse est minuscule, mais au bout d'un mois les nénuphars envahissent toute la surface de l'étang. Combien de temps auparavant la moitié de la surface était-elle encore libre ? La réponse évidente, un jour seulement, illustre les dangers d'une croissance de ce type.

la variation est au hasard par rapport à la sélection artificielle.

Darwin illustre sa conception en comparant la sélection naturelle à un architecte qui a construit une maison en choisissant avec attention les pierres éparpillées au hasard sur le sol. « Relativement à l'emploi qu'on peut faire des fragments, la forme des pierres peut être accidentelle », observe t-il. Mais alors que l'architecte réalise des choix, la sélection naturelle agit mécaniquement et uniquement une fois que la variation lui est donnée. Donc, dans la nature, les variations sont au hasard pour une instance qu'elles constituent elles-mêmes : cette boucle pose un problème difficile qui fait toute la subtilité de la notion de hasard dans l'évolutionnisme de Darwin.

Hasard épistémique et hasard théorique

Dans sa thèse, Lenay distingue trois degrés successifs de hasard dans la nature : le hasard *épistémique*, le hasard *théorique*, et enfin le hasard *systémique*. Darwin, en fait, a considéré successivement ces trois degrés du hasard. L'interprétation qu'il a finalement retenue, telle qu'elle transparaît dans l'*Origine des espèces*, est du troisième type.

Le hasard épistémique n'est pas autre chose que le hasard d'ignorance, que nous avons déjà rencontré. Ainsi, les éleveurs ne connaissent pas les causes des variations phénotypiques, mais ils ne doutent pas que ces causes existent. Il s'agit donc ici d'un hasard *pour les éleveurs*. Le mot « *hasard* » joue ici un rôle de substitution : il nous dispense de la recherche d'une explication. Une ignorance qui se sait est baptisée par C. Lenay « hasard épistémique ».

La théorie de Darwin *pose* l'existence d'un hasard des variations des espèces sauvages *par rapport à la sélection naturelle*. Pour distinguer ce nouveau degré dans l'ordre du hasard, Lenay propose de l'appeler « hasard théorique ». Par définition, c'est un hasard relatif à une instance théorique, ici la notion de sélection naturelle, dans le cadre d'une théorie visant à expliquer les phénomènes, ici l'évolution. En fait, Darwin a construit ce hasard théorique sur le modèle du hasard épistémique dans le cas de la sélection artificielle. En passant de la sélection artificielle à la sélection naturelle, il est passé d'une utilisation du hasard dans un cadre épistémique à l'utilisation du hasard dans un cadre théorique. Cela distingue clairement le hasard théorique du hasard épistémique.

Mais le rôle du hasard par rapport à l'évolution chez Darwin ne se limite pas là. Centrale était chez lui l'idée que les variations deviennent créatrices en orientant le destin futur de l'évolution : de même que, dans le cas de la sélection artificielle, les éleveurs modifient à tout moment leurs critères de sélection, en fonction des résultats fortuits obtenus au cours de l'étape précédente de variation, certaines variations naturelles rendent possibles de nouvelles sélections.

Le hasard naturel dont nous parlons maintenant est un partenaire actif dans le cadre du système variation/sélection, parce que ses effets sont susceptibles de modifier les critères de sélection. Lenay qualifie ce type de hasard, partenaire dans un système, de « hasard systémique ».

Hasard et coupure : l'apport de la biologie moléculaire

Pour qu'elles puissent orienter l'évolution, les variations que Darwin cherchait à mettre en évidence devaient impérativement être héréditaires. « Toute variation non héréditaire est sans intérêt pour nous », écrit-il [2]. Mais il insiste sur le décalage temporel entre variation et sélection : les moments de la variation et de la sélection sont distincts. La variation se produit par l'action de quelque cause sur le système reproducteur des parents. La sélection se produit au cours de la lutte pour l'existence des descendants. On a donc une cer-

2. On notera cependant que dans l'*Origine des espèces* le mot « évolution » est absent, car c'est Spencer qui l'imposa plus tard à propos de la théorie de Darwin. Ce dernier, en effet, voulait éviter un mot qui évoquait l'idée de progrès et préférait insister sur la sélection naturelle.

taine coupure dans la causalité, car la sélection naturelle agit sur les variations et non sur leurs causes. Cette rupture de causalité, Darwin la voyait donc essentiellement marquée dans le temps. On peut penser que c'est là, précisément, qu'il a manqué d'audace. Le hasard vrai ne peut être qu'une coupure radicale, et non pas seulement une distanciation historique, dans les chaînes causales.

La fonction de la coupure est de créer l'indépendance nécessaire entre les causes des variations et les critères de sélection. Comment introduire, dans la nature, une coupure non plus épistémique mais théorique ? On peut appliquer ici le schéma de Cournot : l'événement au hasard, l'« utilité de la variation », se trouve à la rencontre de la série causale de la variation, qui a sa logique propre, et de la série causale de la sélection. Comment affirmer que dans la nature il n'y a pas de liaison directe entre les causes de la sélection (l'ensemble de la lutte pour l'existence) et les causes des variations ? En la *posant*. Cette démarche darwinienne évoque la démarche épistémologique fondamentale d'Albert Einstein, qu'on a pu qualifier de « réalisme théorique [3] ». Ce dernier pensait que la réalité ultime de la nature se cachait dans l'harmonie des équations, bien que ces dernières soient le fruit de découvertes humaines. Ainsi, chez Einstein, ce qui est librement posé au départ peut s'identifier au réel s'il est en adéquation profonde avec la nature. La démarche de Darwin est semblable : la coupure théorique entre mutation et sélection, qui est posée, se révèle en adéquation profonde avec la nature. Pour Darwin, il y a deux ordres de raisons qui expliquent cette adéquation. D'une part, la distance temporelle entre mutation et sélection contribue à les rendre indépendantes, et d'autre part, la sélection ne dépend pas seulement de l'individu, mais aussi des circonstances externes dans lesquelles il est plongé.

On doit remarquer au passage que la notion de coupure introduite ici est distincte, et en fait plus faible, que celle

3. Voir M. Paty, « Modèles mathématiques et réalité physique », *La Pensée*, n° 200, août 1978.

d'indépendance souvent évoquée comme fondement des phénomènes hasardeux. Il n'est pas nécessaire qu'il y ait indépendance absolue entre les conditions externes de l'être vivant qui règlent la sélection et les conditions internes qui règlent, suppose-t-on, l'apparition des variations : il suffit que cette indépendance joue dans un seul sens, un peu à la manière d'une valve. Les variations ne doivent dépendre en rien de la sélection, mais la sélection peut dépendre, et dépend en fait souvent des variations.

Cette remarque finale, évoquant l'image d'un filtre à sens unique plutôt que celle d'une cloison étanche entre les niveaux du réel soumis au hasard d'une part et à la nécessité de l'autre, entre les niveaux du hasard des variations et les résultats visibles de la sélection, entre génotype et phénotype, comme en physique entre propriétés des collisions atomiques et les phénomènes sensibles objets des lois, est une conquête essentielle de l'esprit humain, dont le mérite en biologie doit être attribué à Darwin. Sans cette conquête, nous ne pourrions jamais rien affirmer qui puisse caractériser le niveau inférieur, celui de la réalité en soi.

Pour Peirce, l'apport de Darwin est allé au-delà de cette contribution déjà essentielle. Le premier considère le second comme le précurseur de l'idée selon laquelle c'est le hasard qui crée l'ordre, un peu à la manière des épistémologues modernes comme Ilya Prigogine, Henri Atlan et Edgar Morin. « L'*Origine des espèces*, écrit Peirce en 1893, est responsable de l'idée que le hasard engendre l'ordre, ce qui est une pierre de touche de la physique moderne. » Peirce fait ici allusion à la connexion entre la physique sociale de Quetelet et le travail de Maxwell en mécanique statistique des gaz d'un côté, et la pensée évolutionniste de Darwin de l'autre. De même que Maxwell a compris les propriétés d'ordre macroscopique des gaz en termes de distribution statistique des vitesses individuelles des molécules, l'évolution doit se comprendre en termes de variations et de statistiques sur ces variations. Hélas, alors que Maxwell avait compris que des fluctuations locales, quoique improbables, pouvaient fort bien conduire à des inhomogénéités observables, Darwin omit de s'intéresser aux effets des fluctuations sur des populations de petite taille, qui devaient se révéler tellement importantes pour le phénomène de création d'espèces nouvelles, comme nous allons le voir bientôt.

6

La loterie de l'hérédité : hasard et génétique

Nos enfants nous ressemblent d'une certaine manière, mais ils sont aussi très différents de nous. Sauf dans le cas de vrais jumeaux, ils le sont aussi de leurs frères et sœurs. En fait chaque individu humain, malgré le poids de l'hérédité, réalise un panachage unique entre les centaines de milliers de gènes reçus de chacun de ses parents, et reproduit ce génome [1] panaché dans chaque cellule de son corps. Le hasard joue un grand rôle pour nous délivrer ce certificat d'originalité.

On sait que les cellules usuelles du corps se divisent sur le mode des *mitoses*. Chez l'homme par exemple, les doubles hélices d'ADN des 23 paires de chromosomes présents dans une cellule sur le point de se diviser se dédoublent dans le sens de la longueur. Au fur et à mesure que s'effectue ce dédoublement, chaque moitié reconstitue un chromosome complet (par réappariement des bases complémentaires) de manière à doter chacune des cellules filles d'un lot complet de 23 paires de chromosomes identiques à ceux de la cellule

1. *Génome* : dans le sens courant, ensemble du matériel génétique porté par un individu, y compris les gènes non exprimés.

mère [2]. Avec un tel mode de reproduction, les cellules filles sont des copies absolument conformes de la cellule qui leur a donné naissance, à de rares erreurs de recopie près.

Un moyen efficace d'introduire entre les générations d'individus la variabilité importante nécessaire au fonctionnement du modèle darwinien d'évolution est que les cellules filles portent les caractères, non pas d'une seule cellule mère, mais de deux parents. Mais la transmission aux enfants des caractères parentaux ne peut se faire par simple addition des gènes : dans ce cas, chaque enfant aurait un nombre de chromosomes double de celui des parents, et en quelques générations les cellules seraient envahies par le matériel génétique entreposé. Le mélange des chromosomes parentaux au moment de la fécondation doit donc être précédé par un mécanisme approprié de tri, tel que les moitiés seulement de l'ADN (un chromosome seulement de chaque paire) de chaque parent se trouvent réunies à la fécondation. C'est le moyen que la nature a mis au point dans la reproduction sexuée. Son mécanisme repose sur un mode spécial de division cellulaire, réservé au cellules précurseurs des ovules et des spermatozoïdes : *la méiose.* Par la méiose, le tri des gènes de chaque parent s'effectue avec un maximum d'efficacité, au hasard, comme par un brassage vigoureux de cartes.

Par suite de la formation de spermatozoïdes et d'ovules n'ayant chacun qu'un seul jeu de chromosomes (au lieu de deux dans les cellules normales), et de leur fusion au moment de la fécondation, les lois de l'hérédité se ramènent à des lois d'analyse combinatoire, c'est-à-dire de calcul du nombre de combinaisons possibles d'éléments différents, gènes ou chromosomes.

En 1866, Gregor Mendel, moine à Brno en Tchécoslovaquie, publia les résultats de patientes observations sur sept

---

2. On sait comment ce processus permet la duplication complète de l'ADN original. Chaque brin mis à nu découvre une suite de bases offrant des ponts hydrogènes non saturés, sur lesquels les bases complémentaires viennent se fixer l'une après l'autre grâce à l'action d'une enzyme : la DNA-polymérase. En cas d'erreur de recopie, un système de correction intervient et parvient, dans la grande majorité des cas, à rétablir une parfaite réplication de l'ADN.

caractères génétiques des pois, démontrant que l'apparition de ces caractères dans la suite des générations de pois croisés les uns avec les autres suivent les lois des combinaisons, à condition de supposer que les gènes ayant la même fonction sont présents à deux exemplaires dans chaque cellule, et qu'en cas de conflit entre les caractères représentés par ces gènes, certains de ceux-ci dominent sur les autres (ceux qui dominent sont appelés par lui caractères dominants; les autres, qui exigent d'être présents en double exemplaire pour apparaître, sont appelés récessifs). Mendel envoya son mémoire à quelques-uns des plus grands botanistes de l'époque, mais aucun d'eux ne fit cas de son travail. Malgré une correspondance fournie avec le moine morave, le grand botaniste Nägeli ne crut pas devoir faire référence à ses travaux dans le livre sur l'évolution et l'hérédité qu'il publia en 1884 [3]. Ce n'est qu'en 1900 que les lois de Mendel furent redécouvertes de façon indépendante par l'Allemand Karl Correns, l'Autrichien Eric von Tschermak et surtout le Néerlandais Hugo de Vries. Ce dernier ne prit connaissance des travaux de Mendel qu'au moment où il était déjà très avancé dans ses propres recherches sur le croisement des caractères chez plusieurs espèces végétales, et prêt à proposer un système de lois équivalentes à celles de Mendel.

Pourquoi le travail de Mendel est-il resté dans l'ombre pendant plus de trente ans ? Mendel, qui était de nature modeste, n'a pas fait une publicité excessive sur ce qu'il appelait lui-même « une expérience isolée », bien qu'il ait étudié plus de 30 000 plants pendant sept ans ! On peut penser cependant que Mendel lui-même était troublé par le fait que les lois qu'il avait découvertes ne semblaient pas s'appliquer d'une façon universelle. Il avait été incapable de les retrouver dans toutes les espèces et pour tous les caractères. Par exemple, Nägeli lui avait donné le conseil de mettre à l'épreuve son modèle en utilisant l'épervière *(Hieracium)*, ce qui était jouer de malchance, car cette espèce se reproduit aussi par parthéno-

3. C. Nägeli, *Mechanisch-physiologische theorie der Abstammungslehere*, Oldenbourg, Leipzig, 1884.

genèse ! D'autre part, les caractères que Mendel avait choisis chez le pois ont l'avantage d'être portés par des chromosomes différents, de sorte qu'il avait pu éviter les complications dues à la liaison des gènes sur un même chromosome et à l'enjambement de chromosomes (voir *infra*). Une longue maturation était nécessaire pour qu'on réalise enfin la généralité du modèle mendélien de l'hérédité...

La sexualité amplifie les chances de variations

L'évolution darwinienne exige l'existence dans une population de nombreuses variations. Grâce à la sexualité, les couples de parents créent, chez leurs enfants, des variations pratiquement infiniment diverses autour du thème : donnons à nos enfants la moitié de mes gènes et la moitié de tes gènes ! Ce mode de transmission de l'hérédité présente l'avantage de brasser sans cesse, dans une population, le patrimoine génétique commun, de manière à assurer une certaine homogénéité. L'homogénéité ainsi préservée est cependant tout le contraire d'une uniformité, grâce au réassortiment au hasard de chaque moitié des pools de gènes du père et de la mère.

Comme les autres cellules du corps, les spermatocytes et les ovocytes possèdent un double jeu complet de chromosomes. Mais dans ces cellules, au cours de la méiose, les paires de chromosomes se disjoignent simplement, pour donner naissance à deux cellules germinales proprement dites, chacune dotée de 23 chromosomes seulement (les spermatozoïdes ou les ovules).

La disjonction des paires de chromosomes s'accomplit au hasard. Comme nous avons 23 paires de chromosomes, les spermatozoïdes ou les ovules fabriqués par un individu donné peuvent avoir 2^{23} formules génétiques différentes, soit environ 8,4 millions. Sachant qu'une femme donnée ne forme que 400 à 450 ovules dans toute sa vie féconde, on voit qu'elle a vraiment très peu de chances de former des ovules portant à peu près le même patrimoine génétique. Au moment de la fécondation, le patrimoine génétique du spermatozoïde s'associe au patrimoine génétique de l'ovule. Le nombre d'associations différentes est donc de 2^{46}, soit environ 70 000 milliards, plus de dix mille fois la population totale du monde ! Tel est le nombre minimal de variantes possibles pour le patrimoine génétique des enfants issus d'un même père et d'une même mère.

D'une façon plus précise, la méiose est un enchaînement de deux divisions cellulaires, accompagné d'une seule duplication du matériel chromosomique. Celle-ci prend place au début de ce que l'on appelle la prophase de la première division. Mais au lieu de conduire à un doublement simple du nombre de chromosomes, les deux copies de l'ADN restent collées l'une à l'autre par un point, le centromère, de sorte que l'on a un seul chromosome formé de deux chromatides. Chez une espèce dont les cellules ordinaires contiennent N paires de chromosomes, les noyaux engendrés par la première division méiotique des spermatocytes et des ovocytes portent donc chacun N chromosomes à deux chromatides. Avant que la première division ne s'achève, et que les chromosomes doubles n'émigrent vers les deux cellules filles, les chromosomes analogues (provenant l'un du père et l'autre de la mère de l'individu en question) viennent se superposer l'un à l'autre et vérifier en quelque sorte par congruence leur similitude. Ce point est très important pour la suite. En se superposant les uns aux autres ils se collent souvent en un ou plusieurs points appelés *chiasmas*. Au cours de cet appariement, des échanges interchromosomiques entre portions de chromosomes (d'un chiasma à l'autre) ont fréquemment lieu, et ces échanges ou *crossing over* — aussi parfois appelés enjambements — réalisent un premier brassage, apparemment totalement imprévisible, du matériel génétique, avant même que soient constitués des spermatozoïdes et des ovocytes individualisés et que leur fécondation mutuelle n'intervienne. Lors de la séparation des chromosomes, le matériel génétique situé entre deux chiasmas peut se retrouver dans l'un ou l'autre chromosome séparé, comme des briques de *Lego* interchangeables. On ne connaît pas la nature des forces physico-chimiques qui permettent cet appariement spécifique.

Figure 2

Comparaison des mécanismes de division cellulaire dans la méiose et la mitose. Pour simplifier, on n'a représenté qu'une seule paire de chromosomes analogues. Dans le cas général, la méiose conduit à quatre cellules à un seul chromosome, chacun d'eux étant largement panaché. La mitose reproduit à l'identique dans chacune des deux cellules filles le patrimoine génétique de la cellule originale. Chez les humains, la seconde division de la méiose ne se réalise qu'après la fécondation, et l'ovocyte ne conduit qu'à un seul ovule fécondable, et non quatre.

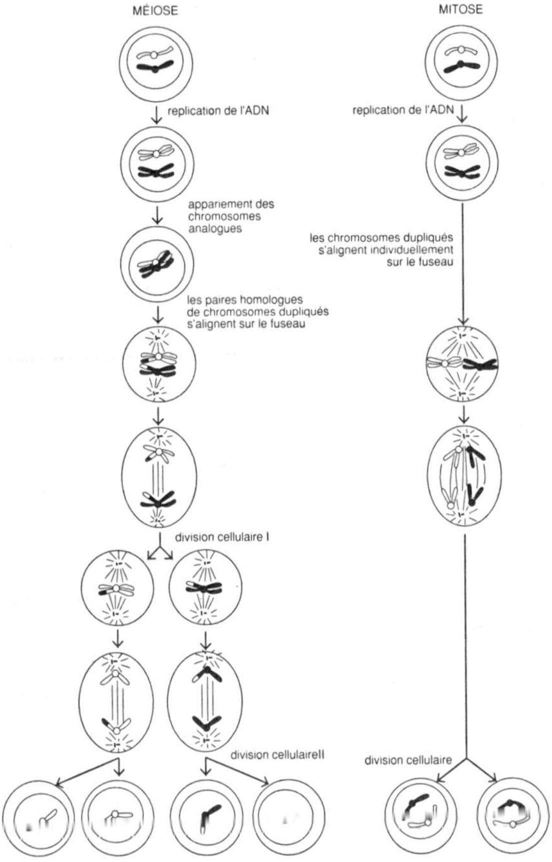

Source: B. Alberts, D. Bray, J. Lewis, M. Raff, K. Roberts, J. D. Watson, *The Molecular Biology of the Cell*, 2e édition, Garland Publish., New York, 1989, p. 846.

La seconde division se fait sans duplication. Les deux brins de chaque chromosome se séparent, chacun d'eux se retrouvant dans l'un des deux noyaux produits par la division, de sorte qu'on pourrait obtenir, en définitive, par la méiose et ses deux divisions successives, 4 noyaux portant chacun N chromosomes à 1 chromatide, tous déjà « panachés » par les *crossing over.* C'est effectivement ce qui se produit pour les spermatozoïdes. Mais chez les femelles des animaux et végétaux supérieurs, l'un des deux noyaux créé à la première division est expulsé, laissant un « globule polaire » incapable de se diviser. Le même mécanisme se répète à la seconde division. En définitive, chez la femme, la méiose des ovocytes ne conduit donc qu'à un seul ovule fécondable, portant 23 chromosomes largement panachés.

L'appariement qui se produit pendant la première prophase de la première division méiotique paraît cependant essentiel pour pouvoir assurer les succès de la reproduction sexuée : en effet, c'est parce que l'appariement de leurs chromosomes est impossible que les croisements entre espèces différentes sont improductifs, même s'ils donnent des enfants à la première génération comme c'est le cas des croisements d'ânes et de juments, qui donnent des mulets stériles.

Si l'on ajoute encore au brassage des gènes par enjambement au cours de la première division méiotique, et au tri finalement effectué par la méiose entre chaque paire de chromosome, les modes secondaires de brassage tels que les mutations ponctuelles, les transpositions de gènes, les sauts que certains d'entre eux peuvent effectuer le long des chromosomes, on peut calculer qu'un seul individu a le pouvoir d'engendrer de l'ordre de 10^{200} spermatozoïdes ou ovules différents, ou même davantage. Si l'on se souvient que notre planète ne recèle guère plus de 10^{80} atomes, on constate que les possibilités de variations excèdent de très loin les cas de réalisation concrets. En ce sens, l'idée de hasard dans la réalisation concrète d'un patrimoine génétique s'impose. Au niveau social, s'y ajoute encore les hasards de la rencontre entre le père et la mère : nous sommes, nos enfants sont véritablement les fils du hasard !

Les grands traits de l'espèce sont conservés

La reproduction sexuée est l'élégante réponse que la nature a trouvée pour répondre à la double nécessité de multiplier les variations, matériel de base de l'évolution, tout en préservant l'homogénéité globale de la population. Il est certain que dans une grande population dans laquelle les individus peuvent sans limite chercher à s'accoupler avec leurs congénères du sexe opposé, ce mécanisme doit aboutir à une homogénéisation de la population, avec sans doute un bonus accordé aux gènes les plus avantageux du point de vue de la fécondité, en accord avec la théorie darwinienne.

Il existe toutefois de nombreux mécanismes qui limitent en pratique le brassage effectué par la reproduction sexuée. Les relations de voisinage et la paresse des galants peuvent réduire en pratique la portée géographique de la recherche de partenaires. Les mécanismes comportementaux et psychologiques qui règlent le choix des partenaires mettent une autre limite, restreignant habituellement les couples en favorisant les rapprochements des caractères semblables. Des barrières de ce genre ont pu jouer un rôle, par exemple, lors de l'apparition des premiers hominidés. Comme le suggère le journaliste scientifique Marcel Blanc, on peut imaginer que les premiers hommes — ces singes nus —, lorsqu'ils ne formaient encore que de petites colonies dispersées au sein de la grande famille simienne, inspiraient quelque dégoût aux singes encore pourvus d'un système pileux généreux. Les humains, en revanche, n'avaient pas honte de leur nudité et s'attiraient les uns les autres[4]. Plus tard, la séparation d'avec les ancêtres simiens fut avérée, l'espèce humaine se répandit dans le monde entier et connut, par les accidents climatologiques et géographiques, de nombreuses occasions d'isolement en communautés distinctes. Ces isolements plus ou moins complets furent autant d'occasions de différenciation partielle, les uns acquérant par exemple un taux de mélanine élevé (peaux noires), les autres un taux de mélanine

4. M. Blanc, *Les Héritiers de Darwin*, Le Seuil, Paris, 1990, p. 205.

beaucoup plus bas (peaux blanche ou jaune). Une communauté isolée par les phénomènes de glaciation du quaternaire faillit même, par isolement géographique, diverger suffisamment pour donner une nouvelle espèce (l'homme de Néanderthal). Un retour à des conditions climatologiques plus clémentes permit un rebrassage *in extremis* de cette sous-espèce, avant que cette éventualité ne prenne réellement consistance. Le pool génétique des hommes de Néanderthal se perdit alors dans le pool plus large des hommes de Cro-Magnon, les envahisseurs venus de l'est. Dommage ! Malgré leur front fuyant, la capacité cérébrale des hommes de Néanderthal était légèrement supérieure en moyenne à celle de leurs congénères, et même à celle des hommes d'aujourd'hui !

Aujourd'hui, le genre humain a reconquis, en principe, le pouvoir universel d'accouplement qui caractérisait le premier noyau de l'espèce humaine. Me revient en mémoire ce garçon rencontré sur un bateau pérégrinant autour du monde, lancé à la recherche d'un visage aperçu en rêve et prêt à aller jusqu'au bout du monde pour le trouver. A travers les voyages, les différences culturelles ont tendance à s'estomper (il n'est besoin, pour s'en assurer et mesurer le degré d'homogénéisation déjà atteint, que de revoir des reportages ethnographiques tournés il y a vingt ans). Sur cette lancée, l'homogénéisation de l'espèce humaine est redevenue possible. Nos lointains descendants seront-ils tous café-au-lait ?

Tel est le panorama que nous propose le fait de la sexualité. Par le mécanisme ingénieux de la méiose et de ses deux divisions successives, la nature assure un rebrassage continuel des gènes. La première division de la méiose offre l'occasion d'une redistribution préalable des gènes, par *crossing over*. La seconde division sépare au hasard les couples de chromosomes que la fécondation va plus tard assembler de nouveau, au hasard des rencontres entre ovules et spermatozoïdes. Mais doit-on pour autant affirmer que le dimorphisme sexuel est la seule solution que la nature pouvait inventer, ou du moins qu'elle est la meilleure solution puisque c'est celle qui a été finalement retenue par la sélection naturelle ? Ce n'est pas sûr, car certaines espèces paraissent avoir connu au cours de l'histoire géologique des alternances de phases de reproduction par parthénogenèse (avec sa stricte conservation du patrimoine génétique) et de reproduction sexuée. Les pucerons, par exemple, utilisent la parthénogenèse dans leurs périodes d'invasion d'un territoire, sacrifiant la diversité génomique à la multiplication du nombre. Mais ce choix entraîne pour l'espèce une moins grande adaptabilité, une moindre chance de faire face à des défis environnementaux nouveaux[5].

La reproduction sexuée permet, mieux que la parthénogenèse, d'assurer l'évolution d'une espèce. Comme le font remarquer Brooks et Wiley[6], pour qu'une mutation ait des chances d'être fixée dans une population asexuée, il faut, soit qu'elle survienne simultanément chez un grand nombre d'individus, soit qu'une circonstance extérieure décime la population qui n'en est pas dotée. La reproduction sexuée permet la dissémination rapide de la mutation. Elle permet aussi de maintenir une plus grande compatibilité biologique entre les individus, une plus grande *cohésion*, comme l'indique le mécanisme même des recombinaisons génétiques (qui permettent de vérifier à chaque génération qu'il y a bien compatibilité entre les gènes provenant du père et de la mère). Des populations asexuées se fragmenteraient plus rapidement en sous-espèces et espèces nouvelles divergentes.

Fils du hasard

Nous sommes donc consubstantiellement des fils du hasard, et la loterie de l'hérédité est là pour organiser ce gigantesque tirage au sort dont nous sommes les résultats.

5. N'est-ce pas, précisément, une des caractéristiques de l'espèce humaine contemporaine que de cesser de s'adapter biologiquement, dans la mesure où elle maîtrise son environnement ? L'humanité future connaîtra-t-elle donc à son tour une phase de reproduction parthénogénétique, dans laquelle la femme serait tout et l'homme rien ? Une époque où les hommes devront, à l'instar des abeilles ouvrières ou des termites guerriers, monnayer par leur travail au bénéfice des reines le droit de vivre ?

6. D. R. Brooks et E. O. Wiley, *op. cit.*, p. 205.

Bien entendu, tout dans notre patrimoine génétique n'est pas le fruit du hasard, il y a aussi les contraintes de l'hérédité, les groupements en gènes et en chromosomes, qui limitent et encadrent ses effets. Nous avons certainement dans notre corps plusieurs millions de molécules d'eau qui ont traversé le corps du grand Socrate (en supposant que la nature ait recyclé équitablement celui-ci) et notre corps est fait d'atomes eux-mêmes recyclés qui ont été forgés, il y a quelques milliards d'années, au cœur d'une étoile. Mais nous avons conservé bravement les arrangements génétiques, les gènes et les combinaisons de gènes, qui font les traits caractéristiques de notre famille : cheveux blonds ou bruns, nez grecs, bourboniens ou en trompette, peau claire ou foncée.

A tout prendre, ces caractères conservés sont cependant peu de choses en regard de notre diversité. L'une des difficultés du programme d'analyse du génome humain est l'extraordinaire versatilité de ce génome. Un très grand nombre de gènes possèdent des allèles, c'est-à-dire des variations possibles, et l'identification de toutes ces variétés sera un travail fastidieux[7].

Le regroupement commun de ces variations individuelles en grands groupes (en particulier les « races ») n'a pas une grande signification biologique. Du fait des variations individuelles, la « distance génétique » entre deux individus pris au hasard dans un même grand groupe humain est aussi grande qu'entre deux individus pris dans des groupes « raciaux » différents. N'oublions pas que la différenciation raciale est d'ailleurs un phénomène récent, lié aux grands mouvements migratoires qui se sont déroulés au cours du dernier million d'années. En fait, on pense généralement qu'elle ne remonte pas à plus de deux cent mille ans, et elle pourrait même redisparaître, pour peu que nous surmontions avec un peu de bonne volonté ce qui nous reste de méfiance quant aux différences culturelles.

---

7. Heureusement, des machines de plus en plus automatisées voient le jour et se chargeront de la plus grande partie de cette tâche d'analyse de l'ADN.

La maîtrise acquise par l'homme sur l'espace et l'environnement lui donne cette chance exceptionnelle, s'il le veut bien, d'éviter pour sa descendance l'éparpillement par le mécanisme de la spéciation différentielle.

7

Comment naissent les espèces ?

Malgré le brassage des gènes entraîné par la reproduction sexuée, il arrive fréquemment que des groupes d'individus acquièrent des caractères génétiques assez différents de leur espèce d'origine pour qu'ils se séparent et vivent entre eux. Quand cette séparation devient suffisamment nette pour rendre biologiquement impossible les croisements, la rupture est consommée. Il ne s'agit plus alors de variété, de race ou de sous-espèce, mais à proprement parler d'une espèce nouvelle.

Les causes accidentelles de la spéciation peuvent être diverses. La séparation peut être due à des causes externes, géographiques ou climatologiques, telles la formation d'un isthme ou d'une île. Souvent la séparation est plutôt d'origine interne à l'espèce, comportementale : des individus prennent soudain l'habitude de changer de penchants en matière de nourriture ; ou bien ils se mettent à rechercher des partenaires sexuels possédant des caractères morphologiques inhabituels. Une simple variation de note dans le chant d'amour d'un oiseau ou d'un insecte peut-être l'occasion de la naissance d'une nouvelle espèce !

Pour Darwin, la filiation des espèces ne doit rien au hasard en tant que cause immédiate ; elle est due aux changements graduels imposés par la sélection naturelle. Aujourd'hui, on en est moins sûr, et l'on s'interroge sur la place exacte que prend le hasard dans la naissance des espèces.

Les mécanismes précis de spéciation, le pourquoi biologique de la séparation des espèces, sont encore mal connus. On a vu qu'au cours de la méiose des ovocytes et des spermatocytes, une phase d'appariement des gènes homologues (provenant l'un du père et l'autre de la mère) survenait, au cours de laquelle les échanges interchromosomiques ou *crossing over* prenaient place. Si les chromosomes provenant des deux parents sont trop différents, comme c'est le cas chez le mulet (engendré par un âne et une jument), cet appariement est impossible et on constate que cette impossibilité bloque la méiose, entraînant par là la stérilité de l'hybride. Mais le détail des mécanismes généraux de la spéciation reste obscur. On soupçonne seulement que certaines parties muettes du génome, non traduisibles en protéines, jouent un rôle dans les barrières de fécondation interspécifique.

Malgré ces incertitudes, nous en connaissons quand même suffisamment pour reconnaître le rôle joué par le hasard dans l'apparition des lignées successives.

Darwin et les modernes

Pour Darwin, la spéciation est le résultat de l'action continue et obstinée de la sélection naturelle. Les variations se font au hasard par rapport à la sélection, mais la sélection, elle, ne doit rien au hasard, elle reflète l'état de l'environnement. Cette théorie, encore défendue aujourd'hui par de nombreux biologistes de l'école néo-darwiniste, rend mal compte de certaines données frappantes de l'évolution.

Aujourd'hui, la plupart des biologistes penchent plutôt pour une image non uniforme de l'évolution, une succession de périodes de stabilité entrecoupées de périodes de variation rapide. Ces dernières peuvent être déclenchées par différents facteurs : l'isolement géographique de petites populations, la réorganisation des chromosomes par morceaux entiers ou une transformation plus fine du patrimoine génétique, ou encore un changement des interactions entre les différents *loci*, c'est-à-dire une modification dans le dialogue permanent qu'entretiennent entre eux les différents gènes et qui détermine souvent l'apparition ou non de certains caractères, non contrôlés par des gènes uniques.

Certaines espèces présentent des changements évolutifs manifestes, même en des périodes d'observation aussi courtes qu'une centaine d'années ou moins : on connaît l'apparition d'espèces résistantes aux insecticides en agriculture, le développement de bactéries résistantes aux antibiotiques courants en médecine, l'adaptation de la robe des phalènes britanniques au noircissement de l'écorce des bouleaux, provoqué par la pollution industrielle. D'un autre côté, chez certaines espèces, il arrive qu'on ne puisse déceler aucune modification de leur phénotype, ou seulement des modifications mineures, en un milliard d'années ou davantage. C'est le cas de certaines algues microscopiques (algues bleues) qui sont pratiquement identiques aux formes qui peuplaient les mers précambriennes. On sait aussi que le brachiopode *Lingula* est resté identique à lui-même pendant 450 millions d'années. On connaît aussi quelques cas de « fossiles vivants », comme le célèbre cœlacanthe, poisson que l'on croyait disparu depuis 300 millions d'années et que l'on a retrouvé vivant en 1930 au large de Magadascar, et depuis en plusieurs autres exemplaires dans l'océan Indien.

La figure 3 compare un fossile daté de plus de deux cents millions d'années (en haut) avec un dessin d'un cœlacanthe capturé vivant. Il y a encore le mollusque *Neopilina*, que l'on croyait éteint depuis le Dévonien (– 330 à – 380 millions d'années), jusqu'à ce qu'en 1957 plusieurs exemplaires vivants fussent tirés des profondeurs marines d'Acapulco ; et aussi le cas du conifère *Metasequoia*, dont on trouve couramment des fossiles datant du Miocène (– 25 à – 10 millions d'années), mais qui existe encore en Chine. Un livre entier a été consacré en 1984 à trente-deux études de fossiles vivants[1].

1. N. ELDREDGE et S. STANLEY (eds), *Living Fossils*, Springer-Verlag, New York, 1984.

Figure 3

Comparaison entre le cœlacanthe fossile *Diplurus* (environ – 200 millions d'années) avec le cœlacanthe vivant *Latimeria Chalumnae*.

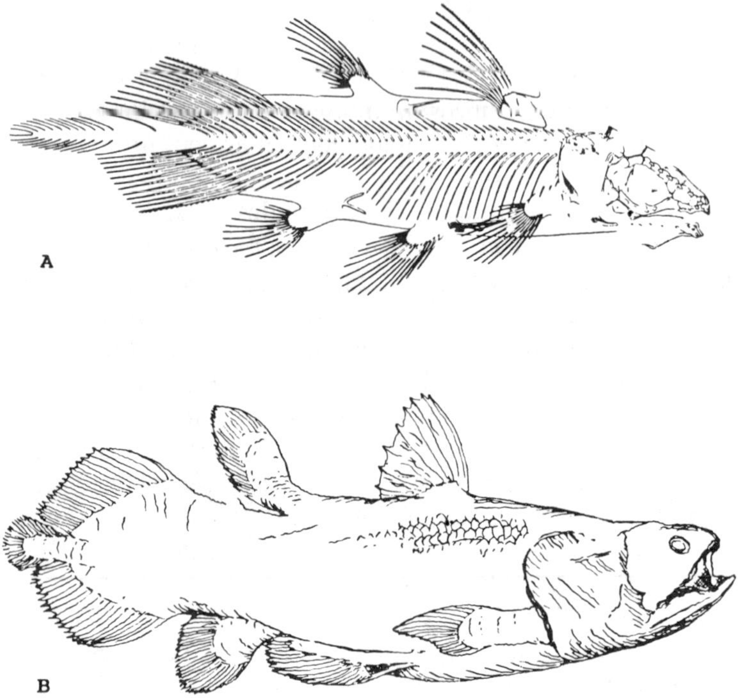

Source: M. Kay et E.H. Colbert, *Stratigraphy and Life History*, John Wiley & Sons, 1965, p. 382.

Cent espèces disparues pour une espèce survivante

Les mécanismes de brassage liés à la sexualité ne peuvent assurer seuls et par eux-mêmes les brusques accélérations de l'évolution nécessaires au passage d'une espèce à une autre. Or, les données géologiques et paléontologiques montrent que la Terre a abrité au cours de son histoire environ cent fois plus d'espèces qu'il n'en existe aujourd'hui. L'énorme accumulation de fossiles d'espèces disparues dans les couches géologiques est connue depuis Léonard de Vinci (qui a contribué à leur découverte) et embarrassait beaucoup les théologiens, dès lors qu'il fut clair que l'homme n'était qu'un dernier-né sur une terre sur laquelle beaucoup d'espèces s'étaient évanouies sans attendre son arrivée.

Figure 4

L'arbre de l'évolution est surtout constitué de branches mortes.

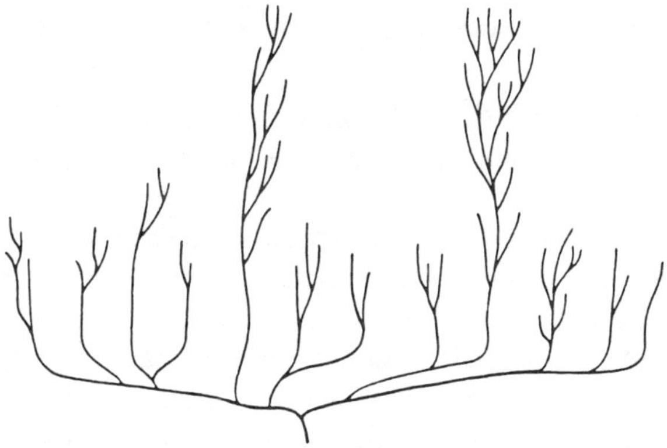

Source : S. J. GOULD, *La vie est belle. Les surprises de l'évolution*, Le Seuil, Paris, 1991, p. 44.

On se représente souvent l'arbre de l'évolution biologique comme une longue maturation des espèces dans la tiédeur des océans, avant que la vie ne parte à la conquête des terres et ne se diversifie en plantes, reptiles, oiseaux, mammifères, insectes, etc. On oublie parfois trop facilement, comme y insiste Stephen J. Gould, que l'arbre de vie est surtout constitué de rameaux morts et de branches éteintes. S'il est vrai que la Terre abrite aujourd'hui probablement plus d'espèces qu'elle n'en a jamais porté, la plupart d'entre elles ne sont que des variantes mineures autour de quelques grands types d'organisation anatomique[2]. La vraie figure de l'arbre de vie ne ressemble nullement à un pin parasol dont la plupart des

2. S. J. GOULD, *op. cit.*, p. 44.

branches se hissent jusqu'au sommet en s'y épanouissant, mais comme un arbre déplumé dont quelques branches vertes, certes vigoureuses, subsistent au milieu d'un fouillis de bois mort (figure 4).

A l'heure actuelle, on estime qu'il y a sur Terre environ 1 million d'espèces animales. Les divers insectes représentent, à eux seuls, 700 000 d'entre elles, mais elles se regroupent presque toutes autour d'un archétype unique.

Isolement des petites populations et dérive génétique

Au lendemain de la Seconde Guerre mondiale, les chercheurs s'aperçurent que les énormes différences dans les vitesses d'évolution que l'on observait étaient corrélées avec la taille des populations des espèces concernées (et du rayon d'action des géniteurs potentiels ?). Par exemple, on a noté que l'émergence de l'isthme de Panama n'a entraîné pratiquement aucune différenciation notable parmi les espèces de poissons qui vivaient dans les deux océans séparés par cet événement. A l'inverse, des accidents géologiques mineurs ont provoqué l'isolement géographique de populations beaucoup plus restreintes et ont conduit à une diversification évidente des espèces animales concernées. C'est le cas des colonies d'oiseaux dans les îles du Pacifique qui ont tant frappé l'imagination de Charles Darwin. Se penchant en 1836 sur la collection rapportée par Darwin après son tour du monde, l'ornithologiste John Gould distingua, parmi les pinsons des îles Galapagos, pas moins de treize espèces différentes. Celles-ci se différenciaient surtout les unes des autres par la taille et la forme du bec. Darwin put montrer sans peine que ces caractères étaient en relation avec l'habitat de chaque colonie et le type de nourriture que l'on y trouvait : graines plus ou moins dures, insectes. L'idée s'imposait que ces colonies de pinsons dérivaient toutes d'une espèce commune, qui s'était progressivement adaptée aux conditions prévalant dans chaque îlot.

L'aspect le plus important de la taille d'une population est qu'elle affecte la valeur sélective de certains gènes. Ainsi, dans une petite population isolée, l'homozygotie (c'est-à-dire le fait que les deux gènes homologues portés par une paire de chromosomes — l'un issu du père et l'autre de la mère — portent le même caractère) peut jouer un rôle bien plus important que dans une grande colonie, en raison du taux élevé de consanguinité manifesté dans les accouplements. Au contraire, une fois qu'une population a atteint une certaine importance, elle connaît en général un taux de brassage sexuel élevé, et semble être beaucoup moins apte à engendrer des espèces nouvelles, ou à manifester des nouveautés évolutives importantes. La dérive génétique bien plus efficace dans les petites populations peut aussi entraîner l'élimination totale de gènes et l'appauvrissement de la réserve de variété génétique de l'espèce.

La spéciation est un phénomène très fréquent, et la durée de vie de la majorité des espèces est fort courte. Ce n'est que dans de rares cas que la nouvelle espèce possède un net avantage sélectif sur l'espèce qui lui a donné naissance. Elle aura alors tendance à déplacer celle-ci de la niche écologique qu'elle occupait.

Chez la plupart des animaux, la barrière de stérilité ne constitue pas la cause immédiate de l'isolement des espèces. Dans de nombreux cas, l'isolement de fait, comportemental, est déjà installé longtemps avant qu'apparaisse la barrière d'infertilité. Bien sûr, du point de vue de la taxonomie, l'infertilité est le critère que l'on retient pour caractériser une différenciation achevée ; mais du point de vue de la biologie, les barrières éthologiques sont plus importantes. Par exemple, les signaux auxquels doivent répondre les partenaires sexuels sont codés dans le programme génétique de chaque espèce. Or, il peut suffire d'une mutation dans le gène qui code le rythme du chant du mâle pour que ceux qui en sont affectés ne s'accouplent plus qu'avec une sous-population restreinte de femelles, favorisant par là les mécanismes de dérive génétique et de spéciation.

Le rôle des adaptations comportementales a été particulièrement souligné par Ernst Mayr[3]. Les animaux mâles effectuent leur parade de préférence devant les femelles de leur propre espèce, et inversement les femelles ne répondent normalement qu'à la parade des mâles de leur propre espèce. Si l'on conserve par exemple une drosophile femelle fraîchement éclose dans l'isolement total jusqu'à ce qu'elle soit apte à la reproduction et qu'on lui présente alors simultanément un choix de mâles de plusieurs espèces, y compris la sienne, tous ces mâles paradent devant elle. Mais, presque sans exception, elle n'accepte que la cour du seul mâle de sa propre espèce. En fait, dans la plupart des cas, plusieurs stimulations caractéristiques doivent être simultanément présentes pour déclencher la reconnaissance de l'élu.

Dans le même livre, Mayr donne deux exemples frappants de darwinisme comportemental. « Chez les dindons, les jeunes doivent pousser un appel caractéristique. S'ils échouent, ils sont tués par la mère. Si on rend la mère sourde, elle tue ses propres poussins. Dans de nombreuses autres espèces et particulièrement chez la volaille domestique, il n'y a pas reconnaissance immédiate de ses propres jeunes. Tout le monde connaît l'image de la mère poule conduisant une couvée de petits canetons. » C'est le phénomène d'*imprégnation*, auquel Konrad Lorenz a consacré de minutieuses observations.

Dans le cas des oiseaux groupés en grandes colonies et des mammifères vivant en troupeau, la capacité de reconnaître l'espèce ne suffit pas. Il faut encore que les parents puissent reconnaître leurs propres petits, auxquels ils apportent leurs soins attentifs, parmi une population nombreuse de jeunes. Du point de vue néo-darwinien, cette capacité de reconnaissance spécifique est un avantage sélectif, puisqu'elle permet de favoriser la transmission des patrimoines génétiques les plus proches de ceux des parents. L'inverse est vrai aussi : les enfants ont intérêt à reconnaître le plus tôt possible leurs parents, parmi la multitude des adultes semblables. Une telle reconnaissance individuelle existe chez les mammifères peu

3. E. Mayr, *La Biologie de l'évolution*, Hermann, Paris, 1981, p. 63 et 74.

après la naissance et chez les oiseaux vivant en grandes colonies deux à cinq jours après l'éclosion. Certains jeunes seraient même capables d'apprendre à identifier les appels de leurs parents avant leur éclosion. Dans les grosses colonies d'oiseaux de mer et dans les grandes colonies des pingouins de l'Antarctique, la précision avec laquelle les parents savent retrouver leurs enfants est proprement stupéfiante. Une série de films de la Fondation Cousteau permet aujourd'hui à chacun de constater ces merveilleux mécanismes de reconnaissance.

La faculté de discerner et de mémoriser les caractéristiques individuelles subites d'un jeune par ses parents ou de ses parents par un rejeton nécessite que l'espèce soit dotée d'un programme génétique élaboré, tout en étant suffisamment souple pour s'accommoder des variations individuelles à discerner. Comme Mayr le fait remarquer, la complexité d'un tel programme ne peut être rigidement inscrite dans le patrimoine ; sans cela il serait détruit à chaque génération par le jeu des recombinaisons génétiques. Il doit être acquis *après la conception.*

C'est bien dans cette direction que tendent les acquis les plus récents de la psychologie cognitive chez les nourrissons, tels qu'ils ont été récemment rapportés par Jacques Melher et Emmanuel Dupoux[4]. Selon eux, le petit d'homme possède une réceptivité très large aux sons les plus divers, mais aussi une capacité étonnante à discerner, dès avant la naissance, les bruits et même le langage utilisé par sa mère, ainsi qu'à discerner les objets par leur forme. Bref, il y a chez lui une étonnante capacité à se forger, très rapidement, une grammaire même sommaire, une science du sens des signes (une sémiologie) et de leurs combinaisons, que ceux-ci soient d'origine sonore, visuelle ou odorifère.

4. J. Melher et E. Dupoux, *Naître humain*, Odile Jacob, Paris, 1990.

L'explosion cérébrale chez l'homme

Encore une fois, l'évolution considérée dans sa globalité, à l'échelle des espèces, n'a pas été régulière. Elle paraît plutôt avoir connu de longues périodes de stagnation, ponctuée de brefs sursauts pendant lesquels l'évolution a connu une incroyable accélération. Par exemple, les chauves-souris sont apparues à partir d'espèces de mammifères insectivores en quelques millions d'années, mais n'ont connu aucune modification structurale dans les 50 millions d'années qui ont suivi. Le passage des reptiles thécodontes qui peuplaient la Terre il y a 225 millions d'années à l'archéoptéryx garni de plumes et capable de voler n'a demandé que quelques millions d'années, mais la classe des oiseaux a subi très peu de modifications depuis l'apparition des premiers oiseaux modernes, il y a 70 millions d'années.

Ces périodes d'accélération, pendant lesquelles de nouvelles structures apparaissaient, poussées comme par un vent violent, posent à l'évolutionniste darwinien de redoutables questions. Comment la sélection naturelle peut-elle expliquer par exemple la naissance des ailes chez les oiseaux, alors que les organes naissants ne paraissent avoir aucune valeur sélective tant qu'ils ne sont pas assez développés pour être fonctionnels ? D'après Mayr, cela n'est possible que si les organes embryonnaires possèdent pour un temps une double fonction, la nouvelle fonction prenant finalement le pas sur l'ancienne. Un exemple probable d'un tel schéma d'évolution est fourni par le couple branchies-poumon, dont certaines formes intermédiaires ont pu être dotées d'une bivalence très utile dans la lutte pour la vie dans certains environnements préhistoriques.

Mais l'exemple le plus frappant, et le plus important pour nous, est sans conteste l'explosion de la capacité cérébrale chez l'homme, au cours du million d'années qui nous précède. Certains indices laissent à penser que cette évolution a pu s'arrêter il y a environ 100 000 ans, laissant le genre humain doté du plus gros cerveau de l'histoire animale, à l'exception toutefois des éléphants et des dauphins. Cet arrêt de l'évolution humaine pourrait avoir deux causes de nature très différente. L'une d'elle est que l'homme est devenu insensible aux changements de l'environnement, dans la mesure où il les maîtrise culturellement au lieu de les subir passivement. Il se vêt ou se dévêt, se chauffe ou crée des machines à air conditionné, cultive des graines et crée de nouvelles espèces végétales ou animales, en fonction de ses besoins ct dcs aléas de l'environnement. Le premier moteur supposé de la sélection naturelle, la survivance des plus aptes, a donc perdu de son efficacité. La seconde raison est qu'il a (récemment) développé de façon incroyable les transports, faisant disparaître les mécanismes d'isolement géographique ou génétique qui sont la condition d'apparition de niches évolutives.

La présence de phases d'accélération dans l'histoire de l'évolution a inspiré à François Jacob et également à Yves Coppens de belles réflexions sur le thème du *hasard opportuniste*, et c'est bien ainsi qu'il faut voir le hasard à l'œuvre dans la nature, spécialement quand il s'agit du vivant : il n'est peut-être pas orienté dans le sens d'une finalité ou d'un projet téléonomique, mais il « sait » profiter de l'occasion qui se présente, de toutes les occasions qui se présentent, pour faire en sorte que la vie se développe, l'organisme se complexifie, l'intelligence s'épanouisse, et le système vivant gagne en autonomie. Gagner en autonomie : selon certains, ce dernier point est le véritable et le seul « projet » que l'on peut imputer à la vie.

Grammaire génétique et variations

Les biologistes moléculaires sont souvent de fervents défenseurs du néo-darwinisme, tandis que les paléontologues sont volontiers plus réservés. Ceux qui ont acquis une compétence dans les deux domaines proposent des modifications substantielles de la théorie orthodoxe, en particulier pour rendre compte de façon réaliste de phases alternées de stagnation et d'accélération évolutives (la théorie neutraliste de Kimura, les équilibres ponctués de Gould). La différence entre les deux courants provient d'une plus grande considération, chez les seconds, pour les contraintes historiques qui encadrent le hasard et bâtissent, peu à peu, une sémantique ou une grammaire de l'évolution, orientant celle-ci. En poussant cette logique à son terme, on peut, avec Brooks et Wiley, retourner même la notion d'évolution pour la comprendre, paradoxalement, comme un retard de la vie par rapport à l'épanouissement buissonnant de l'espace de phase[5] offert aux espèces vivantes[6]. En effet, au fur et à mesure que la vie occupe des niches nouvelles, et que les organismes vivants repoussent les limites pondérales de la matière, ils organisent celle-ci en leur sein. En grossissant, en effet, les organismes ne se contentent pas d'accumuler de la matière : ils l'arrangent en unités cellulaires, puis augmentent le nombre de cellules qu'ils immergent dans des réseaux cybernétiques et régulés de l'organisme. Chacune de ces étapes contribue à décupler l'espace de phase disponible, bien plus rapidement que ne le ferait une simple agrégation de matière informe. Or, du fait des contraintes liées aux modes d'organisation du vivant, et de celles liées à l'hérédité qui canalise de génération en génération les formes d'organisation, la matière vivante n'occupe en fait qu'une petite place de l'espace de phase physique qui lui est offert. En fait, cette place ne cesse même de se réduire en valeur relative, au fur et à mesure que l'organisme se complexifie. D'où, plaident Brooks et Wiley, l'illusion que la vie défie les lois de la thermodynamique en créant des systèmes toujours plus éloignés de leur état d'équilibre... relativement à un espace de phase explosivement croissant !

La grammaire en question n'est cependant pas le fruit des hasards de l'histoire. On peut penser qu'au cours des millé-

---

5. La notion d'espace de phase est empruntée à la physique, où elle mesure le nombre d'états microphysiques distincts compatibles avec les contraintes qui définissent un état macroscopique donné. Dans le présent contexte, l'espace de phase est le nombre de formes viables distinctes pour un organisme de masse pondérale et de composition physico-chimique fixée.

6. D. R. Brooks et E. O. Wiley, *op. cit.*

naires la vie s'est chargée d'une immense mémoire qui désormais canalise les innovations possibles. Cette mémoire reflète, la patience des siècles aidant, des qualités ineffables de l'environnement. Ainsi, la vie se serait peu à peu contrainte d'évoluer dans un sens qui n'est pas arbitraire, mais aurait déjà été inscrite au cœur de la nature, dans les interactions subtiles liées en dernier ressort aux échanges de chaleur, puisque c'est là la source ultime de l'irréversibilité.

Si cette vision est exacte, on devrait voir la vie essayer d'abord dans toutes les directions, hésiter, partir et revenir, s'ébranler enfin dans une direction pour s'accélérer progressivement. Et c'est bien ainsi que les choses se sont passées : il a fallu un ou deux milliards d'années pour passer du stade de l'infusoire au stade pluricellulaire. Quelques centaines de millions d'années ont suffi pour passer du stade des microalgues aux premiers vertébrés. Les mammifères, les oiseaux n'ont demandé pour apparaître que quelques dizaines de millions d'années, et l'homme, moins d'une dizaine. Notre vue de l'histoire est trop myope pour savoir si, malgré les perturbations dues à notre action sur la nature, l'évolution va se poursuivre ou au contraire a trouvé avec l'homme son épanouissement final.

Darwin a lancé une façon de penser promise à un grand développement, mais qu'il n'a pu exploiter lui-même jusqu'au bout. Au début de ce siècle, E. Mayr a donné un élan vigoureux à cette idée qu'il fallait prendre en compte, pour les études sur l'évolution, non seulement les variations génétiques individuelles mais aussi les conditions dans lesquelles ces variations génétiques se manifestent. Parmi ces conditions, l'importance de la population concernée, son équilibre avec les populations voisines avec lesquelles elle est en compétition pour les ressources naturelles, les habitudes de comportement internes, etc., jouent tous un rôle. La biologie et la génétique des populations ont pu ainsi devenir des disciplines autonomes, essentielles pour comprendre l'histoire de la vie et les défis auxquels elle est aujourd'hui confrontée.

Au terme de cette réflexion sur les données de l'évolution et les mécanismes de spéciation, on voit se dessiner un hasard biologique bien différent de celui auquel les joueurs et les mathématiciens nous avaient préparés. Il ne s'agit pas du hasard passif et indifférent des jeux de dés, ni des suites interminables de signaux incohérents de Kolmogorov. Non pas que le hasard naturel, considéré en lui-même, échappât aux propriétés de versatilité et d'absence de mémoire, qui définissent le hasard mathématique et doivent nécessairement former les ingrédients essentiels d'un hasard vrai. Mais, incarné dans la matière et enrôlé par la vie dans le processus historique de l'évolution biologique, le hasard naturel se révèle doté de qualités propres et infiniment subtiles, qu'on pourrait qualifier d'émergentes. Ce sont ces qualités que François Jacob, dans *La Logique du vivant*, se proposait de résumer par le mot d'opportunisme. Le hasard naturel est opportuniste, c'est-à-dire, en un sens, attentif à son propre déroulement, pour offrir en toutes occasions à la vie la chance d'un meilleur épanouissement.

8

Le darwinisme immunitaire ou : comment naissent les anticorps ?

Au fond, le hasard de l'évolution nous oblige avant tout à penser la vie en termes de « populations » dans leur essentielle diversité. Les mutations, les variations darwiniennes, le brassage des gènes assuré par la sexualité nous font vivre dans un monde qui n'est peut-être pas le seul possible mais qui est certainement très différent de ce qu'il serait sans ces mécanismes aléatoires. A quels cycles de catastrophes, de plaies d'Égypte et d'hécatombes serait promise une Terre habitée par des colonies d'animaux génétiquement identiques ? Chacun des mécanismes aléatoires que nous avons observés offre à l'opportunisme du hasard l'occasion de se manifester dans le monde vivant. On retrouve encore ce type de pensée dans l'observation du système immunitaire et à propos du système nerveux central.

Le système immunitaire est l'ensemble des mécanismes d'origine génétique par lesquels le corps se défend contre les agressions extérieures. Il nous fournit deux autres exemples de mécanismes aléatoires : la fabrication des anticorps d'une part et la reconnaissance de soi par rapport au non-soi d'autre part. Cette dernière fonction est assurée par un système particulier de gènes : le système majeur d'histocompatibilité. La variété des molécules produites par ce système est obtenue grâce à une versatilité particulièrement élevée du système correspondant de gènes. A ce titre, elle peut être considérée comme un exemple particulièrement frappant de variations génétiques (c'est-à-dire un nombre très élevé d'allèles).

La variété qui apparaît dans la fabrication des anticorps ne correspond pas à une diversité aussi grande de gènes. La nature dans ce cas utilise un petit nombre de gènes ne présentant pas nécessairement d'allèles, mais elle met à profit l'immense variabilité produite par leurs associations combinatoires : les protéines que l'on appelle des anticorps sont des assemblages de petits morceaux épissés les uns aux autres comme des colliers de perles de couleur ou des mosaïques aux couleurs vives et contrastées. L'observation de leur confection nous donne l'occasion de vérifier une fois encore la savante habileté du hasard à l'œuvre dans le monde vivant, qui bâtit de bric et de broc mais mémorise ses succès pour faire à chaque fois mieux. C'est sur cette confection que nous allons maintenant porter notre attention.

L'élucidation des mécanismes de fabrication des anticorps à partir d'un pool génétique limité, après une succession d'essais et d'erreurs entre des éléments assemblés au hasard pour multiplier les chances de succès au combat contre l'ennemi étranger, est une conquête relativement récente de l'immunologie (ces trente dernières années). En bref, comme on l'a dit, les anticorps sont construits par l'assemblage au hasard de briques élémentaires. Ce bricolage permet d'élaborer une multitude de molécules aux formes adaptées pour s'unir durablement et marquer les antigènes étrangers. Seules, les molécules qui se révèlent efficaces dans la lutte contre ces antigènes sont ensuite multipliées.

Un formidable mécanisme d'adaptation à l'agresseur

Le corps est constamment soumis à des agressions extérieures, commises sous des formes très variées. Des bactéries peuvent y pénétrer et s'y multiplier, produisant des toxines dévastratrices pour les cellules normales de l'organisme. Des virus peuvent s'insinuer dans les cellules, les parasiter et les forcer à exprimer leurs propres gènes. Ces bactéries ou ces virus portent, à leur surface, des molécules caractéristiques : les antigènes. Le système immunitaire utilise les antigènes pour reconnaître les agresseurs et déterminer les anticorps qu'il convient de produire pour les combattre.

Les molécules de protéines ordinaires que fabrique notre corps à partir d'un gène donné sont toutes identiques : elles ont strictement la même séquence d'acides aminés. Par contraste, les molécules d'anticorps produites par le système immunitaire peuvent avoir des millions, voire des milliards de formules plus ou moins différentes.

Les lymphocytes (globules blancs) présents dans le sang sont les principaux agents de la réponse immunitaire. On peut les séparer en deux groupes : les lymphocytes B et les lymphocytes T. Tandis que le premier groupe peut reconnaître des antigènes circulant librement dans le sang, le second reconnaît et combat les cellules du corps déjà infectées.

Une bactérie ou un virus pathologiques portent en général à leur surface un grand nombre d'antigènes reconnaissables par les lymphocytes B. Mais il existe plusieurs types de lymphocytes B selon leur fonction. Certains sont spécialisés dans la production directe d'anticorps. D'autres sont spécialisés dans la mise en mémoire et la reconnaissance des agresseurs du passé, de manière à provoquer une réponse plus intense et plus rapide en cas de récidive. Enfin, un troisième groupe de lymphocytes de cette espèce, dits « lymphocytes B régulateurs », fonctionnent soit comme amplificateurs soit somme suppresseurs de la réaction immunitaire.

Les anticorps fabriqués par les lymphocytes B restent liés à la surface de leur membrane externe. Quand un antigène se lie à un tel anticorps, le lymphocyte est stimulé et se met à proliférer (en se multipliant par divisions successives).

Les lymphocytes T reconnaissent les cellules marquées par les lymphocytes B et les attaquent. Certains lymphocytes T jouent le rôle de régulateurs, permettant d'amplifier ou de freiner la production d'anticorps. D'autres, les lymphocytes T effecteurs, détruisent les agresseurs, éliminent par exemple les cellules tumorales ou tuent les cellules infectées par un virus. Pour cette raison, ces lymphocytes sont appelés lymphocytes cytotoxiques ou tueurs. Enfin, il existe une dernière catégorie de lymphocytes T, responsables de la réaction dite d'hypersensibilité retardée. Ces lymphocytes réagissent avec un retard variable, qui peut atteindre 24 ou 48 heures après l'agression, et provoquer une réponse maximale par exemple au quatrième jour seulement : ils permettent de prévenir de nouvelles flambées d'infection, et sont pour ainsi dire chargés d'éteindre tout foyer dormant.

Spécialisation des populations de lymphocytes

Imaginons un lymphocyte B, entouré d'antigènes. Un antigène peut se fixer sur sa membrane, et il se met alors à produire des anticorps. Il peut aussi être stimulé indirectement par un lymphocyte T, qui aura lui-même reconnu l'antigène au niveau d'une cellule infectée. Dans une telle cellule, l'infection se traduit non seulement par la présence d'antigènes en son sein, mais aussi par les modifications de la membrane externe, qui porte également à sa surface des antigènes caractéristiques.

Dans ces circonstances, le lymphocyte T active un lymphocyte B qui à son tour produit des anticorps. Certains lymphocytes B se transforment et deviennent des lymphocytes mémoire, gardant la trace de l'association pertinente anticorps-antigène.

Les antigènes ont des formes très variées, et chaque forme appelle une réponse adaptée particulière. Cette réponse, on le sait, consiste en la production d'un anticorps adapté, typiquement une immunoglobuline.

Une immunoglobuline est une grosse macromolécule en forme de Y (figure 5), formée par quatre chaînes polypeptidiques : deux chaînes lourdes et deux chaînes légères. Des ponts di-sulfure relient les chaînes lourdes aux chaînes légères, et également les chaînes lourdes entre elles. Les chaînes lourdes sont constituées d'une zone constante, la même ou presque la même pour tous les anticorps, suivie d'une zone variable suivant le type d'anticorps à synthétiser. Les zones constantes constituent l'essentiel du corps du Y de l'immunoglobuline, tandis que les zones variables s'épanouissent à l'extrémité des branches de la molécule. De façon semblable, les chaînes légères comportent une zone constante et une partie variable, qui se disposent de façon similaire sur les deux branches du Y. Les sites de réception des antigènes sont situés aux extrémités des branches en Y de l'immunoglobuline.

On peut détailler la structure des différentes chaînes. La zone constante de la chaîne lourde aligne environ 330 acides aminés, et la zone variable en contient environ 110. A l'intérieur de la zone variable, on trouve des zones hypervariables, changeant d'une molécule à une autre. La partie constante est caractéristique d'un certain type d'immunoglobuline, et elle varie d'un type à l'autre. Cette typologie se retrouve également pour les chaînes légères, longues d'environ 220 acides aminés : zone constante caractéristique d'un type d'immunoglobuline, zone variable entrecoupée de régions hypervariables. Chaînes lourdes et chaînes légères comportent de larges séquences identiques. Ce sont les parties variables et surtout les parties hypervariables qui sont responsables de la spécificité de chaque type d'immunoglobuline synthétisée. Les anticorps avec les mêmes régions variables mais différents types de régions constantes dans les chaînes lourdes reconnaissent les mêmes antigènes mais ont des rôles différents dans la réponse immunitaire.

Deux théories de fonctionnement du système immunitaire ont été successivement imaginées : la théorie germinale et la théorie somatique. Cette dernière a été surtout développée à partir de 1965.

Dans la théorie germinale, on supposait que les cellules souches devaient contenir toutes les informations génétiques nécessaires pour coder tous les types d'anticorps. A chaque gène devait correspondre une protéine, comme c'est la règle

Figure 5

Structure typique d'une immunoglobuline. Les régions en noir sont les régions « hypervariables » ; celles en gris, les régions « variables ». Les chaînes lourdes (C_H et V_H) sont flanquées de chaînes légères (C_L et V_L), auxquelles elles sont reliées par des ponts di-sulfure.

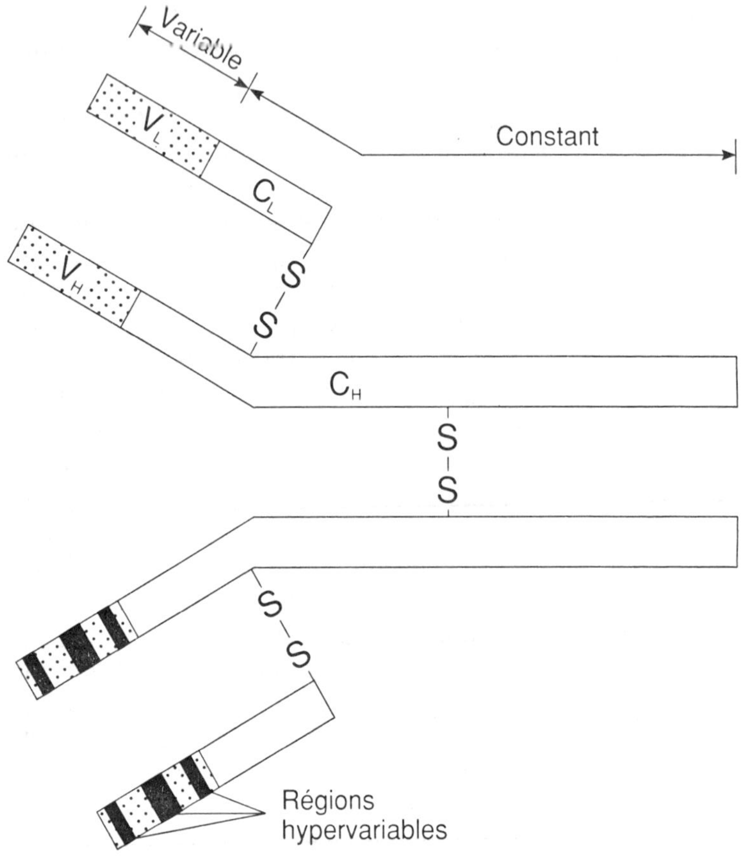

Source : Ivan ROITT, *Immunologie*, Pradel, Paris, 1990.

coutumière, et chaque protéine sécrétée par les lymphocytes devait constituer un anticorps pour un seul type d'agression. Dans un tel schéma, tous les anticorps auraient dû être codés séparément, ce qui suppose un code génétique extrêmement long.

La théorie somatique supposait au contraire que l'anticorps était formé par combinaisons de fragments de gènes, et elle a prévalu. De fait les cellules souches contiennent un petit nombre de gènes fragmentés. Ce sont ces gènes réassemblés qui ont le pouvoir de produire une multitude d'anticorps différents, à raison de toutes leurs combinaisons possibles : simple mais il fallait que la nature y pensât ! La figure 6 montre la séquence d'ADN qu'on trouve dans les cellules germinales, avec la séquence qui correspond au code de la protéine d'une chaîne légère. On y trouve les zones codant pour les parties constantes et, éparpillées dans l'ADN, les séquences correspondant aux codes des parties variables. La cellule germinale donne naissance à des cellules souches des lymphocytes B. Par un processus d'association aléatoire, ceux-ci incorporent une séquence constante et une séquence variable associées, choisies parmi tous les couples possibles de la cellule germinale par un processus qui présente tous les caractères d'un processus aléatoire. On peut ainsi obtenir un nombre très élevé de types de lymphocytes différents. Chacun d'eux pourra se spécialiser dans la production d'un anticorps donné.

Sur la même figure on a représenté schématiquement le code d'une chaîne légère, avec sa partie constante et sa partie variable. Ces séquences sont obtenues à partir de zones discontinues sur la chaîne d'ADN, séparées par des « introns », qui sont des parties de l'ADN non transcrites et non traduites en acides aminés dans la constitution de la protéine finale[1]. Dans un second temps, les séquences partielles sont réassemblées pour aboutir finalement à une partie constante (toujours la même), et une combinaison parmi les

1. Dans une molécule d'ADN en activité les séquences de bases qui sont transcrites ou « exprimées » en ARN messager (ARNm) sont appelées « exons », celles qui ne le sont pas sont appelées « introns ». Seul, l'ARNm peut être considéré comme le véritable programme au sens informatique du terme (ou « bleu d'architecte ») à partir duquel les ribosomes peuvent traduire, c'est-à-dire fabriquer finalement la protéine correspondant au gène original, avec l'aide des ARN « de transfert ».

Figure 6

Schéma d'assemblage d'un anticorps à partir de fragments épars du patrimoine génétique d'une cellule germinale. Cet assemblage s'effectue en deux étapes, montrées ici dans le cas d'une chaîne légère *kappa.* Dans un premier temps, des enzymes réassemblent des fragments de type V et J pris au hasard, en omettant l'ADN intermédiaire. Ici les segments marqués V_3, V_4 et J_1 sont omis, de telle sorte que les séquences V_2 et J_2 se trouvent raccordées dans l'ADN du lymphocyte B. Dans une seconde étape au niveau de la transcription, des enzymes éliminent les portions intermédiaires de l'ADN du lymphocyte B, de façon à produire une molécule d'anticorps caractérisée par l'assemblage d'une région variable V et d'une région constante C.

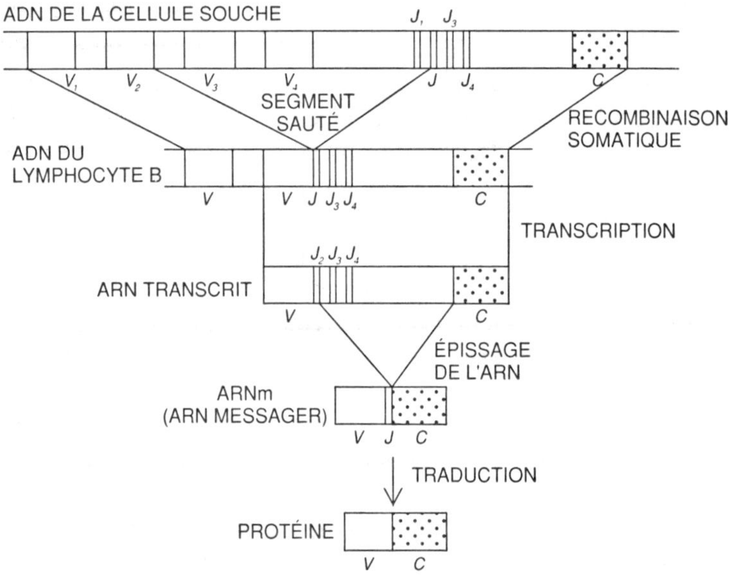

Source: Susumu TONEGAWA, *Scientific American*, octobre 1985, n° 253, p. 127.

quelque cent cinquante morceaux de la partie variable; de sorte que l'ARNm construit codera pour une protéine anticorps spécifique. Dans les chaînes lourdes il y a plusieurs types possibles de zones constantes, il y a également recombinaison pour la construction de la partie variable.

Les parties hypervariables correspondent aux zones de raccordement entre les séquences. D'un anticorps à un autre les raccordements sont différents, ce qui leur confère encore des propriétés immunologiques différentes.

La recombinaison aléatoire des différentes séquences permet un nombre très impressionnant de types d'anticorps, mais de plus leur variété est encore augmentée par des « mutations somatiques », qui affectent le génome des cellules du système immunitaire au cours de leur maturation.

En résumé, on a successivement : la multiplication des cellules souches, la production de lymphocytes B différenciés et susceptibles de produire un type de chaîne, et la recombinaison des fragments. Tout cela avant que le lymphocyte ne rencontre l'antigène. Une fois cette rencontre établie, lorsque l'anticorps correspond bien à l'antigène, une réaction se produit : le lymphocyte se trouve stimulé par l'antigène. Tous les lymphocytes qui réagissent à cet antigène vont se multiplier, tandis que les autres resteront à l'écart de la réaction immunitaire. Certains parmi les lymphocytes B vont devenir des lymphocytes mémoire, d'autres vont se multiplier pour produire l'anticorps en question en grande quantité.

A l'occasion de cette multiplication se réalisent les mutations somatiques, seconde source importante de diversité. Elles peuvent permettre d'aboutir par chance à une adéquation plus parfaite encore avec l'antigène, et donc à la production stimulée d'anticorps encore plus spécifiques. Les mutations somatiques touchent seulement les parties variables des chaînes, et non les parties constantes. On estime que le taux de mutation affectant ces régions variables est de l'ordre de 100 fois plus élevé que le taux moyen de mutation dans les ADN des cellules eucaryotes (pourvues d'un noyau) dans leur ensemble. Ce mécanisme appelle irrésistiblement une comparaison avec le processus de sélection artificielle, sur lequel Darwin avait tant médité avant de bâtir sa théorie de l'origine des espèces !

Après cette description qualitative de la variété des immunoglobulines, passons à des considérations quantitatives. Sur la chaîne d'ADN des cellules souches il y a cent cinquante séquences codées V (pour « variables ») et cinq séquences J (« de jonction ») différentes, plus les séquences constantes (C). C'est l'assemblage d'un J, d'un C et d'un V qui donne un gène codant une chaîne légère. On peut donc avoir $150 \times 5 = 750$ chaînes légères différentes. L'accrochage entre le V et le J peut se faire par l'intermédiaire de 10 zones de réassemblage différentes. Au total, on peut donc avoir 7 500 chaînes légères différentes, assemblées de façon aléatoire. Pour les chaînes lourdes, la variété produite est encore plus grande. Ces chaînes comportent un type de structure variable supplémentaire, appelé D (pour « diversité »). On a 80 zones V, 6 zones J, 50 types différents de zone D, et 10 possibilités de recombinaison entre un V et un D et 10 possibilités de recombinaison entre un D et un J. On obtient donc 2 400 000 chaînes lourdes possibles. Sachant qu'un anticorps est formé d'un type de chaîne légère et d'un type de chaîne lourde, la combinaison des unes et des autres peut donner 18 milliards d'anticorps différents possibles[2]. Cette énorme diversité, rappelons-le, est créée essentiellement en deux temps : soit en travaillant sur l'ADN au cours de la maturation de la cellule, soit en excisant et en épissant l'ARN avant sa traduction en protéine. Le premier stade, au cours duquel on observe des migrations de fragments géniques sur l'ADN, constitue un phénomène particulier, rencontré uniquement dans les gènes du système immunitaire.

Comment les lymphocytes T reconnaissent-ils leur cible ? On constate que les récepteurs présents à la surface de ces cellules présentent une grande ressemblance avec les immunoglobulines présentées plus haut pour les lymphocytes B. Le modèle de code est le même pour les deux types de lymphocytes. Il y a des régions constantes et des régions variables, et une variété aussi grande de lymphocytes T. La particularité de ce type de lymphocyte est qu'il ne peut s'associer directement à l'antigène. Autant les lymphocytes B sont adaptés à la lutte contre les antigènes qui circulent de manière

2. Le nombre de lymphocytes B présents à un moment donné dans le corps humain est estimé à environ 10^{11}, répartis en 10^{8} clones homogènes d'environ mille lymphocytes chacun. Chaque clone étant spécialisé dans la production d'un type particulier d'anticorps, l'organisme est en permanence surveillé par un nombre comparable d'espèces d'anticorps différentes.

libre, autant les lymphocytes T recherchent les cellules infectées de façon interne. De ce fait, le lymphocyte T est très adapté à son rôle qui est de tuer ces cellules. Il s'attaque et digère les cellules déjà infectées par les virus ou les corps étrangers. La cellule infectée s'associe avec le lymphocyte T, de manière à déclencher un mécanisme de reconnaissance dit de « double clé ». D'abord une clé qui lui prouve que la cellule qu'elle rencontre est bien une cellule du corps auquel elle appartient elle-même. Cette reconnaissance du soi par soi s'effectue par l'identification à la surface de cette cellule des protéines caractéristiques du complexe majeur d'histocompatibilité, qui forment une sorte de carte d'identité que les cellules du corps humain possèdent toutes. D'autre part, le lymphocyte reconnaît sur la membrane de la cellule infectée la signature de l'antigène, seconde clé attestant que la cellule a été contaminée précisément par un antigène pour lequel elle produit l'anticorps spécifique. Ce n'est qu'en présence de ces deux signaux que la cellule va effectuer son œuvre de mort.

Ces mécanismes ne sont connus que depuis peu de temps, et c'est encore un secteur de recherche très actif. Deux théories s'affrontent quant au mécanisme précis de double clé. L'une propose deux sites différents, l'un chargé de reconnaître le complexe majeur d'histocompatibilité et l'autre chargé de reconnaître l'antigène ; mais peut-être que les deux étapes se déroulent successivement. L'antigène se lierait à la cellule pour former un complexe, et c'est ce complexe qui serait testé au niveau d'un site particulier du lymphocyte T.

Immunologie, hasard, et syndrome d'immunodéficience acquise (SIDA)

Le SIDA, tout le monde le sait aujourd'hui, résulte de l'infection du corps humain par un virus. Plus précisément, il s'agit d'un *retrovirus*, c'est-à-dire un virus dont l'acide nucléique, de type ARN, peut se transformer au sein des cellules qu'il infecte en ADN. Cet ADN est incorporé dans le patrimoine génétique de la cellule. Lorsque l'ADN de la cellule s'exprime, il produit donc des copies de l'ARN viral. La cellule infectée se transforme ainsi en véritable machine à multiplier les virus.

Une particularité du virus du SIDA est qu'il infecte préférentiellement les lymphocytes T amplificateurs, encore appelés lymphocytes T4. Ce type de globules blancs est celui-là même qui est chargé, dans le corps humain, de stimuler la reproduction des lymphocytes B et des anticorps spécifiques que ceux-ci produisent. On comprend donc que, par une malchance très particulière, cette maladie soit particulièremnt difficile à combattre : le virus enraye lui-même, dès le départ, la réponse d'autodéfense normale de l'organisme.

Comment le virus attaque-t-il préférentiellement les lymphocytes T4 ? La surface du virus porte un récepteur qui reconnaît une protéine caractéristique de ces lymphocytes, la protéine CD4. Grâce à cette reconnaissance, le virus s'ancre sur le lymphocyte, puis se fond avec lui, permettant au matériel nucléique qu'il contient de faire son œuvre (en utilisant l'appareil enzymatique de la cellule qu'il infecte).

Les cellules infectées ne meurent pas pour autant, ou du moins pas tout de suite. Le SIDA est caractérisé par une flambée de multiplication ouverte du virus dans les jours qui suivent l'infection, suivie d'une longue période de sommeil pendant laquelle une transformation lente des cellules infectées semble se poursuivre. Au début, l'infection est combattue par la production d'anticorps qui parviennent à réduire considérablement le nombre de virus présents : c'est cette flambée de production d'anticorps qui est détectée à l'occasion des tests de séropositivité. Le nombre de particules virales dans le sang, sans être annulé, revient alors à des taux faibles. Mais petit à petit les lymphocytes infectés restant se transforment et entraînent dans la mort, non seulement eux-mêmes, mais nombre de lymphocytes voisins (par un processus secondaire de contamination que nous ne décrirons pas ici). Les défenses immunitaires s'amenuisent, et le nombre de particules virales augmente progressivement, au fur et à mesure que le nombre de lymphocytes T4 vivants décroît. Bientôt le système immunitaire déprimé devient incapable de parer à l'attaque des maladies opportunistes qui marquent généralement l'apparition d'un SIDA déclaré.

Cette description des mécanismes qui président au fonctionnement du système immunitaire de défense de notre moi contre toutes les atteintes à son identité et à son intégrité peut paraître bien ardue. Mais pour qui veut réfléchir à la présence du hasard dans la vie il ne pouvait être question d'en faire l'économie : l'effort accompli débouche sur l'émerveillement de découvrir, au cœur des mécanismes de défense du vivant les plus intimes, des schémas qui rappellent étrangement les idées fondamentales du darwinisme. Celui-ci, rappelons-le, comporte comme ingrédients essentiels : d'abord, des variations qui présentent tous les caractères de l'industrie du hasard, en tout cas au regard du deuxième ingrédient qui est une sélection commandée autant sinon plus par des éléments externes à l'organisme que par des conditions internes. La production des anticorps se conforme parfaitement à ce schéma. On y retrouve tout : les variations au hasard à partir d'un réservoir d'éléments, la sélection des combinaisons les plus aptes à remplir les fonctions de défense en fonction des agresseurs présents dans l'environnement, et enfin les mécanismes de mémoire nécessaires pour faire évoluer le système. Un exposé moderne du darwinisme pourrait commencer par un exposé des mécanismes immunologiques !

Nous ne sommes pas au bout de notre étonnement. L'examen des mécanismes de construction du système nerveux central, et celui du fonctionnement même de notre cerveau, nous feront rencontrer de nouveaux processus darwiniens, portant la signature évidente du hasard naturel.

9

Le darwinisme neuronal[1] ou : comment naissent les réseaux de neurones ?

La complexité du système nerveux central est une autre illustration de l'opportunisme du hasard chez le vivant. On sait que le génome humain ne contient que quelques milliards de « lettres » (nucléotides), et l'on estime à moins de cent mille le nombre de gènes réellement exprimés (traduits en protéines) au cours de la formation d'un organisme adulte. Ce nombre est bien insuffisant pour préciser tous les détails du plan d'organisation de l'adulte. C'est tout particulièrement le cas du système nerveux. Celui-ci contient, à lui tout seul, environ cent milliards de neurones. Ces neurones sont largement connectés entre eux : il n'est pas rare qu'un neurone reçoive des informations provenant de plusieurs milliers de neurones différents. On estime à plus de 10^{14} (cent mille milliards) le nombre de contacts synaptiques entre neurones dans le système nerveux central. Il est donc strictement impossible que le câblage d'un tel système dépende d'un plan détaillé, inscrit dans le patrimoine génétique d'un individu,

1. Le titre de ce chapitre est emprunté au livre de Gerald EDELMAN, *Neural Darwinism*, Basic Books, New York, 1987.

comme dans une liasse de schémas de montage d'un téléviseur.

Un architecte qui ne se soucie pas des détails

La nature n'utilise donc pas de plan. On sait encore assez mal comment elle se débrouille pour reproduire les mêmes nœuds de communication et des câblages ressemblants d'un individu à l'autre : l'embryologie du système nerveux central fait encore l'objet d'actives recherches. Le biologiste américain Gerald Edelman (prix Nobel 1972) a souligné le rôle des protéines de surface qui reconnaissent les cellules voisines et déterminent, à partir d'un ensemble de neurones embryonnaires indifférenciés, des « répertoires » de centres nerveux dans lesquels les neurones acquièrent une grande homogénéité, tout en marquant leurs différences avec les neurones des autres centres nerveux. Les corps cellulaires prennent des formes différentes : en panier, en étoile, en grains, etc. Ils établissent des prolongements dendritiques (les racines grâce auxquelles les corps cellulaires « pompent » les informations entrantes), et un tronc axonal chargé de transmettre en sortie les impulsions nerveuses créées par le neurone (figure 7). Parvenu au voisinage de ses cellules cibles, l'axone se ramifie souvent d'une manière buissonnante ; certaines des fibres terminales ne dépassent pas 0,2 micron de diamètre[2]. D'un neurone à l'autre, l'information est transmise au travers de jonctions dites jonctions synaptiques. Les fibres terminales des axones portent souvent des chapelets de boutons synaptiques dits « en passant » pour se prolonger jusqu'à un bouton final. Enfin, les neurones d'un groupe fonctionnel particulier se différencient également des neurones des autres groupes par le type de neurotransmetteur chimique que les boutons synaptiques libèrent, lorsqu'ils sont traversés par une impulsion nerveuse.

2. 0,2 micron, c'est-à-dire 0,2 millième de mm, ne représente guère qu'environ la deux-cent-cinquantième partie du diamètre d'un cheveu.

Figure 7

Quelques exemples de neurones tels qu'ils apparurent sous le microscope de l'anatomiste espagnol Santiago Ramon y Cajal vers 1910. Le neurone B, par exemple, se compose, de haut en bas, d'une arborisation dendritique diversifiée et dotée d'abondantes « épines dendritiques ». Le corps du neurone, en B, abrite le noyau. De la partie inférieure de ce corps surgit l'axone, fin filament qui se prolonge bien au-delà de la figure. Du fait de la différence en composition ionique entre le milieu intérieur et le milieu extérieur du neurone, une différence de potentiel électrique s'établit, dans un neurone au repos, entre les deux faces de la membrane qui l'enveloppe. Le milieu intérieur est porté à environ −70 mV par rapport au milieu extérieur.

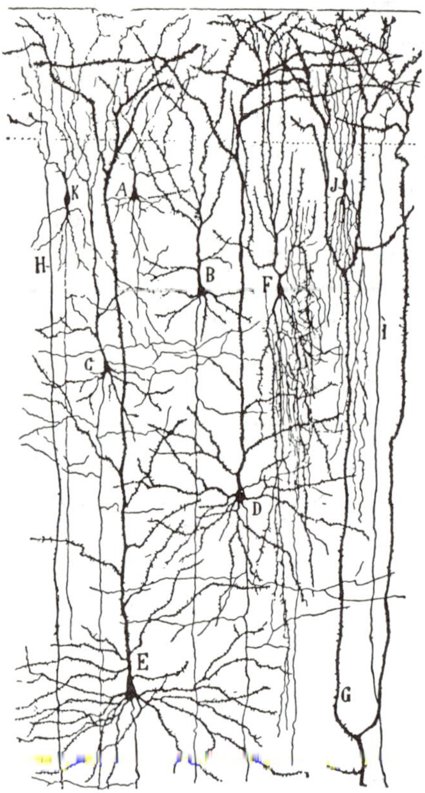

Source : S. RAMON Y CAJAL, *Histologie du système nerveux de l'homme et des vertébrés*, Consejo Superior de Investigationes Cientificas, Madrid, rééd. 1955, p. 544.

Comment ces prolongements filiformes se dirigent-ils, au cours de la croissance, vers leurs cellules cibles ? Les biologistes parlent à ce sujet de « facteur de croissance » et de « cônes de croissance ». Les substances chimiques piloteraient les excroissances axonales un peu comme les avions renifleurs étaient censés repérer les sources de pétrole ! Autant dire que le mécanisme est encore largement inconnu. Des expériences remarquables ont eu lieu à l'Institut des neurosciences de Paris pour établir comment, au cours de la croissance de jeunes chatons, les fibres nerveuses du système visuel pouvaient effectuer le virage impressionnant, pratiquement à 90°, qui caractérise le nerf optique, lorsqu'il sort de la rétine pour coloniser le corps genouillé latéral situé dans le thalamus (avec croisement des fibres qui correspondent aux deux hémisphères visuels). La figure 8 illustre cette étonnante construction à tâtons du système visuel. Chez le jeune ani-

Figure 8

Construction des voies visuelles chez le jeune chaton. Leur progression à tâtons à partir des ganglions rétinaux n'empêche pas les fibres optiques d'effectuer correctement un parcours accidenté vers les noyaux visuels du thalamus.

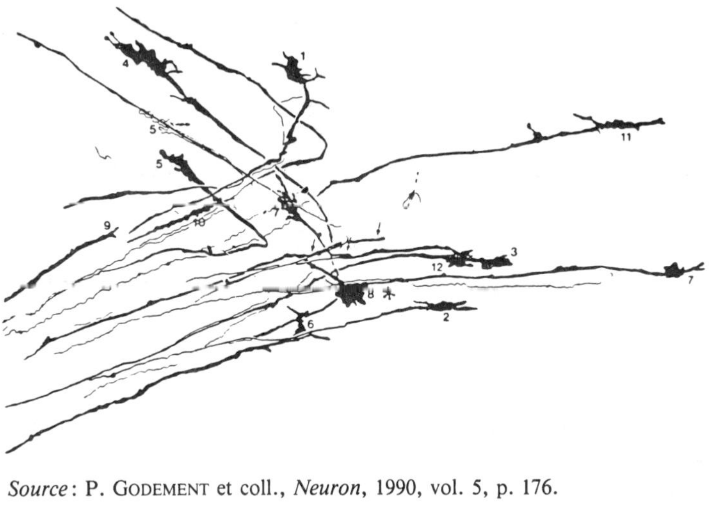

Source : P. Godement et coll., *Neuron*, 1990, vol. 5, p. 176.

mal, les contacts synaptiques établis au cours de l'embryogenèse sont très largement surabondants, et la majorité d'entre eux sont condamnés à disparaître. On pense que c'est l'usage ou le non-usage des voies nerveuses qui détermine le sort des connexions nerveuses à cette étape du développement.

A l'issue de la ou des périodes critiques successives, le plan général du système nerveux, avec sa hiérarchie de centres, est définitivement établi. Il laisse une grande variabilité individuelle. Il est certain, par exemple, que malgré leur profonde ressemblance physique, les jumeaux vrais n'ont pas une configuration identique des détails fins de leur système nerveux central. Cela est confirmé avec éclat par l'examen microscopique des ramifications de neurones observées chez *Daphnia magna*, une espèce de petits crustacés d'eau douce qui se reproduit par parthénogenèse et dont par conséquent le patrimoine génétique est absolument identique chez tous les descendants d'un même individu (figure 9).

Des milliards et des milliards de contacts neuronaux

L'examen au microscope d'une petite région d'un tissu nerveux, sans faire usage d'un colorant spécifique, plonge l'observateur dans une perplexité proche du désespoir : comment s'y retrouver dans cet écheveau de fibres, corps cellulaires, gaines, contacts de fibre à fibre, de fibre à corps cellulaire, de contact à contact, enchevêtrés sans aucun ordre apparent ? Il faut de toute évidence renoncer à penser à l'information qui circule dans les voies nerveuses comme on pense à un message qui circulerait dans un réseau de lignes télégraphiques. Les centres nerveux sont composés d'*assemblées* ou de *groupes* de neurones relativement homogènes, équivalents et interchangeables, qui peuvent recevoir en parallèle l'information à transmettre. On est en présence, non pas de lignes de transmission de l'information, mais de pipe-lines, ou mieux d'écheveaux d'une incroyable

Figure 9

Les neurones homologues de quatre exemplaires de *Daphnia Magna* diffèrent par bien des détails de leur organisation topographique, bien que les patrimoines génétiques de tous ces individus soient absolument identiques (on a représenté pour chaque individu les deux neurones correspondant aux parties droite et gauche du système nerveux de l'animal).

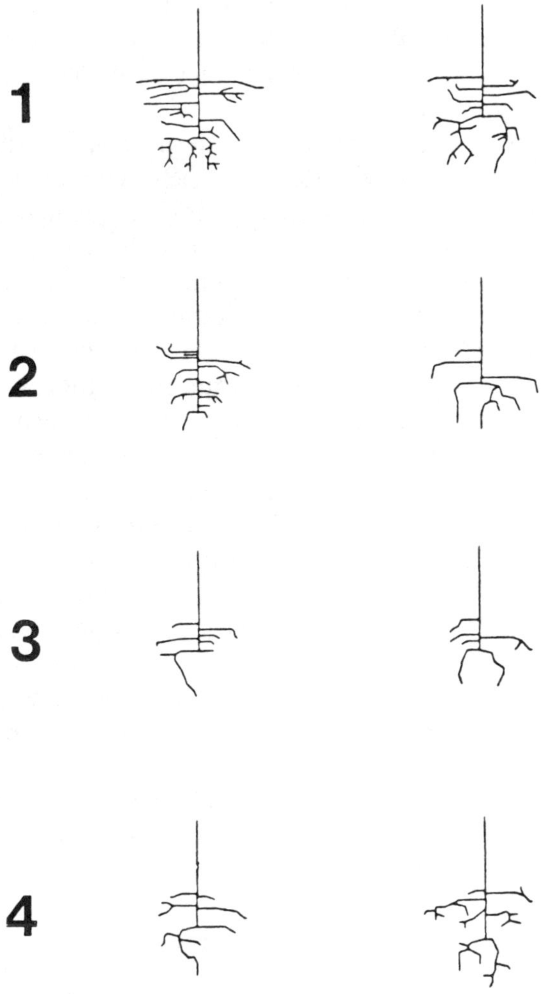

Source: E. MACAGNO, U. LOPRESTI et C. LEVINTHAL, *Proc. Nat. Acad. Sc. USA*, 1973, vol. 70, p. 57-61.

complexité[3], rehaussée encore par la diversité de nature des contacts synaptiques qu'une cellule donnée reçoit : certains contacts synaptiques sont *excitateurs*, d'autres *inhibiteurs*. Certains font appel à l'intermédiaire chimique de l'acide glutamique, d'autres de la noradrénaline, de la dopamine, de l'acétylcholine, de la sérotonine, de l'acide γ-aminobutyrique ou d'autres molécules chimiques encore (on en connaît plus d'une vingtaine). Chaque neurotransmetteur a ses caractéristiques propres : il agit sur des récepteurs différents de la cellule aval, possède des temps de réponse et des temps d'élimination particuliers, etc.

Au sein de chaque population de neurones formant un centre nerveux, l'activité électrique peut déterminer l'apparition de sous-ensembles spécialisés, qu'Edelman appelle « répertoires secondaires ». Ces groupes neuronaux sont les véritables nœuds des voies de communication de l'information nerveuse. Le réseau qu'ils établissent les uns avec les autres dépend beaucoup des stimulations que l'environnement propose à l'individu. A chaque stimulation, des groupes de neurones différents sont excités. Les groupes qui répondent ensemble à une stimulation donnée et qui sont reliés entre eux par des connexions synaptiques ont tendance à renforcer leur solidarité — l'efficacité de leurs connexions synaptiques augmente. Au contraire, les connexions entre neurones qui ne sont jamais ou rarement excités ensemble deviennent de moins en moins sensibles, et peuvent même à la longue dégénérer physiquement et disparaître.

Que l'efficacité des connexions synaptiques soit malléable grâce à divers mécanismes physico-chimiques et que cette propriété soit à la base de la plasticité du système nerveux dans son ensemble, qu'elle soit la clef, en particulier, des phénomènes d'apprentissage et de mémorisation avait déjà été pressenti par le grand physiologiste et psychologue canadien

---

3. L'image de l'écheveau paraît plus correcte que celle du pipe-line dans la mesure où les divers neurones d'une *assemblée*, quoique interchangeables, ne reçoivent manifestement pas tous à un instant donné le même type d'information. Il semblerait au contraire qu'ils assument tour à tour et pour de courtes périodes de temps un rôle aussi précis qu'éphémère.

Donald Hebb dès 1949. Ce n'est que depuis quelques années que l'on a les moyens d'étudier les mécanismes physico-chimiques fins que cette plasticité met en jeu. Les études actuelles mettent en lumière une grande diversité dans les modalités de la propriété générale de plasticité synaptique : potentiation à long terme, dépression à long terme, facilitation à court terme[4], avec des échelles de durée d'effets variables et allant typiquement de quelques millisecondes à plusieurs dizaines de minutes.

Mise en place des réseaux neuronaux

Chez le jeune embryon *in utero*, dès que les contacts synaptiques ont été mis en place le long des voies visuelles, le système visuel se met à fonctionner. Même dans l'obscurité de l'utérus et en l'absence de stimulations externes, il est parcouru à intervalles plus ou moins réguliers de décharges électriques, qui jouent certainement un rôle pour la construction ou la consolidation des circuits neuronaux spécifiques. Il en est de même des autres systèmes sensoriels. Il n'est pas nécessaire, d'ailleurs, que les « salves » ainsi transportées obéissent à un code précis et déterminé à l'avance, qui serait dicté par le patrimoine génétique : ces codes sont plus probablement eux-mêmes sélectionnés à partir d'un fonctionnement largement aléatoire au départ. La nature profiterait ainsi, une fois de plus, de variations hasardeuses pour leur « inventer » un sens. Quoi qu'il en soit, l'activité spontanée des circuits nerveux est indispensable au développement correct de l'architecture cérébrale. Par exemple, si on inhibe, à

4. *La potentiation à long terme* est l'augmentation durable, voire permanente, de la conduction synaptique obtenue sous certaines conditions et pour certaines synapses à la suite d'une utilisation répétée de celles-ci pour transmettre avec succès un potentiel d'action d'un neurone à l'autre. Elle joue probablement un rôle dans le mécanisme de mémorisation. *La dépression à long terme* est l'effet inverse, c'est-à-dire une diminution durable de l'efficacité synaptique. *La facilitation à court terme* est son augmentation temporaire et labile. Les synapses excitatrices équipées de récepteurs de type NMDA (N-méthyl-D-aspartate), sensibles à des neurotransmetteurs de type acides aminés (glutamate), sont des synapses particulièrement plastiques, sujettes selon les conditions à ces trois types de modification.

l'aide de substances chimiques, l'activité spontanée des voies visuelles chez l'embryon *in utero*, des voies aberrantes peuvent en résulter chez l'adulte et celui-ci peut même être définitivement aveugle[5].

Il se pourrait de façon semblable que la transmission de l'information elle-même, au sein du système nerveux central adulte déjà consolidé, dépende de l'émission au hasard de telles « salves ». Si, par chance, la structure temporelle particulière de certaines de ces salves était « reconnue » par des neurones cibles (en raison de la configuration particulière des contacts synaptiques entre les deux neurones), ces derniers pourraient former pour un temps un canal privilégié de transmission de l'information, et les « salves » que le premier transmettrait au second seraient ainsi promues au rang de « messages ». On pourrait aboutir ainsi à la constitution de circuits effectifs cachés dans la diversité des réseaux anatomiquement possibles, individualisés par la structure temporelle et/ou la synchronicité des décharges nerveuses qui les parcourent.

Les fluctuations dans le signal neuronal...

Examinons ce qui se passe lorsqu'un « message » est transmis à partir du bouton terminal axonique d'un neurone, pour passer au bouton dendritique du neurone aval. Le signal électrique qui parcourt l'axone du premier neurone provoque, lorsqu'il parvient au bouton présynaptique, l'expulsion par ces boutons de globules de neuromédiateurs[6], qui se répandent aussitôt dans l'espace intersynaptique. Ces molécules de neuromédiateurs se fixent sur des molécules spécifiques de

5. C. J. Shatz, *Impulse Activity and the Patterning of Connections during CNS Development, Neuron*, 1990, vol. 5, p. 745-756.

6. Un bouton synaptique contient de nombreuses vésicules de neuromédiateurs, tous de même type. L'impulsion électrique propagée par l'axone provoque un changement brutal du potentiel de la membrane du bouton synaptique. Ce phénomène peut entraîner, mais n'entraîne pas toujours, l'ouverture d'une vésicule à la surface de la membrane et la libération de son contenu (par « exocytose ») dans l'étroite fente synaptique qui sépare les deux neurones à cet endroit (voir figure 10).

la paroi dendritique du second neurone : les récepteurs. La fixation de ces molécules en ces sites particuliers provoque l'ouverture de canaux ioniques, un peu comme l'insertion de cartes magnétiques provoque l'ouverture des portes d'un garage. Le flot d'ions qui s'engouffre alors dans la zone postsynaptique de la cellule aval[7] provoque l'apparition d'un signal électrique, le potentiel postsynaptique. Celui-ci va en gagnant le corps du neurone s'additionner aux autres potentiels postsynaptiques (positifs ou négatifs) formés éventuellement dans d'autres boutons synaptiques répartis sur les dendrites ou le corps du neurone. Lorsque, en un point spécial du neurone, situé entre le corps (soma) et la naissance de l'axone, tous ces potentiels additionnés franchissent un certain seuil, il se déclenche une avalanche d'ions créant un « choc » électrique qui se propage de proche en proche tout le long de l'axone : c'est l'impulsion nerveuse proprement dite ou *potentiel d'action*[8].

Tous les potentiels d'action qui parcourent une fibre nerveuse ont la même amplitude et le même décours temporel[9]. Dans le contexte de cette étude sur le hasard, on notera au passage que la libération d'une vésicule de neuromédiateur par un bouton synaptique atteint par le potentiel d'action n'a pas lieu à coup sûr, mais se produit généralement au hasard avec une certaine probabilité. En général, cependant, la liaison entre deux neurones comporte non pas un mais plusieurs dizaines de contacts synaptiques (figure 10). Le nombre de vésicules synaptiques libérées pour un potentiel d'action produit par le premier neurone (et partant le potentiel « postsynaptique » induit dans le second neurone) varie au hasard,

---

7. Dans le cas d'une synapse excitatrice, il s'agit tout particulièrement d'ions Ca^{++}.

8. Les mécanismes ioniques de création et de propagation « active », c'est-à-dire sans atténuation, des potentiels d'action sont très différents de ceux qui président à la formation des potentiels postsynaptiques et à leur propagation « passive » le long des dendrites. Le potentiel d'action est caractérisé par l'ouverture successive sur la membrane axonique de canaux pour les ions Na^+ et K^+ (voir J.-P. CHANGEUX, *L'Homme neuronal*, Fayard, Paris, 1983, p. 103).

9. Le maximum de la dépolarisation qu'ils induisent sur la membrane de l'axone peut atteindre 100 mV, et le signal s'étend sur une à trois millisecondes (voir figure 12).

Figure 10

Emplacement des contacts synaptiques entre les fibres terminales d'un neurone issu d'un ganglion de la rétine et sa cellule cible dans le corps genouillé latéral. On remarque la disposition en grappes séparées de ces contacts, qui évoque la possibilité d'une sorte de signature spatio-temporelle très précise du passage de l'information d'un neurone à l'autre.

Source: J. E. HAMOS, S. C. VAN HORN, D. RACZKOSKI et S. M. SHERMAN, *J. Comp. Neurol.*, 1987, vol. 259, p. 165.

en obéissant à la loi binomiale caractéristique des événements indépendants[10]. Il a été possible de mettre en évidence de

10. Soumis à l'excitation électrique provoquée par l'arrivée d'un potentiel d'action dans la fibre terminale d'un axone, chaque bouton synaptique a une

façon absolument claire les fluctuations quantifiées associées à ces « tirages au sort », de même qu'il a été possible de mettre en évidence des fluctuations dans le temps sur le nombre de canaux ioniques postsynaptiques ouverts ou fermés.

Le système nerveux s'accommode de ces fluctuations de deux manières. D'une part, il est exceptionnel que deux neurones contigus ne forment qu'un et un seul contact synaptique. Les contacts sont plutôt disposés en grappes de quelques unités ou quelques dizaines de synapses, étroitement regroupées. Un même neurone peut projeter plusieurs grappes différentes sur le réseau dendritique ou le corps cellulaire d'un même neurone cible, comme c'est le cas pour les contacts entre le neurone issu de la rétine et le neurone du corps genouillé latéral (un centre relais pour la vision, situé au cœur du cerveau dans le thalamus entre l'œil et le cortex cérébral) observés dans la figure 10.

La disposition en grappes des contacts synaptiques a un avantage évident. La loi des grands nombres assure alors que malgré les fluctuations des signaux délivrés à chaque synapse, le potentiel synaptique total délivré reste fixé dans d'assez étroites limites. Quant à la dispersion en grappes distinctes, elle pourrait jouer un rôle dans le codage temporel de l'information nerveuse, comme je le propose depuis quelques années, suivant une suggestion originale de B. L. Strehler[11].

La seconde manière dont le système nerveux s'accommode des fluctuations qui caractérisent son fonctionnement est le haut degré de parallélisme des voies de communication. Comme nous l'avons déjà dit, l'information ne semble pas parcourir des voies spécialisées exactement définies, réduites à une seule fibre nerveuse, mais concerner plutôt des groupes de neurones et des faisceaux de fibres.

L'importance de ces groupes de populations de neurones

---

probabilité p de subir une exocytose. Le nombre moyen de vésicules libérées parmi les n boutons présents, np, est typiquement de l'ordre d'au moins une dizaine.

11. B. L. Strehler et R. Lestienne, *Proc. Nat. Acad. Sci. USA*, 1986, vol. 83, p. 9812-9816; R. Lestienne et B. Strehler, *Brain Research*, 1987, 437, p. 214-238.

équivalents a pu être estimée, grâce notamment à l'observation des structures fines dans le cortex cérébral qu'on appelle des microcolonnes : Edelman estime que chaque groupe individuel de neurones, formant l'unité élémentaire de référence à laquelle s'appliquent les mécanismes de codage, doit contenir une cinquantaine ou une centaine de neurones. Là aussi, des transitions très rapides des voies de communication d'une fibre à une autre doivent contribuer à rendre le procédé de transmission de l'information fidèle et sûr.

... ne l'empêchent pas d'être un outil extrêmement précis

Que ce soit de cette manière ou d'une autre, on ne peut échapper à la conclusion que le système nerveux construit un système logique d'une incomparable précision à partir d'éléments imprécis sinon purement stochastiques.

Car précis, le système nerveux l'est, d'une façon absolument incroyable, compte tenu de l'étalement dans le temps des événements élémentaires ou potentiels d'action. On l'a dit, ces signaux individuels possèdent un décours temporel caractéristique s'étalant sur quelques millisecondes, avec un pic de dépolarisation étroit d'une largeur d'environ une milliseconde (figure 11). Et pourtant, comme le montre par exemple l'étude des performances des sonars des chauves-souris, le cerveau de ces animaux peut détecter et mesurer des décalages entre signaux sensoriels au dixième de milliseconde près[12] ! Une précision comparable est retrouvée chez d'autres modèles d'animaux, par exemple dans le système auditif de la chouette[13]. On peut soupçonner qu'au-delà des fluctua-

---

12. Le système original de vision nocturne développé par ces mammifères leur permet en effet de localiser leurs proies à deux centimètres près seulement, ce qui, compte tenu de la vitesse de propagation des échos sonores (ultrasonores) utilisés, implique une précision de l'évaluation des intervalles entre l'émission d'un son et le retour de l'écho inférieure à 0,1 ms. Cf. N. Suga, « Biosonar and Neural Computation in Bats », *Scientific American*, juin 1990, p. 60-68.

13. M. Konishi, T. T. Takahashi, H. Wagner, W. E. Sullivan et C. E. Carr, « Neurophysiological and Anatomical Substrates of Sound Localization in the Owl », in *Auditory Function - Neurobiological Bases of Hearing* (G. M. Edelman, W. E. Gall, W. M. Cowan eds), Wiley, New York, 1988, p. 721-745.

Figure 11

Enregistrement d'un potentiel d'action typique sur un axone de calmar. Les études menées par les Britanniques Alan Hodgkin et Andrew Huxley à partir de 1939 leur ont permis de proposer pour la première fois un mécanisme précis pour la propagation active (sans atténuation) de cette impulsion le long de l'axone. Ils furent récompensés par le prix Nobel en 1963.

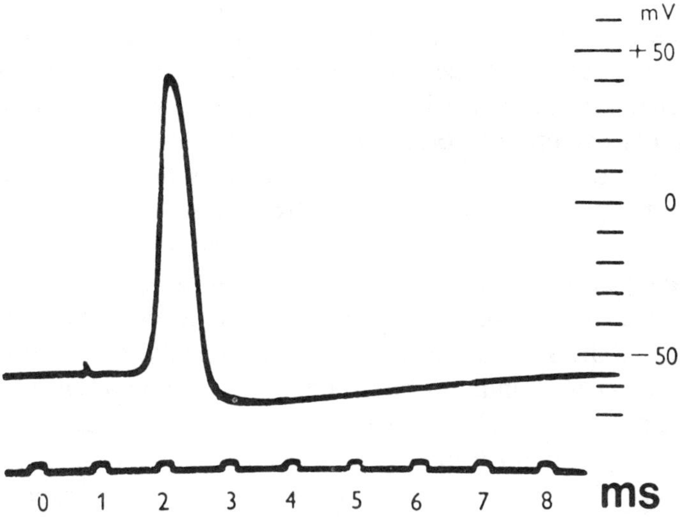

Source: P. F. Baker, A. L. Hodgkin et T. I. Shaw, *Nature*, vol. 190, 1961, p. 885.

tions aléatoires présentes à différents niveaux dans les phénomènes nerveux individuels, le cerveau fait un large usage de la loi des grands nombres. Il doit aussi tirer parti de l'énorme variété des « messages » composés d'une salve d'impulsions nerveuses (grâce aux combinaisons possibles des intervalles de temps qui séparent les impulsions au sein de la salve) pour transporter de façon efficace des messages d'une exacte précision. Mais ce dernier point, à dire vrai, n'a pas encore été prouvé formellement.

Un bruit salutaire

De telles performances sont d'autant plus extraordinaires que le fonctionnement du système nerveux est plongé dans un bruit permanent. Non seulement les contacts synaptiques individuels ne fonctionnent pas à chaque fois qu'ils sont sollicités, mais encore les neurones des circuits du système nerveux central sont généralement l'objet de décharges spontanées, indépendantes de toute stimulation extérieure. S'agit-il d'un brouillage gênant, comme si les neurones se « parlaient » à travers des lignes téléphoniques constamment parasitées par un crachotement orageux ?

Un des apports le plus remarquables de la théorie des réseaux neuronaux de ces dernières années est d'avoir montré que le bruit *était nécessaire au fonctionnement correct de tels systèmes intelligents.* La raison en est que ces réseaux possèdent non pas un seul état stable mais des centaines ou des milliers d'états stables possibles, chacun étant caractérisé par un minimum relatif de leur « énergie ». Un réseau de neurones non bruité ne pourrait pas, spontanément, passer d'un minimum à un autre : à chaque stimulation il serait piégé par le premier minimum rencontré au cours de son évolution dynamique. Seul le bruit lui permet d'explorer tous les minimums locaux transitoires avant de trouver le minimum absolu dans lequel il doit s'installer, compte tenu des contraintes et des stimulations externes. C'est cet état, en effet, qui constitue par définition la « réponse » du réseau de neurones aux stimulations externes particulières auxquelles il est soumis.

Grâce à cette plasticité des réseaux de neurones, il est possible de construire des ordinateurs « neuromimétiques » (dont le fonctionnement s'inspire des principes agissant dans les cerveaux biologiques constitués de neurones, mais dont les éléments de base sont constitués de puces semi-conductrices). De telles machines possèdent les propriétés de mémoire « associative » (adressable par le contenu) et de « robustesse » (des stimulations légèrement différentes peuvent entraîner la même réponse) qui caractérisent aussi les systèmes nerveux biologiques.

Anecdotiquement, on a rappelé[14] que l'année 1990, centième anniversaire de la naissance du mot *neurone* (forgé par Waldeyer en 1890), marque également le centième anniversaire de l'invention par Édouard Branly du « cohéreur » à limaille de fer, premier instrument capable de détecter des ondes radioélectriques. Branly, dit-on, avait été fasciné par la structure désordonnée du système nerveux et avait voulu la transposer dans son dispositif de détection, dont l'efficacité reste encore mal comprise à ce jour.

Du darwinisme neuronal au darwinisme des idées

Gerald Edelman et Jean-Pierre Changeux ont formulé des propositions voisines concernant les mécanismes de sélection qui pourraient présider à la construction et au fonctionnement du cerveau. A l'époque de la formation de l'embryon, le cerveau applique des règles de construction générales et simples, inscrites dans le génome. Ces règles spécifient les centres nerveux à construire et déterminent le type spécifique de neurones dont chacun de ces centres doit être constitué. L'homogénéité des neurones de fonction similaire dans un même centre (même structure générale, même type de cibles nerveuses et même neuro-transmetteur utilisé) et la différenciation des centres les uns par rapport aux autres sont assurées, semble-t-il, par des messages de contact, de cellule nerveuse à cellule nerveuse, en particulier par des protéines de surface telles que les CAMs *(Cell Adhesion Molecules)* et les SAMs *(Substrate Adhesion Molecules)*. Cette phase de construction n'a lieu que pendant une période critique génétiquement déterminée. Ensuite, les connexions nerveuses dans le cerveau connaissent un développement buissonnant, variable d'un individu à l'autre. Les connexions superflues qui se

14. Voir M. Mézard et G. Toulouse, « Des verres de spin aux réseaux de neurones », *La Recherche*, n° 232, 1991, p. 616.

révèlent inutilisables dégénèrent et laissent un cerveau bien organisé, à l'architecture claire. On a pu ainsi estimer que chez le chat le nombre de fibres axoniques du nerf optique passait de 430 000 environ au 50e jour de gestation à 160 000 environ seulement à la naissance[15]. Ainsi, le processus dégénératif des connexions inutiles dans le système visuel commence avant même que ce système ne serve à voir ; il est probablement contrôlé par les impulsions spontanées qui naissent dans la rétine de l'embryon. Mais la naissance ne marque pas nécessairement la fin de la période critique. Ainsi, chez le singe macaque le nombre de contacts synaptiques (par millimètre cube de cortex !) passe, en moyenne, de 800 millions environ pendant la prime enfance à 300 ou 400 millions après la puberté[16]. Dans un cerveau, les unités de travail sont formées de groupes de neurones connectés les uns aux autres, homogènes mais individualisés. Ils forment des circuits ou des réseaux qui changent constamment de configuration, en quelques dizaines de millisecondes, selon le type d'excitation nerveuse qu'ils reçoivent, et plus précisément, probablement, en fonction de signaux temporels très précis immergés dans le flot de signaux apparemment émis au hasard par les neurones excités. Selon Edelman et Changeux, ces changements s'effectuent au gré d'un mécanisme de variation/sélection semblable au schéma classique darwinien, d'où le nom de « darwinisme neuronal » donné à cette théorie.

Dans cette vision du fonctionnement du cerveau, qu'en est-il de la représentation mentale ? Pour Edelman, la représentation mentale émane de la mise en correspondance de plusieurs réseaux, chacun d'eux étant spécialisé dans une tâche principale différente. Par exemple, l'un d'eux est chargé de

---

15. S. Murray SHERMAN, « Development of Retinal Projections to the Cat's Lateral Geniculate Nucleus », *Trends in Neurosciences*, août 1985, p. 350-355.

16. J.-P. Bourgeois, Institut Pasteur, communication privée. Selon Bourgeois, le nombre relativement constant de contacts synaptiques pendant l'enfance pourrait correspondre soit à une période de *turn-over* pendant laquelle les contacts qui dépérissent sont remplacés par de nouveaux contacts ailleurs, soit à une période d'affinement des efficacités synaptiques sans grande modification de la répartition des synapses.

la détection de la forme extérieure physique de l'objet perçu, et un autre est chargé d'analyser sa topologie géométrique (ainsi, le nombre d'« anses » dont est munie une tasse). Ou encore, le premier circuit détecte spécifiquement l'orientation des segments qui composent le contour d'une figure, et un autre circuit apprécie la direction de mouvement de cette figure. Il faut donc, selon cet auteur, que les cartes topographiques qui se développent dans le système nerveux central et qui sont spécialisées pour chacune de ces tâches entretiennent entre elles des échanges et des connexions réciproques. Il s'ensuit que la représentation d'un « objet » dans le cerveau est au minimum *duale*, et probablement multiple. Cet auteur insiste tout particulièrement sur l'importance des boucles ou connexions réciproques entre populations de neurones, qui abondent en effet dans le cerveau et dont la fonction est restée jusqu'ici mal comprise.

Changeux propose hardiment que le canevas darwinien qui s'applique aux deux niveaux précédemment considérés (sélection des assemblées de neurones et mise en correspondance réciproque des réseaux qu'elles définissent) s'applique aussi à la formation des idées. A une intense et buissonnante activité de l'inconscient, traduite en termes de physiologie par l'activation simultanée de multiples réseaux, succéderaient en un laps de temps très court la sélection et la cristallisation d'une idée pertinente, ou du moins jugée telle, qui seule serait élevée au niveau de la perception consciente. Selon certains chercheurs (Libet), représentations inachevées et représentations conscientes pourraient être les produits des mêmes centres et des mêmes réseaux, mais les premières seraient extrêmement labiles tandis que les secondes exigeraient une plus grande stabilité dans le temps[17]. Ainsi s'expliquerait le fait que l'on n'ait jamais trouvé de centre unique de la représentation consciente dans le cerveau. Le monde extérieur serait une recréation permanente, parmi toute une popula-

17. Voir B. Libet, « Consciousness : Conscious, Subjective Experience », *in Enclopedia of Neuroscience*, 1987, Birkhäuser, Boston, p. 271-275.

tion de mondes possibles, de la vision la plus stable, lauréate d'une compétition typiquement darwinienne pour la survie.

Dans ce cadre général, le schéma darwinien de variation/sélection s'appliquerait en définitive à quatre niveaux successifs. D'abord, il s'appliquerait à la mise en place de l'architecture neuronale, grâce à la variabilité potentielle des cellules nerveuses embryonnaires et à la surabondance de leurs connexions. Deuxièmement, il présiderait à la sélection des groupes neuronaux et des réseaux efficaces pour le traitement des stimulations sensorielles, la représentation consciente et la préparation des actes moteurs, grâce à la diversité des nœuds et des circuits alternatifs possibles. Troisièmement (selon Changeux et Dehaene[18]), le même type de schéma s'appliquerait encore au tri, parmi le foisonnement des idées et des mises en correspondance logique inconscientes, des seules idées suffisamment stables ou efficaces pour mériter d'être élevées au rang d'idées représentées dans la conscience. Et enfin, bien entendu, le mécanisme originel de variation et de sélection naturelle, s'exerçant au niveau de l'individu tout entier, est au service du programme de survie de l'individu et de l'espèce.

Cette dernière sélection, hiérarchiquement la plus élevée, contrôlerait de ce fait même toutes les autres. Malgré les différences fondamentales dans le type de variations et les mécanismes de sélection des unes et des autres, aucune ne saurait s'opposer à l'intérêt de la survie de l'individu et de l'espèce.

Mais c'est ici que le darwinisme des idées me semble poser problème. Car il faut que les mécanismes qui assurent le triomphe des perceptions les plus stables assurent en même temps la vision la plus pertinente ou la plus apte à assurer la survie de l'individu. Or, une telle conception est difficilement compatible avec les impératifs de rapidité de l'expression des idées et des perceptions. La survie de l'individu exige en effet souvent la réponse la plus rapide, qui ne saurait souffrir de laborieuses sélections entre des perceptions inconscien-

18. J.-P. Changeux et S. Dehaene, « Neural Models of Cognitive Functions », *Cognition*, 1989, vol. 33, p. 63-109.

tes. Réciproquement, en ce qui concerne les stimulations, chacun sait que les plus fugitives ne sont pas nécessairement les moins significatives ou les moins importantes...

Edelman, de son côté, pense qu'autant le darwinisme neuronal (au double niveau de l'établissement de l'architecture primaire « permanente » et à celui des répertoires secondaires labiles) est certain, autant le darwinisme des idées (ou darwinisme mental) est peu vraisemblable. Le langage et la conceptualisation, pense-t-il, créent dans le cerveau des tiroirs permanents, qui, une fois constitués, sont indélébiles. Le discours, la création des idées sont donc caractérisés par une combinatoire d'éléments permanents, bien davantage que par des essais, des variations, et des sélections de type darwinien auxquels correspondraient, dans le cerveau, des réseaux neuronaux labiles et éphémères.

Aussi présent soit-il dans les manifestations les plus hautes de la vie, le hasard naturel ne se manifeste pas seulement chez elle. Il est temps de réexaminer maintenant le rôle du hasard dans les phénomènes inanimés, de l'atome au cosmos. Nous reconnaîtrons dans l'entropie physique bien des caractères déjà reconnus au hasard naturel dans la sphère du vivant. On découvrira alors que cette notion se distingue de la simple mesure du désordre physico-mathématique à laquelle on avait voulu la réduire.

III

Le hasard physique

10

L'entropie, l'ordre et le hasard

La chaleur ne dit jamais d'où elle vient

Les physiciens excellent dans les problèmes de prédiction. On leur donne l'état *initial* du système et on leur demande de prédire quel sera son état (la position d'une planète sur la sphère céleste, par exemple) à un moment *ultérieur*. Les équations de la physique classique telles que l'équation de mouvement de Newton permettent en effet de calculer quelle sera la configuration d'un système physique à n'importe quel instant, pourvu que l'on connaisse son état à un instant donné et l'ensemble des forces qui s'appliquent sur lui. Mais en vérité les équations dont on se sert pour faire des prédictions peuvent aussi bien servir à rebours, pour des problèmes de rétrodiction. Grâce à ces équations, par exemple, le Planétarium du palais de la Découverte peut faire revivre aux spectateurs l'aspect du ciel au temps des pharaons, ou à celui des dinosaures[1]. En fait, il suffit de prendre l'état présent

1. Il y a quand même une limite pratique pour les exercices de ce genre : en particulier, à cause des influences des planètes les unes sur les autres, les trajectoires

du ciel comme état initial, mais en renversant les vitesses de tous les objets célestes, pour le voir repasser successivement par toutes les configurations que le système avait précédemment occupées.

Cette indifférence des équations par rapport au sens temporel de leur application les rend inaptes à rendre compte de l'expérience la plus simple des êtres qui peuplent le monde : celle de l'irréversibilité temporelle. Pour la physique classique, tout ce que la nature fait, elle peut le défaire. La séquence filmée d'un plongeur de haut vol, passée à l'envers dans l'appareil de projection (en commençant par la fin), montre les bouillonnements de l'eau expulsant le plongeur hors de l'onde et le ramenant après d'étonnantes figures sur la pointe des pieds juste sur le bord du plongeoir. Une telle séquence n'a absolument rien de choquant au regard des seules lois de la mécanique : elle représente seulement ce qu'on observerait si, à un instant quelconque après le plongeon, on gardait la même configuration des molécules d'eau et du corps du plongeur mais qu'on changeait le vecteur vitesse de chacune d'elles en son opposé.

Il existe bien une loi physique, connue depuis le début du XIXe siècle, pour laquelle cette symétrie entre prédiction et rétrodiction n'est pas respectée : c'est la loi de Fourier sur la diffusion de la chaleur. Si on se donne un barreau chauffé à l'une de ses extrémités, la loi de Fourier décrit la répartition future de la chaleur dans tout le barreau. Mais on ne peut pas répéter ici l'expérience du plongeur. En aucune circonstance la loi de Fourier ne prédira que le barreau uniformément tiède va redevenir brûlant d'un côté et froid de l'autre : d'ailleurs pourquoi serait-ce ce côté-ci plutôt que l'autre ? La loi de Fourier a été explicitement construite pour rendre compte des observations en prédiction, et est notoi-

---

de celles-ci sont, sur de longues périodes de temps, très sensibles aux incertitudes ou aux imprécisions avec lesquelles leurs conditions initiales sont spécifiées. Cette instabilité dynamique rend précaire les prédictions à long terme (de l'ordre de 100 millions d'années), que ce soit vers le futur ou vers le passé (voir l'article de Jacques LASKAR et Claude FROESCHLÉ, « Le chaos dans le système solaire », *La Recherche*, n° 232, 1991, p. 572).

rement inapte pour les problèmes de rétrodiction. On dit qu'elle n'est pas symétrique par renversement du temps, ce qui est une façon condensée mais bien maladroite de s'exprimer (qui peut renverser le temps ?)[2]. Mais cette particularité n'avait pas été remarquée, ni par Fourier lui-même ni par ses continuateurs immédiats.

Il fallut attendre le milieu du XXe siècle pour que l'irréversibilité temporelle soit associée, dans la théorie physique, à un concept ayant une définition précise. Ce concept est celui d'*entropie*, utilisé aujourd'hui non seulement en thermodynamique, mais aussi en chimie, en biologie, et aussi par les mathématiciens, les informaticiens et même les sociologues. Il va sans dire que ces différentes catégories de spécialistes utilisent ce mot sans toujours y mettre exactement le même sens, si ce n'est au travers d'analogies parfois insuffisamment fondées ou explicitées. On comprend que le profane ait du mal à s'y retrouver.

Entropie s'oppose à *énergie*

A l'époque de la création du concept d'entropie, le monde des physiciens était fasciné par la mise en évidence alors récente de la loi générale de conservation de l'énergie. Dans le monde l'énergie se conserve, et les changements que nous observons ne sont jamais que des manifestations de sa transformation d'une forme en une autre : énergie cinétique ou mécanique, électrique, chimique, calorifique ; on réalise dès

2. L'expression « invariance par renversement du temps » couramment employée par les physiciens vient du fait que les équations de la mécanique classique ou de l'électromagnétisme ne changent pas de forme lorsqu'on substitue, dans ces équations, la lettre **t** représentant le temps en **–t**. On montre que cette propriété est nécessaire et suffisante pour que l'équation puisse s'appliquer indifféremment en prédiction ou en rétrodiction. Cette symétrie par renversement du temps n'est pas respectée dans le cas de l'équation de diffusion de la chaleur. Nous ne discuterons pas ici de l'existence possible de certains phénomènes de la physique des particules élémentaires qui n'obéiraient pas à la symétrie par renversement du temps, parce qu'ils ne changent rien au problème de l'irréversibilité phénoménologique liée à l'accroissement de l'entropie (voir à ce sujet R. LESTIENNE, *op. cit.*, 1990, p. 157-165).

ce moment que l'énergie musculaire n'est qu'une forme d'énergie chimique mise en jeu dans les cellules vivantes. Mais l'énoncé de la loi de conservation générale de l'énergie est aussi l'énoncé par excellence de l'absence de changement vrai dans le monde, il couronne la perspective intemporelle des lois de la mécanique. La démonstration la plus éclatante et la plus précise de cette vérité a été donnée par la mathématicienne allemande Emmy Noether en 1918 : le théorème qu'elle a légué montre en particulier que tout système dont la description en mécanique est indifférente à tout déplacement même infinitésimal dans le temps est un système dont l'énergie se conserve, et vice versa. En d'autres termes, la conservation de l'énergie s'applique chaque fois que la trajectoire d'un système (dans l'espace réel et dans son espace de phase[3]) est la même, que vous fassiez l'expérience maintenant, une seconde plus tard, ou à n'importe quel autre moment. Ce théorème, établi en mécanique classique, a depuis été étendu à la mécanique quantique. Il suppose, bien entendu, que le système en question soit isolé, ou du moins que les forces extérieures qui s'exercent sur lui ne varient dans le temps ni en intensité ni en direction. L'idée que ce théorème traduit, est que — sauf peut-être pour la description des processus cosmologiques pour lesquels on doit prendre en compte l'évolution de l'Univers — le monde que nous habitons est un monde de sérénité et d'indifférence par rapport au temps. L'invention du concept d'énergie et sa loi de conservation sont l'expression exacte de cette sérénité.

Pourtant le monde change, et les objets comme les êtres vieillissent. C'est pourquoi Clausius oppose à l'« énergie », symbole de la pérennité, l'« entropie », symbole de ce qui change réellement, même dans les situations cycliques où toutes choses en apparence reprennent périodiquement les mêmes valeurs. Clausius prescrit comment on doit calculer

---

3. L'espace de phase d'un système physique composé de N particules est l'espace à 6N dimensions dont chaque point représente un état physique différent du système. En effet, l'état de chacune des particules qui le composent est caractérisé par trois coordonnées spatiales (représentant sa position dans l'espace) et trois coordonnées d'impulsion (représentant son vecteur vitesse).

— plutôt que mesurer — les changements d'entropie d'un système : ces changements sont liés aux échanges de chaleur entre le système et l'extérieur[4]. L'exemple classique pour lequel il est aisé de calculer l'accroissement d'entropie est celui d'une machine à vapeur, effectuant du travail en absorbant de la chaleur au foyer et en la restituant au condenseur. Un cycle complet de la machine comprend l'admission de la vapeur (produite dans la chaudière) dans le cylindre, son expansion avec production de travail, son expulsion vers le condenseur, et enfin le retour de la vapeur condensée dans la chaudière. A la fin du cycle, la vapeur se retrouve exactement dans le même état physique qu'au départ, mais entretemps de l'entropie a été dissipée dans l'environnement.

Le travail original de Clausius porte sur les systèmes « isolés », car c'est seulement dans ce cas qu'on peut démontrer de façon élémentaire (à partir du principe de Carnot, selon lequel spontanément la chaleur s'écoule toujours des corps chauds vers les corps froids, et jamais l'inverse) que l'entropie d'un système ne peut que croître (ou à la rigueur rester constante) au cours du temps. Mais les systèmes isolés constituent une limite artificielle, voire inaccessible, dans le monde réel. En pratique, les systèmes physiques ont toujours quelque interaction avec le monde extérieur, ne serait-ce que parce qu'il n'existe pas d'écran contre les interactions gravitationnelles. Le vrai sens de la loi de Clausius-Carnot est que, hors les échanges d'énergie et de chaleur qu'un système peut avoir avec l'extérieur, dans ses parties internes il ne peut que produire de l'entropie, et non pas en détruire. On doit donc préciser la loi de l'entropie croissante. Si un système a pour entropie S, alors toute transformation élémentaire change cette entropie d'une façon que l'on peut toujours décomposer en deux termes :

$$dS = dS_i + dS_e$$

dont le premier, la production interne d'entropie, ne peut être

4. L'accroissement d'entropie se mesure par $\delta S = \int dQ/T$, où dQ mesure un échange de chaleur élémentaire entre le système et le milieu extérieur et T est la température absolue à laquelle s'effectue cet échange. L'intégrale est prise à partir de l'état initial jusqu'à l'état final du système, le long d'un processus idéal réversible.

que positif. C'est au cœur de ce terme que réside, phénoménologiquement, la racine de l'irréversibilité temporelle. En somme, ce terme positif (ou à la rigueur nul) marque le prix qu'un corps matériel ou un système physique quelconques doivent payer pour avoir droit à l'existence, dans ce monde universellement marqué par la flèche du temps. Que le second terme de cette expression, mesurant les échanges avec l'extérieur, soit nul comme dans le cas des systèmes isolés, et l'on retrouve la loi originale de Clausius-Carnot.

Dans le monde qui nous entoure il y a donc incessamment production d'entropie. L'un des mécanismes les plus courants de cette production est l'émission de photons, parce que les photons emportent une quantité importante d'entropie. En effet, contrairement aux particules matérielles (contraintes par différentes lois de conservation), les photons peuvent naître ou disparaître presque librement, pourvu que l'énergie totale soit conservée. La dissipation de la chaleur provoque la multiplication de photons « mous » (de moindre énergie et de moindre fréquence), et cette multiplication s'accompagne de création d'entropie. Ainsi, la Terre est une source d'accroissement d'entropie, parce qu'elle absorbe les rayons énergétiques (au sens où l'on parle d'un aliment énergétique) du Soleil et renvoie vers l'espace un nombre bien plus grand de photons infrarouges, de moindre énergie (figure 12). Si l'on considère l'Univers dans son ensemble, l'écrasante majorité de son entropie prouvée est portée par le rayonnement thermique du fond du ciel, cette énorme mer de photons à 4° K dans laquelle l'Univers entier est immergé, qui constitue le fossile visible des événements violents[5] ayant façonné notre Univers actuel il y a quinze milliards d'années. L'existence probable de trous noirs pourrait modifier cette réflexion

5. Le rayonnement du fond du ciel est resté identique à ce qu'il était environ un million d'années après le big bang, à ceci près qu'il s'est uniformément refroidi. Sa température caractéristique est passée de quelques millions de degrés à 3,7 degrés absolus. Les petites variations de température observées en 1992 grâce au satellite COBE *(Cosmic Background Explorer)*, en fonction de la direction dans l'espace, nous permettront peut-être d'en savoir plus sur les événements violents qui précédèrent cette phase et sur la formation ultérieure des grands amas galactiques.

Figure 12

Illustration d'artiste d'une vérité fondamentale : les êtres vivants se développent sur la Terre en tirant profit du flux d'entropie entre les photons énergétiques et relativement peu nombreux émis par le Soleil chaud, et l'énorme quantité de photons infrarouges, peu énergétiques, renvoyés par la Terre dans l'espace.

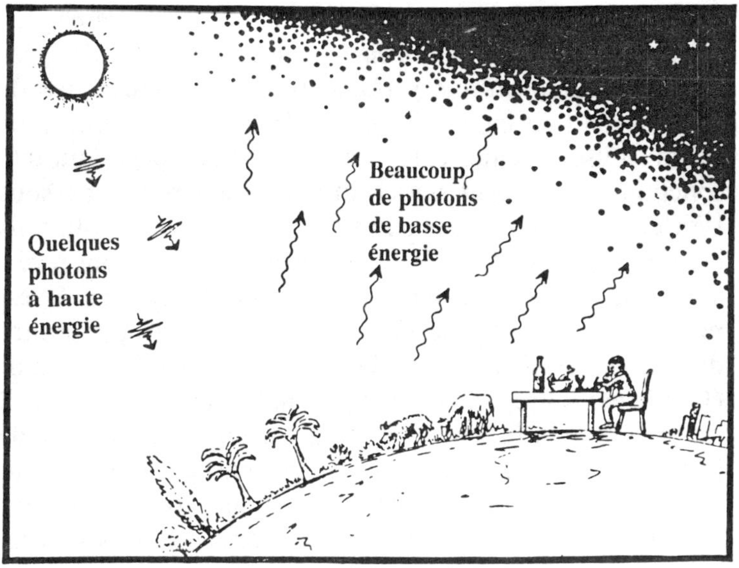

Source : R. PENROSE, *op. cit.*, p. 319.

sur la production d'entropie dans l'Univers, car les trous noirs sont aussi de gros pourvoyeurs d'entropie[6].

Boltzmann relie l'entropie au hasard...

Il faut bien insister sur un fait : c'est à son corps défendant, et en opposition complète avec le programme de recherche qu'il s'était lui-même d'abord fixé, que Boltzmann

6. Voir R. PENROSE, *The Emperor's New Mind*, Oxford University Press, Oxford, 1989, p. 342.

établit, dans les années 1870, une relation entre l'entropie et le hasard. En effet, le jeune Boltzmann ne rêvait que de démonter les rouages de l'irréversibilité temporelle, en utilisant les outils de la mécanique classique. Selon lui, pour réaliser ce programme, il fallait montrer que l'entropie des thermodynamiciens se réduisait à une simple fonction mathématique de la position et de la vitesse de chaque molécule composant le système étudié. Il réussit partiellement ce programme, lorsqu'il présenta en 1872 le théorème H. Ce théorème démontre qu'une certaine fonction des densités de distribution (autrement dit, de la répartition) des positions et des vitesses des molécules d'un volume de gaz parfait, dite fonction H, ne peut varier que dans un seul sens sous l'influence des collisions entre les molécules. Ces collisions élastiques obéissent aux lois de la mécanique, qui sont réversibles par rapport au temps, alors que la fonction H est monotone, tout comme l'entropie qui ne peut que croître dans un tel système isolé. Mais quelques années plus tard, ébranlé par les sévères objections qui lui furent opposées, il reconnut que sa fonction H n'était pas vraiment fonction de la position et des vitesses réelles des particules, mais seulement des lois de probabilité qui les gouvernent. En conséquence, l'accroissement de l'entropie n'était pas mécaniquement démontré, il était seulement extrêmement probable.

En outre, pour être valable, le théorème H suppose des conditions particulières au départ, dites de *chaos moléculaire*. Boltzmann admettait en effet comme une simple évidence que dans la situation de départ, positions et vitesses des molécules sont réparties au hasard, avec l'hypothèse générale d'indépendance de ces paramètres deux à deux que cela suppose. Dès lors, le lien congénital entre entropie croissante et hasard initial était clairement désigné[7].

Les conclusions de Boltzmann peuvent se résumer ainsi. Si l'on se trouve en présence d'un système dont l'état initial

7. Voir R. Lestienne, « A la mémoire de Ludwig Boltzmann : l'entropie est-elle objective ? », *Fundamenta Scientiae*, 1987, vol. 2, p. 173-184.

ne correspond pas à l'équilibre thermodynamique, il existe une probabilité écrasante pour qu'au cours de son évolution ce système se rapproche de l'état d'équilibre, tout simplement parce que la probabilité de cet état est incomparablement plus grande que toute autre. Mais l'état d'équilibre est aussi, du point de vue de la thermodynamique, l'état d'entropie maximale. Il y a donc une covariation entre l'entropie d'un système et la probabilité *a priori* de l'état macroscopique correspondant. Cette situation épistémologique particulière de l'entropie est mise en lumière par la célèbre loi $S = k \text{ Log } W$, gravée sur la tombe de Boltzmann à Vienne, qui relie l'entropie « macroscopique » S au nombre de complexions c'est-à-dire de configurations possibles dans l'espace et en énergie des constituants microscopiques du système. En conséquence de cette équivalence entre entropie et probabilité, la décroissance de l'entropie dans le futur immédiat d'une situation concrète donnée ne peut être exclue, elle est seulement très improbable.

... et au désordre

On retient habituellement de l'enseignement de Boltzmann et de ses continuateurs que l'entropie est une mesure du désordre interne des systèmes. Cette idée fut reprise et développée surtout après la Seconde Guerre mondiale. Plus précisément, dans un système isolé composé d'une multitude d'éléments (tel un volume de gaz composé de molécules), on suppose que les composants tendent à se répartir uniformément dans l'espace, et que de même l'énergie totale du système tend à se distribuer équitablement entre eux. Cette tendance incoercible au désordre constituerait donc le fond de la loi d'accroissement de l'entropie. L'exemple classique en la matière est celui du tas de sable qui petit à petit se nivelle, ou de la trace de pas sur la grève qui finit toujours par s'effacer.

Certains esprits idéalistes, dont Bergson, prenant acte du lien entre entropie et hasard (ou entropie et probabilité), en ont tiré argument pour revendiquer pour l'entropie un statut subjectif. On peut, on doit résister à cette tentation. En effet, il ne faut pas oublier que l'entropie est d'abord liée aux échanges de chaleur à l'intérieur même des systèmes, et des systèmes entre eux. Ce n'est que secondairement et parce que la chaleur elle-même est liée à un hasard essentiel (hasard qu'on se représente comme celui de l'agitation aléatoire des molécules) que l'entropie est cousine du hasard. L'agitation thermique des molécules n'a évidemment rien à faire d'une définition subjective des probabilités.

Afin d'éviter tout malentendu sur les relations entre entropie et désordre, il faut d'abord s'entendre sur ce que l'on entend par désordre. A la suite de Peter T. Landsberg[8], je proposerai de cette notion la définition suivante : *le désordre est le rapport entre l'entropie vraie du système et l'entropie maximale à laquelle ce système pourrait prétendre, compte tenu de l'espace de phase disponible.*

L'un des grands avantages de cette définition est que, étant le rapport de deux entropies, elle a évidemment le même degré d'objectivité que l'entropie elle-même. En outre, avec cette définition, le désordre est une grandeur intensive (la réunion de deux systèmes de même degré de désordre que chacun d'eux). On remarquera aussi que cette définition implique qu'un système ordonné ($D < 1$) n'est pas un système en équilibre thermodynamique ($S = S_{max}$).

On pourrait m'objecter que cette définition est, à l'évidence, trop formelle. Il y a, semble-t-il, dans la notion d'ordre un principe simple et général, qui est un principe d'économie. On se souvient de l'exemple célèbre de la table de travail ou de la bibliothèque de certains professeurs, dont le désordre décourage toutes les nouvelles secrétaires venues proposer leur service. Pourtant, quand on demande au maître des lieux un document, il le sort aussitôt du milieu de la pile où il est enfoui. Économie de temps et d'énergie pour le professeur, dont les méthodes toutes personnelles peuvent

8. P. T. LANDSBERG, « Usages et limites du concept d'entropie », *Communications*, 1985, vol. 41, p. 63.

différer de celles des secrétaires diplômées ! Mais cet exemple ne prouve pas qu'on ne puisse donner de l'ordre et du désordre des définitions objectives. Il y a de l'ordre dans le monde, dans quelque situation que l'on considère, chaque fois qu'il est possible d'énoncer une recette permettant de condenser le discours descriptif de cette situation. Un cristal est ordonné parce que, pour préciser sa structure, il suffit d'énoncer le type de disposition géométrique régulier de ses atomes. Les lois que la science énonce sont autant d'exemples de telles recettes d'économie : elles constatent un ordre caché dans la nature. Le physicien qui les utilise pour construire une machine crée de *l'ordre à partir d'ordre*[9]. Dans l'exemple de la bibliothèque, la recette permettant de condenser le discours descriptif existe bien, puisque le professeur sait retrouver le livre qu'il cherche sans fouiller au hasard dans son capharnaüm. Le fait que sa secrétaire ne la connaisse pas ne change rien à cette réalité.

L'exemple que nous venons de discuter montre aussi que, pour évaluer l'ordre et le désordre ainsi entendus, il n'est pas nécessaire de faire intervenir ou de distinguer des niveaux de description. C'est ici, me semble-t-il, que la notion d'ordre se distingue de celle d'information (au sens subjectif ou intersubjectif de ce terme). Certes, le professeur ne catalogue pas ses livres en fonction de la position des atomes qui les composent, mais en fonction de leur compacité en tant qu'objets qu'on peut tenir dans la main, désignés par leurs titres, leur couleur, leur volume, etc. La recette qui lui permet de retrouver ses livres utilise des symboles, qui, eux, ne sont pertinents qu'à un certain niveau de description. Cette « information » n'est possible qu'autant que le système, précisément, est

---

9. D'un autre côté, les événements qui obéissent au hasard, dans le sens où l'on a cherché à définir ce terme par l'axiome d'indépendance, sont *ipso facto* soumis aux lois du hasard, telles que la loi des grands nombres. L'ordre associé à ces lois caractérise l'apparition d'*ordre à partir du hasard.* Il existe une troisième voie pour créer de l'ordre, dont on parlera plus loin : *l'ordre par le bruit.* Cette dernière sorte d'ordre est caractéristique seulement des systèmes complexes et auto-organisateurs, tels les systèmes vivants : ils édifient leur complexité en profitant, au cours de leurs échanges avec l'extérieur, des hasards (au sens précis de ce terme) de l'environnement.

ordonné, mais elle ne se confond pas et d'ailleurs n'épuise pas nécessairement cet ordre. C'est ainsi, me semble-t-il, qu'on pourrait répondre à René Thom, pourfendeur devant l'Éternel des thuriféraires du hasard, lorsqu'il invoque dans la citation suivante la relation entre l'ordre et les niveaux de description. « La notion d'ordre est une notion fondamentale morphologique, argumente-t-il, qui repose en dernière analyse sur une description géométrique, spatiale, d'un donné. Il y a toujours, sous-jacent à un tel donné, un substrat formé d'éléments interchangeables, qu'il s'agisse des points géométriques ou d'événements élémentaires équiprobables. [...] Dans ce genre de discours, cette référence n'est en général jamais faite, parce qu'elle est en général impossible à faire. Bien mieux, dans les systèmes qui présentent différents niveaux hiérarchiques d'organisation, la notion d'ordre est *relative* à un certain niveau d'organisation, et ne saurait être considérée comme absolue. Ainsi, dans un système moléculaire, le désordre parfait, absolu à l'échelle de la molécule, peut à l'échelle macroscopique être considéré comme un ordre parfait, puisque tous les points du milieu ont alors les mêmes propriétés observables[10]. »

Si l'on adopte la définition notée plus haut pour le désordre, celui-ci est bien maximal dans l'exemple évoqué par Thom, nonobstant l'homogénéité apparente. En effet, D = S/Smax est évidemment dans un tel exemple égal à 1. Il ne semble même pas nécessaire, ici, de recourir à l'argument de Prigogine, qui rétorque à Thom que dans le système cité l'absence de corrélations entre composants l'amènerait, pour sa part, à refuser de leur attribuer un ordre.

En prenant cet exemple, Thom veut insister sur l'idée raisonnable que la notion *subjective* d'ordre que nous pouvons avoir dépend de la finesse avec laquelle on exige une description du système que l'on étudie. Mais on voit bien qu'ici on retrouve plutôt la notion réputée intuitive d'*information* (que l'on possède sur un système). Dans l'article cité plus haut,

10. R. Thom, in *La Querelle du déterminisme*, « Le Débat », Gallimard, Paris, 1990, p. 72.

Landsberg considère aussi cette sorte d'ordre ou d'information, qu'il propose d'appeler la macroentropie. Dans la mesure où il s'agit d'une notion subjective — ou du moins intersubjective, puisqu'elle exige que les différents observateurs s'accordent par convention sur la taille limite de leurs observations —, je préférerai utiliser ici l'appellation d'information. Elle rejoint l'information$_2$ (information au sens 2) que nous examinerons au chapitre suivant.

Très bien, dira-t-on. Mais tout cela reste quand même terriblement théorique. L'entropie vraie d'un système (et plus encore son entropie maximale) ne se mesure pas, elle se calcule. Peut-on mesurer le désordre d'un système ? On doit reconnaître en toute rigueur qu'on ne le peut pas. La notion d'ordre telle que nous l'avons introduite ici rejoint la notion algorithmique de complexité, que nous retrouverons au chapitre 14. La détermination exacte de la complexité algorithmique d'un objet, ou en d'autres termes la longueur du programme le plus court pour sa description exhaustive, est un problème logique le plus souvent indécidable, au sens que les mathématiciens attribuent à ce terme depuis les travaux de Gödel. On n'est donc jamais sûr que le degré d'ordre attribué à un système est vraiment le degré maximal qu'on puisse lui attribuer. Mais le fait qu'on ne puisse pas, au-delà de toute incertitude, déterminer le degré d'ordre d'un système n'enlève pas à la notion d'ordre le droit de figurer dans l'arsenal de nos concepts théoriques objectifs.

Jusqu'à un passé récent, on pensait que la loi de l'entropie croissante reflétait la tendance des systèmes à adopter l'état d'équilibre thermodynamique, caractérisé par le désordre maximal de ses composants dans les divers degrés de liberté qui leur sont offerts. En conséquence le monde, dans son ensemble, roulait inéluctablement vers sa déstructuration et sa désorganisation totales. L'Univers semblait promis à une fin terrifiante, tiède et grise. L'on comprenait la vie comme un défi désespéré lancé à la loi de l'entropie croissante, une tentative inlassable et finalement vaine pour en remonter la pente, à l'exemple du mythe de Sisyphe. Dans *L'Évolution créatrice*, Bergson s'est fait le chantre le plus fervent de cette présentation, quoiqu'il n'en partageât pas la conclusion pessimiste d'un Camus. Depuis une vingtaine d'années, on a compris (grâce au développement de la thermodynamique des processus irréversibles) que l'édification des systèmes complexes ne contredit pas la loi de l'entropie croissante, qu'elle s'appuie en fait sur elle. Ce sont les mécanismes de cette autocomplexification, qui profite des vertus du hasard, que nous devons maintenant examiner.

L'ordre par le bruit

Les systèmes rencontrés dans la nature qui adoptent spontanément une structure complexe, qu'ils soient vivants ou inertes, doivent payer un prix pour édifier et maintenir cette complexité. La thermodynamique leur interdit de puiser à l'intérieur d'eux-mêmes les ressources indispensables. Pour édifier leur complexité, ces systèmes doivent être ouverts et trouver dans le hasard extérieur l'inspiration nécessaire pour construire : c'est le principe de l'ordre par le bruit. L'ordre vivant ne s'apparente pas à la géométrie figée du cristal, mais à celui constamment renouvelé des volutes de fumée, comme l'indique fort poétiquement Henri Atlan[11]. Mais la question reste posée : comment le bruit peut-il insuffler l'ordre, s'il n'est pas lui-même potentiellement porteur d'un principe organisateur ?

A ce point, il nous faut d'abord dissiper un malaise. La création d'ordre à partir du bruit ne possède en elle-même aucun caractère paradoxal. Au chapitre suivant, sacrifiant à une terminologie malheureuse consacrée par l'histoire, on identifiera l'ordre avec une information (au sens 1). Il ne faut pas perdre de vue que cette information est définie en *dehors de tout sens sémantique*. Donc l'ordre créé par le bruit est sémantiquement neutre. Il n'y a pas dans ces systèmes de création de *sens*, et de ce point de vue l'homme, produit de l'évolution des systèmes vivants suivant le principe de créa-

11. H. Atlan, *Entre le cristal et la fumée*, Le Seuil, Paris, 1979.

tion d'ordre par le bruit, est nécessairement aussi absurde que le hasard lui-même, comme le voyaient Camus et Monod. Une discussion complète de cette situation n'est cependant possible qu'après avoir approfondi la notion d'information. Elle confirmera qu'il y a bien homogénéité, et non différence de nature, entre information et bruit.

Une autre caractéristique de l'ordre, dans la mesure où cette notion s'oppose au désordre, est qu'elle suppose l'existence de corrélations. Prigogine et Stengers illustrent très bien cette idée. « Longtemps la turbulence s'est imposée à nous comme l'exemple par excellence du désordre. Au contraire, le cristal est apparu comme la figure de l'ordre... Nous sommes désormais en mesure de modifier ces jugements. Nous savons aujourd'hui que nous devons comprendre le régime turbulent comme "ordonné" : les mouvements des deux molécules situées à des distances macroscopiques, qui peuvent se mesurer en centimètres, sont en effet corrélés. Au contraire, les atomes qui forment un cristal vibrent autour de leur position d'équilibre de façon incohérente : le cristal est désordonné du point de vue de ses modes d'excitation[12]. » On comparera ici la position de Prigogine et Stengers avec celle de Thom, et l'on comprendra l'étendue des malentendus *sémantiques* !

Bruit et auto-organisation

Deux caractères parmi d'autres distinguent les systèmes complexes vivants. D'un côté, comme l'avait déjà remarqué F. Jacob dans *La Logique du vivant*, ces systèmes sont organisés en paliers successifs relativement autonomes, les « intégrons » : noyau, organites, cellule, organe, système, organisme. Chaque intégron comporte un réseau interne de systèmes régulateurs de son métabolisme. Mais d'un autre côté, chaque intégron est cependant loin d'être clos, fermé

12. I. PRIGOGINE et I. STENGERS, *Entre le temps et l'éternité*, Fayard, Paris, 1988, p. 51.

sur lui-même : il est, d'une façon essentielle à son développement et à sa survie, ouvert vers l'extérieur, avec lequel il échange matière, énergie et entropie. Plusieurs auteurs (Henri Atlan, Edgar Morin, Francisco Varela) ont été frappés par l'observation que le bruit était nécessaire pour que les systèmes vivants complexes puissent édifier leur propre complexité.

Dans *Entre le cristal et la fumée*, Atlan explique que dans un système complexe avec plusieurs niveaux d'intégration, la transmission d'information entre deux sous-ensembles d'un même système peut se faire avec des erreurs qui, du point de vue de la transmission d'information, constituent une perte de la fidélité du message ; mais du point de vue de l'organisme intégré, cette perte implique plutôt une diminution de la redondance liée à la répétition des unités présentes à chaque niveau d'intégron, et, partant, une augmentation de la complexité et du degré d'organisation de l'organisme. Il résume ainsi son étonnement devant la constatation que le vivant se développe et se nourrit d'erreurs. « Mais que sont ces erreurs ? D'après ce que nous venons de voir, à cause même de leurs effets positifs, elles ne semblent plus être tout à fait des erreurs. Le bruit provoqué dans le système par les facteurs aléatoires de l'environnement ne serait plus un vrai bruit à partir du moment où il serait utilisé par le système comme facteur d'organisation. Cela voudrait dire que les facteurs de l'environnement ne sont pas aléatoires. Mais ils le sont. Ou plus exactement, il dépend de la réaction ultérieure du système par rapport à eux pour que, *a posteriori*, ils soient reconnus comme aléatoires ou partie d'une organisation. *A priori* ils sont en effet aléatoires, si on définit le hasard comme l'intersection de deux chaînes de causalité indépendantes : les causes de leur survenue n'ont rien à voir avec l'enchaînement des phénomènes qui a constitué l'histoire du système jusque-là[13]. »

Étrange puissance du hasard en effet ! De lui l'ordre se nourrit. Serait-ce que la notion de désordre serait plus riche

13. H. ATLAN, *op. cit.*, p. 56.

que celle de hasard, comme le suggère Morin[14] ? Ou que le hasard lui-même, non tel qu'on l'imagine dans le carcan de nos théories, mais tel qu'on le rencontre dans la nature, serait plus riche qu'on ne le croit ?

14. E. MORIN, *Science avec conscience*, Fayard, Paris, 1982, p. 104.

11

Entropie et information

Parler d'équivalence entre entropie et information est l'un des plus grands malentendus de l'histoire de la cybernétique. De nombreux auteurs ont attiré l'attention sur cette incongruité[1]. En 1940, jeune chercheur de vingt-quatre ans à Princeton, Claude Shannon débroussaillait les principes de la théorie de l'information. Il n'était pas, au départ, très emballé à l'idée d'utiliser le terme *entropie* dans ce contexte. Il pensait que celui d'« incertitude sur un message » serait moins ambigu. C'est, rapporte Jeremy Cambell[2], John Von Neumann, l'un des principaux fondateurs de la cybernétique, qui le persuada, en lui disant : « Puisque personne ne comprend ce qu'est l'entropie, en utilisant ce mot vous aurez dans

1. Voir par exemple H. ATLAN, *op. cit.*, p. 64 ; J. M. JAUGH et J. G. BARON, *Helvetica Phys. Acta*, 1972, n° 45, p. 220 ; C. JUTTEN, *Mesures des entropies associées à l'influx nerveux*, thèse non publiée, INPG, Grenoble, 1981, p. 35 ; C. ROGGIO, *Aspects épistémologiques de théories physiques utilisées dans l'interprétation des phénomènes biologiques. La théorie de l'information et le second principe*, thèse non publiée, faculté des sciences, Orsay, 1977 ; J. TONNELAT, *Thermodynamique et biologie*, Maloine, 1977, p. 205.

2. J. CAMBELL, *The Grammatical Man*, Simon et Schuster, New York, 1982, p. 32.

tous les débats l'avantage sur votre adversaire ! » Une telle défiance à l'égard du concept d'entropie surprend dans la bouche d'un physicien mathématicien aussi rigoureux. Je crois, avec bien d'autres, qu'il est possible et nécessaire de donner un statut purement objectif à l'entropie, en en limitant l'usage à un contexte thermodynamique[3]. Bien sûr, cela suppose que l'on accepte d'attribuer un statut objectif à la chaleur, donc au désordre moléculaire, et donc au hasard. Tout se tient !

En poursuivant l'idée originale de Boltzmann sur les rapports entre entropie et désordre, on en est venu à considérer que l'entropie était une mesure du décalage existant entre nos connaissances sur l'état d'un système et son état réel, et donc un reflet du caractère grossier et approximatif de nos mesures. Selon cette idée, de même que l'entropie d'un système croît quand on suit son évolution au cours du temps, de même les détails de notre connaissance de son état dynamique réel s'estompent et notre incertitude à son sujet augmente. On peut montrer que l'augmentation de l'entropie d'un système macroscopique ne peut être reliée à la perte d'information sur l'état réel de ce système au cours du temps, qu'à condition d'admettre notre incapacité de déterminer parfaitement au départ l'état réel du système. Certes, en pratique c'est bien ainsi que les choses se passent. Sauf cas exceptionnel, on ne détermine jamais l'état d'un système qu'à une certaine incertitude près. Et, du fait de l'évolution naturelle du système, cette incertitude de départ sur l'état du système s'amplifie au cours du temps, tant qu'une nouvelle mesure n'intervient pas. En revanche, une détermination parfaite de l'état initial permettrait de prédire parfaitement l'état du système à tout moment ultérieur, sans aucune perte d'information. Pour justifier du point de vue théorique notre incapacité de déterminer parfaitement l'état d'un système, certains font remarquer que nos instruments de mesure sont trop grossiers pour descendre au-delà d'une échelle de précision donnée ; d'autres, que notre esprit est de toute façon

---

3. R. Lestienne, *op. cit.*, p. 127.

incapable de prendre en compte l'énorme quantité de détails qui deviennent accessibles avec des instruments de plus en plus puissants. L'équivalence entre augmentation de l'entropie et perte de l'information est le principal résultat obtenu par ces approches dites « macroscopiques » ou « grossières » *(coarse graining)* de l'information accessible sur un système. Dans un monde où la finesse de l'information, la perfection des mesures ne sont pas limitées, l'information acquise ne se perdrait pas. On peut même montrer (c'est l'objet du théorème fondamental de la thermodynamique statistique, dit « théorème de Liouville ») qu'au cours de l'évolution naturelle d'un système, elle se conserverait rigoureusement.

Il reste que l'entropie des systèmes physiques suit effectivement un cours inexorablement croissant, parallèle à la perte d'information grossière. Une manière de comprendre ce parallélisme serait de donner au concept d'entropie une interprétation purement subjective, comme l'ont proposé nombre de théoriciens de la mécanique statistique. On ne les suivra pas dans cette voie, dangereusement ouverte sur un syncrétisme entre la physique et la métaphysique, même si je suis prêt à admettre qu'en certaines circonstances les bilans entropiques doivent tenir compte en effet, comme le voulait Léon Brillouin — le continuateur français de Shannon et de Von Neumann —, des réserves d'entropie négative existant sous la forme d'information (voir *infra*). L'entropie, grandeur thermodynamique liée aux échanges de chaleur, puise sa justification dans l'agitation hasardeuse des atomes, non dans des principes mentaux d'ordre ou d'information subjective, particuliers à chaque observateur. Selon l'intuition si forte de Sir Arthur Eddington, l'accroissement de l'entropie d'un système quelconque, fût-il aussi petit qu'un ciron pascalien, est vraisemblablement lié à l'interaction inévitable de ce système avec le monde extérieur[4]. Par exemple, les

4. Eddington pensait fermement que l'augmentation d'entropie dans les phénomènes à notre échelle était le reflet de l'expansion de l'Univers. Voir A. EDDINGTON, *New Pathways in Science*, MacMillan, 1935, p. 68. Voir aussi R. LESTIENNE, « Entropie, temps mécanique et flèche cosmologique », *Scientia*, 1980, vol. 115, p. 337-358.

influences extérieures imposent peut-être une certaine distribution des degrés de liberté internes des constituants les plus fins du système (à l'instar du chaos moléculaire de Boltzmann), ce qui dès lors entraîne un accroissement futur de l'entropie. La théorie de tels mécanismes, il n'est point besoin de le dire, n'a pas encore été totalement développée.

Les deux types d'information cybernétique

Les débats sur la façon de mesurer l'information dans les systèmes physiques témoignent pour le moins de grandes confusions. Tout comme pour la notion d'ordre prise dans son sens subjectif, la notion d'information présuppose souvent qu'on traite d'un système ayant des niveaux relativement autonomes de description. Heureusement, la nature abonde d'exemples de ce type : elle nous a fourni le niveau des particules « élémentaires », celui des atomes, des molécules, des objets enfermés par une surface externe. Le nombre de niveaux possibles de description des systèmes vivants n'est pas moins impressionnant : il y a l'ADN et autres macromolécules chimiques, les organites cellulaires, la cellule, l'organe, l'individu.

Une part non négligeable de la confusion provient aussi des conventions adoptées par Shannon et Brillouin dans leurs travaux pionniers, qui ont identifié l'information à l'entropie (l'une et l'autre s'évaluant à partir de la formule $S = -k\Sigma p \operatorname{Log} p$, avec chez Brillouin le signe inverse pour l'information).

Mais, comme Jean Tonnelat le fait remarquer : « Contrairement à ce qu'on trouve écrit, [...] un système ne connaît pas son propre état et il ne possède pas une "information" qui serait présente mais inexprimée[5]. » En revanche, il peut y avoir dans sa structure interne, un certain ordre dont on a vu au chapitre précédent une évaluation possible. Une telle

5. J. TONNELAT, *Thermodynamique et biologie*, t. II, Maloine, Paris, 1978, p. 156.

remarque reste vraie au niveau biologique, et ce n'est que par un abus de langage que l'on peut parler de « l'information contenue dans le code génétique » par exemple.

Puisque cependant l'histoire a consacré l'usage du mot *information* dans ce contexte, il convient au moins de distinguer deux catégories d'« information », tout en prenant soin de préciser qu'en cybernétique aucune considération de « sens » (sémantique) n'est prise en compte :

a. Quand on parle d'information contenue dans un message, ou dans un acide nucléique, ou dans un objet quelconque, on veut parler de l'information qui serait nécessaire pour décrire le système sans ambiguïté (ou pour le reconstruire à partir de ces éléments, comme dans un jeu de *Lego*). Une telle définition demande que l'on précise, au départ, à quelle échelle la description se situe (atomes, nucléotides, etc.), ou, en d'autres termes, quel alphabet d'éléments on se propose d'utiliser pour le reconstruire. Je réserverai à ce sens le nom d'information « au sens 2 », notée brièvement $information_2$. On pourra aussi parler d'« information manquante », d'« information relative », ou même en abrégé simplement d'information si l'on s'abstient d'utiliser ce terme dans d'autres contextes ;

b. D'un autre côté, on trouve de plus en plus souvent dans la littérature une autre information, qui ne demande pas qu'on définisse l'échelle de description, et c'est une grandeur purement objective. Elle rejoint en fait la notion d'ordre considérée au chapitre précédent. On pourrait l'appeler, par un clair abus de langage, l'« information absolue » du système, ou « $information_1$ ». L'utilisation des concepts d'« ordre » ou surtout de « complexité » me paraît bien meilleure dans ce contexte. Mais si l'on tient au terme d'information, il faut de toute façon distinguer ce cas d'utilisation du précédent.

Ainsi, David Layzer écrit : « Je définis l'information **I** associée à une description statistique d'un système par la formule : $\mathbf{I} = H_{max} - H$, où H est l'entropie et H_{max} est la valeur maximale que peut prendre H compte tenu des contraintes[6]. Et d'ajouter : « Certains auteurs (tel Brillouin) définissent l'information simplement comme la néguentropie $-H$. La différence entre cette définition et la présente est importante parce que H_{max} n'est pas en général constante au cours d'un processus générateur d'information. Il augmente ou diminue quand le nombre d'états accessibles pour le système augmente ou diminue. »

C'est cette définition qu'applique par exemple Hubert Reeves quand il décrit l'information créée pendant la phase de nucléosynthèse cosmique, cette période proche du big bang pendant laquelle les noyaux atomiques se sont formés par assemblage ou « fusion » de particules élémentaires. Le plus stable de tous les noyaux atomiques est le fer, et pourtant à cette phase l'immense majorité de la matière n'est pas créée sous la forme de ce métal, mais sous forme d'éléments légers comme l'hydrogène et l'hélium. L'Univers n'est donc pas, *ipso facto*, dans son état d'entropie maximale.

« Les réactions nucléaires qui ont créé les noyaux d'hélium, pendant les premières minutes, ont émis dans l'espace un certain nombre de photons, écrit-il[7]. Absorbés et réémis par la matière ambiante, ces photons ont effectivement accru l'entropie cosmique. Mais d'une quantité bien inférieure à celle qu'on aurait obtenue si *toute* la matière avait été transformée en fer. » Et Reeves commente à ce sujet la notion de « sursis », de décalage entre l'apparition d'une néguentropie et sa dissipation. L'information qui apparaît dans la nucléosynthèse, explique-t-il, mesure en réalité la *différence* entre l'entropie maximale possible et celle qui est effectivement réalisée par les forces de nucléosynthèse à tel ou tel moment de l'histoire du big bang.

« Comme l'entropie nucléaire, l'information nucléaire, commente-t-il encore, est *nulle* avant la première minute. Elle apparaît grâce à l'incapacité de la force nucléaire à suivre le

6. On notera que la définition donnée par Layzer rejoint la définition d'Atlan de la redondance, ou plus précisément, du produit de la redondance par l'information maximale (H. ATLAN, *op. cit.*, p. 50).

7. H. REEVES, *L'Heure de s'enivrer. L'univers a-t-il un sens ?*, Le Seuil, Paris, 1986, p. 125.

rythme trop rapide de l'expansion et donner libre cours à sa puissance de liaison. Elle est détenue par tous les noyaux qui *ne sont pas* des noyaux de fer. »

L'idée de « sursis », de décalage entre l'entropie maximale et l'entropie réelle, a été exploitée vigoureusement par Brooks et Wiley dans leur présentation de l'évolution comme processus purement entropique, dans la mesure où la complexification des organismes (par acquisition de complexité grâce au mécanisme d'ordre à partir du bruit) laisse H_{max} croître beaucoup plus vite que l'entropie. Dans ces conditions, bien que l'entropie soit nécessairement croissante, conformément au deuxième principe de la thermodynamique, l'information des systèmes vivants — qu'on appelle parfois aussi leur néguentropie — croît également. Mais ces auteurs distinguent, indûment selon moi, deux phénomènes entropiques parallèles : l'évolution de l'information biologique spécifiant les traits historiques de la vie écologique d'une part, et la dégradation de l'énergie dans les flux d'énergie qui traversent les systèmes physiques ou biophysiques d'autre part[8].

En effet, contrairement à leurs affirmations, il n'est pas nécessaire de distinguer deux lois de l'irréversibilité, l'une qui porterait sur la dilution de l'information et l'autre sur la dissipation de la chaleur. La seule racine de l'irréversibilité est d'origine thermodynamique. Elle est physique et non mentale. Bien entendu, dans une deuxième étape les processus mentaux ou ceux qui mettent en jeu la mémoire peuvent ajouter une dimension nouvelle à cette irréversibilité, mais il est inutile de faire appel à eux à ce stade pour justifier l'irréversibilité en elle-même.

L'information mentale est un « garde-entropie »

Ces remarques ne visent pas à nier que l'information, même subjective, c'est-à-dire acquise par un être pensant, et l'entropie aient quelque rapport. Une personne informée est

8. D. R. Brooks et E. O. Wiley, *op. cit.*, p. 346.

une personne en situation d'agir, et elle peut utiliser cette faculté pour diminuer localement les accroissements d'entropie. Ainsi, lorsqu'on fait l'effort d'apprendre par cœur un texte, on peut ensuite le reproduire, et créer par là même des systèmes ordonnés de lettres, même si l'original est abîmé ou détruit (Michel Serres a coutume de dire joliment que chaque poème appris est une victoire sur la mort). De plus, notre faculté d'organisation nous permet, par notre seule volonté semble-t-il, de créer de l'ordre là où règne le désordre. Mémoire et volonté seraient donc des moyens de contrecarrer la loi de l'entropie croissante. En étudiant les relations entre information$_2$ (mesurée en bits, c'est-à-dire par le nombre de chiffres binaires nécessaires pour la coder) et entropie, Brillouin est arrivé en 1948 à la conclusion intéressante que ces deux grandeurs sont bien transformables l'une dans l'autre (à une constante de proportionnalité près assurant l'homogénéité des variables), mais que pour un système fermé la somme information$_2$ + entropie (avec des conventions de signe convenables) n'en restait pas moins inéluctablement croissante.

L'information$_2$ est donc un moyen de différer un accroissement d'entropie, d'améliorer provisoirement les bilans sans pouvoir toutefois en retourner le cours inéluctable. La volonté permet bien d'organiser la matière en utilisant une information$_2$ préalablement acquise, mais cette information$_2$ elle-même a demandé, pour être constituée, une dépense d'entropie supérieure à l'ordre finalement créé.

L'un des épistémologues contemporains qui a le plus réfléchi aux relations entre entropie et information dans ce sens est Olivier Costa de Beauregard. Comme il l'a souligné fort justement[9], le fait remarquable dans tout cela est l'extraordinaire petitesse de la constante de transformation de l'information$_2$ en diminution d'entropie (ou néguentropie), en termes de nos étalons familiers : k Log2 est voisin de

9. O. COSTA DE BEAUREGARD, « Récents progrès dans l'analyse de l'irréversibilité physique », in *Sadi Carnot et l'essor de la thermodynamique*, CNRS, Paris, 1976, p. 420.

10^{-23} J deg^{-1} bit^{-1}. Autrement dit, il faut 10^{23} bits d'information (l'équivalent de plusieurs milliards de milliards de pages de texte !) pour mettre en réserve un seul Joule par degré d'entropie (l'entropie apportée quand on chauffe une casserole d'un litre d'eau prise à la température ordinaire d'un peu moins d'un dixième de degré !). De ce fait, acquérir une $information_2$ est très bon marché en termes de néguentropie, mais produire de la néguentropie (organiser la matière) coûte très cher en termes d'$information_2$. Toute notre vie sociale, constate Costa de Beauregard, est colorée par ce simple fait : une mesure physique quelconque, même si elle nous apprend beaucoup de choses sur un système, n'augmente que relativement peu l'entropie de l'environnement[10] ; c'est pourquoi nous accumulons si volontiers des volumes d'information. En revanche, diminuer l'entropie d'un système en le rendant plus organisé qu'il n'était demande des quantités d'information rapidement phénoménales (c'est ce qu'efforce de faire le démon de Maxwell, sans y parvenir réellement). On n'y « regarde » pas à dégrader de la néguentropie pour diffuser de l'$information_2$ sous forme de prospectus que beaucoup de destinataires s'empressent de jeter au panier. D'un autre côté, note encore Costa de Beauregard, l'un des principaux moyens de réduire le coût de la production en série est de réduire la part de travail humain, car l'intervention volontaire coûte toujours très cher en énergie et en entropie.

« Ainsi, constate cet auteur, la petitesse même de la constante k, ou k Log2, en unités pratiques, exprime une situation existentielle où l'observation est aisée et l'action difficile : la situation irréversible de fait, mais réversible de droit, décrite par le principe de Carnot, où la causalité l'emporte sur la finalité. »

« Qu'arrivera-t-il si l'on passe à la limite $k \to 0$? L'on décrit une situation caricaturale où l'observation est rigoureusement

---

10. En 1959, Léon Brillouin, illustrant son principe d'équivalence entre information et entropie, a montré que toute mesure physique s'accompagne inévitablement d'une augmentation d'entropie du système global appareil de mesure/système/environnement.

gratuite et l'action tout à fait impossible, théorie qui a eu son heure de gloire sous le nom de "théorie de la conscience épiphénomène". La cybernétique, quant à elle, a fait la découverte importante qu'*on ne peut rien avoir pour rien, pas même une observation* (Gabor). Elle a fait payer sa place de spectateur — pour une somme très modique — à la conscience, mais du même coup elle l'a libérée et lui a permis d'être aussi actrice. »

En résumé, retenons ceci : les accroissements d'entropie peuvent s'interpréter comme des gains d'information$_2$ *que nous pourrions obtenir si nous savions dans quel état (exprimé en termes de l'alphabet employé pour décrire le système au niveau considéré) le système se trouve réellement.* L'emploi d'un énoncé relatif à une expérience que nous pourrions en principe faire, mais que nous n'avons pas besoin de faire vraiment, nous permet de nous affranchir de la question de savoir comment, concrètement, nous procéderions pour obtenir une telle information, qui reste donc à l'état potentiel. C'est une information non réalisée.

Il est aisé de montrer, en thermodynamique statistique, que les capacités calorifiques des gaz monoatomiques (leurs chaleurs spécifiques à température ou à volume constants, qui sont expérimentalement mesurables) ont exactement la valeur prescrite par la théorie de Shannon-Brillouin, de manière à correspondre à la perte d'information entraînée par ces processus. En effet, l'expansion isotherme du gaz augmente l'incertitude sur la position des atomes de gaz individuels, et le chauffage à volume constant élargit la dispersion de leurs vitesses. Un autre exemple est fourni par la désintégration d'une substance radioactive. J'ai déjà eu l'occasion de relever ailleurs[11] qu'une partie au moins de l'augmentation d'entropie observée au cours de ce phénomène pouvait très bien s'interpréter en notant que cette transformation s'accompagne de l'apparition, au sein de l'échantillon initial homogène, d'une nouvelle espèce d'atomes, résidus des ato-

11. Voir R. LESTIENNE, « Caractères de la durée physique, II, Mesure du temps », *Scientia*, 1972, vol. 107, p. 278.

mes désintégrés. Les compteurs habituellement utilisés dans ce genre d'expérience nous indiquent combien d'atomes se désintègrent à chaque unité de temps, mais ils ne nous indiquent pas lesquels. Si bien qu'au sein de la substance radioactive apparaît une ambiguïté nouvelle, concernant la nature désintégrée ou non de chaque atome particulier de l'échantillon initial. L'information manquante qui en résulte correspond, d'après la théorie de Shannon, à une augmentation minimale de l'entropie thermodynamique dans ce processus.

Henri Atlan a consacré à l'usage qualitatif et quantitatif de la notion d'information$_2$ en biologie l'une des études les plus complètes et pertinentes[12], dont il ressort qu'à chaque fois l'information dont on parle est une information « qu'un observateur devrait avoir » pour décrire une situation ou reconstruire un système à partir de ses composants. Cette position clarificatrice lève l'incertitude sur le statut de l'information contenue, par exemple, dans une molécule d'ADN et son rapport avec l'entropie.

L'information ne se perd pas, mais elle change d'échelle

Contrairement à l'information macroscopique ou relative, l'information au sens 1 ne se perd pas, dans la mesure où le futur d'un état parfaitement identifié est parfaitement déterminé.

Pour mieux comprendre ce fait et ses rapports avec la perte d'information au sens 2, nous sommes obligés ici de rentrer un peu dans les détails de la démonstration, que nous garderons cependant aussi peu technique que possible.

Lors de l'évolution naturelle d'un système physique, la quantité d'information « microscopique » nécessaire pour décrire son état reste constante au cours du temps. Ce résultat est en fait implicitement contenu, comme nous l'avons déjà dit, dans le théorème de Liouville. Il est exact, cependant,

12. H. Atlan, *L'Organisation biologique et la théorie de l'information*, Hermann, Paris, 1972, chap. 9.

que dans beaucoup de situations concrètes la *qualité* de l'information change : l'information nécessaire pour spécifier l'état initial est de nature *macroscopique* (par exemple, le fait que toutes les molécules d'une goutte d'encre que l'on se prépare à déposer dans un verre d'eau soient rassemblées dans un même petit volume v simplifie énormément la description macroscopique de la situation), tandis que celle qui est nécessaire pour spécifier l'état final est *microscopique* (pour décrire la situation de la goutte après diffusion dans l'eau du verre, on ne peut échapper à l'énumération fastidieuse de la position de chaque molécule individuelle). En bref, une description absolument précise de la situation initiale est non seulement généralement impossible, mais tout à fait inutile en pratique. Dans ce cas, la description grossière de l'état initial ne permet pas une description au même degré d'approximation de l'état final : les incertitudes tendent toujours à augmenter.

Le premier élément essentiel pour rendre compte de l'irréversibilité est une supposition statistique à propos des états initiaux des systèmes macroscopiques. En pratique, cela consiste à dire que tous les états microscopiques compatibles avec des conditions macroscopiques données (température, pression, etc.) sont également probables. D'une façon plus lapidaire, cela revient à dire que dans leur état initial, au moment où on les isole pour étudier leur comportement, « les systèmes naturels ne possèdent pas de micro-information ». Par exemple, des informations très détaillées sur les corrélations existant entre les molécules d'un gaz parfait ne sont pas utiles pour caractériser l'état initial, comme ne le sont pas également la connaissance des phases relatives des fonctions d'onde représentatives de chacun des systèmes d'un ensemble en mécanique quantique.

Ensuite, le raisonnement utilise les deux arguments suivants, dont le premier confirme que l'information globale ne change pas, et le second montre qu'elle change d'échelle, passant du niveau macroscopique au niveau microscopique :

a. Considérant que l'état fin du système n'est pas connu, à chaque état microscopique k on associe une probabilité p_k.

C'est le *principe d'incertitude microscopique*. Ce principe est nécessaire mais non suffisant, car le théorème de Liouville dit que la probabilité p_k ne change pas au cours du temps. En d'autres termes, il est toujours possible d'associer sans équivoque chaque état final possible à un état initial également possible. Par suite l'entropie formelle $H = \Sigma_k p_k \text{ Log } p_k$ reste constante au cours du temps.

b. Dans la seconde étape, on utilisera le *principe d'incertitude macroscopique*. Un tel principe a été proposé par Williard Gibbs sous le nom maintenant classique dans les cercles de thermodynamiciens statisticiens de *coarse graining*. Dans cette procédure, chaque macroétat α est en fait un groupe de microétats i entre lesquels on se déclare incapable de distinguer. Les probabilités p_α sont données par la somme sur les microétats appartenant au même macroétat α, des probabilités p_i correspondantes. Dans ce cas, un raisonnement très simple permet d'écrire l'information sous la forme de deux termes, l'un ($\overline{H}$) relatif à l'information macroscopique et l'autre (H') relatif à l'information microscopique[13].

Puisque l'information totale reste constante, $\overline{H}$ et H' doivent varier en sens inverse. Et puisque, comme nous l'avons vu plus haut, l'accroissement de l'entropie thermodynamique est parallèle à la diminution de l'information macrosco-

---

13. On définit la macro-information par la formule naturelle :

$$\overline{H} = -\Sigma\alpha \; p\alpha \text{ Log } p\alpha,$$

calquée sur la définition usuelle de l'entropie statistique, mais appliquée aux macroétats.

Posant $H = \overline{H} + H'$, il vient :

$$H' = \Sigma\alpha \; p\alpha \left[-\Sigma_{i\epsilon\alpha} p_{i/\alpha} \text{ Log}(p_{i/\alpha})\right] = \Sigma_\alpha p_\alpha H_\alpha \quad \text{(éq. 1)}$$

où $p_i = p_{i/\alpha} p_\alpha$. Par définition, nous appellerons H' « l'information microscopique ».

Un exemple numérique permettra de mieux fixer les idées. Considérons un système pouvant prendre quatre états microscopiques, chacun d'eux étant affecté des probabilités suivantes : $p_1 = 0{,}1$; $p_2 = 0{,}2$; $p_3 = 0{,}3$; $p_4 = 0{,}4$. Supposons que nous nous déclarions incapables de distinguer, au niveau macroscopique, entre les états (1) et (2), d'une part, et entre les états (3) et (4), d'autre part. L'indice macroscopique α peut prendre deux valeurs, affectées des probabilités 0,3 et 0,7, respectivement. A l'intérieur du groupe ($\alpha = 1$), les probabilités $p_{i/\alpha}$ prennent les valeurs 1/3 et 2/3, respectivement. A l'intérieur du groupe ($\alpha = 2$), les probabilités $p_{i/\alpha}$ prennent les valeurs 3/7 et 4/7. Dans ces conditions, l'entropie formelle $H = -\Sigma p_k \text{ Log } p_k$ vaut 1,2799. On vérifiera facilement que l'information macroscopique $\overline{H}$ vaut 0,6109 et l'information microscopique H' calculée selon l'équation (1) ci-dessus, 0,6690. Comme on peut le vérifier également, on a bien $H' = H - \overline{H}$.

pique, l'information microscopique doit être croissante. L'entropie doit donc « couler » des degrés de liberté macroscopique vers les degrés de liberté microscopique. Cette situation a été admirablement résumée par Émile Borel, en 1914[14] : « L'évolution de l'Univers pourrait être ainsi conçue comme tendant à produire un état de plus en plus compliqué, ne pouvant être perçu et utilisé que par des êtres de plus en plus petits. »

Les rapports entre entropie et information sont au cœur de nouveaux et récents travaux. Une série d'articles de W. Zurek, du laboratoire de Los Alamos, confirme les résultats précédents, en partant d'une nouvelle définition de l'entropie, qui introduit en physique une forme du théorème d'incomplétude de Gödel. Les travaux de cet auteur permettent d'introduire explicitement l'observateur et l'information qu'il acquiert au cours des actes de mesure auxquels il se livre[15].

Concevoir une source objective d'information

L'augmentation d'entropie telle que la décrit la thermodynamique classique n'est donc atteinte, en réalité, qu'au terme de deux étapes[16]. Dans la première étape, l'information change d'échelle sans se perdre réellement. A cette étape l'augmentation d'entropie est seulement apparente ou subjective : elle n'existe qu'autant que nous introduisons, dans la théorie, des limites à la description fine des systèmes, limites liées aux capacités elles-mêmes limitées de nos moyens d'investigation[17]. Mais dans un deuxième temps, cette aug-

14. É. Borel, *Le Hasard*, Alcan, Paris, 1914.

15. Voir W. Zurek, « Atomic Randomness and Physical Entropy », *Phys. Rev. A* , n° 8, 1989, vol. 40, p. 4731-4751.

16. Cf. R. Lestienne, « A la mémoire de Ludwig Boltzmann ; l'entropie est-elle objective ? », *Fundamenta Scientiae*, 1987, vol. 8, p. 173-184. Voir également *Les Fils du temps, op. cit.*, p. 181 *sqq.*

17. L'asymétrie entre les problèmes de prédiction et ceux de rétrodiction peut être facilement comprise quand on garde en mémoire l'interprétation de l'entropie en termes d'information. Dans une situation où l'entropie croît, l'information est progressivement perdue. La description macroscopique de l'état initial reste en

mentation d'entropie subjective acquiert un statut objectif, ontologique. Pour cela il faut imaginer qu'il existe dans l'échelle des informations une coupure. Un substrat dans lequel les corrélations cessent de devenir de plus en plus fines, mais se perdent purement et simplement. Si une telle coupure existe, l'information pourrait se diluer de façon irréversible dans cette « poubelle de corrélations ». Cette vilaine expression, forgée par Thomas Gold[18] manque sans doute de poésie. On pourrait lui préférer l'évocation d'un *Grand Chaos* universel, si le terme de chaos n'avait pas pris, ces dernières années, un sens particulièrement ambigu. Car il ne s'agit pas ici du chaos déterministe courtisé par les mathématiciens modernes (celui-ci n'est pas le royaume du hasard, mais seulement celui de ses apparences) ; il s'agit du Chaos originel de Platon, le substrat universel précédant la matière brute sur laquelle le Démiurge, selon ce philosophe, a exercé son art d'ordonnancement, et qui trouve son prolongement naturel dans le chaos moléculaire de Boltzmann.

L'idée de relier la croissance de l'entropie dans les phénomènes à notre échelle à l'expansion de l'Univers semble se heurter à la constatation que, globalement, cette expansion est un processus adiabatique[19], et n'entraîne donc pas d'augmentation d'entropie. Mais le fait que l'expansion de l'Univers n'entraîne pas une augmentation globale d'entropie n'est pas un argument définitif contre le lien suggéré. Il y a, de toute évidence, des phénomènes locaux d'accroissement d'entropie, comme l'agrégation des étoiles et des galaxies, qui dépendent manifestement de la dynamique de l'expansion universelle. En outre, le lien évoqué n'est sans doute pas à

---

tous temps suffisante. Au contraire, dans une situation pour laquelle l'entropie décroît, l'information augmente progressivement. L'information correspondant à l'état macroscopique bientôt ne suffit plus, il faut donc posséder une information microscopique (cf. P. C. W. Davies, *Physics of Time Assymetry*, Surrey University Press, Londres, 1974, p. 68).

18. T. Gold (Cornell University), *The Arrow of Time*, in *Onzième conseil de physique Solvay : « La structure et l'évolution de l'Univers »*, R. Stoops, Bruxelles, 1958, p. 86-87, parle en effet de « *sink of correlations* ».

19. Un processus est dit *adiabatique* lorsqu'il n'implique aucun échange de chaleur avec l'extérieur. L'Univers considéré dans son ensemble n'a pas d'« extérieur » avec lequel il pourrait échanger de la chaleur.

rechercher dans les mécanismes d'accroissement d'entropie aux diverses échelles que l'on pourrait considérer, mais précisément dans la diffusion de l'information des échelles macroscopiques vers les échelles microscopiques, que nous venons d'étudier. L'accroissement de l'entropie reposerait en définitive sur une question de structure du substrat universel, véritable « poubelle d'information ». Ne serait-ce pas là une propriété que l'on serait tenté d'attribuer au hasard ontologique dont nous cherchons les traces ?

De nos jours, c'est incontestablement l'astronome américain D. Layzer qui a repris à son compte de la façon la plus constante et systématique, et sans s'émouvoir outre mesure du scepticisme de ses collègues[20], cette idée de coupure dans l'échelle de l'information. Il l'a exposée en particulier dans son livre *Cosmogenesis*. On retrouvera ses idées au chapitre 13, mais il nous faut auparavant réfléchir ensemble sur de nouvelles manifestations du hasard naturel, cette fois-ci dans la physique microscopique.

20. Voir I. PRIGOGINE, « Talking Physics », *Nature*, 1983, vol. 304, p. 666.

12

L'indéterminisme quantique
la coupure entre réel en soi et réel pratique

Hasard par ignorance, ou hasard essentiel ?

Quelles sont l'origine et la signification profonde du hasard dans les théories statistiques ? Quelles limites l'usage d'instruments impose-t-il à notre connaissance de l'état réel des systèmes ? Boltzmann, Maxwell, Gibbs et les autres fondateurs de la théorie statistique classique avaient déjà dû affronter ces questions, bien avant l'invention de la mécanique quantique. Elles se posent d'une manière renouvelée dans cette théorie.

La différence introduite par la mécanique quantique, cependant, est de taille. Un système classique en équilibre instable se détermine toujours en raison de quelque influence, ne fût-ce qu'une fluctuation de température, même si cette raison échappe en fait à l'expérimentateur. Un système quantique se détermine sans raison, ou si l'on veut, en raison d'une « propensité » interne qui n'accepte point de détermination. Telle est, du moins, la position de la grande majorité des physiciens qui vivent dans la pratique quotidienne des laboratoires. La métaphysique qui sous-tend l'interprétation

« orthodoxe » de la mécanique quantique évoque à vingt siècles de distance le *clinamen* de Lucrèce. Le hasard fondamental réside dans les atomes eux-mêmes. Voilà qui ne manque pas de choquer plus d'un esprit rationaliste déterministe ! Mais comment ne pas s'émerveiller du fantastique pouvoir de prédiction de la théorie quantique, en dépit de fondements aussi étranges ? La théorie des probabilités quantiques ne fait pas qu'ébranler le déterminisme ; plus profondément encore elle ruine le réductionnisme. Ce en quoi elle ne fait que prolonger et radicaliser le mouvement amorcé au XIXe siècle par Maxwell[1]. C'est pourquoi certains esprits tels René Thom, nostalgiques de l'enthousiasme laplacien, résistent farouchement et ne veulent à aucun prix lui rendre les armes.

A vrai dire, le patronage évoqué de Lucrèce pour l'invention du hasard quantique doit être fortement nuancé. Il n'est pas nécessaire, en mécanique quantique, d'affirmer que le hasard fondamental réside dans les atomes *en eux-mêmes*, mais plutôt *en tant qu'ils se manifestent à nous*. L'objet quantique n'est ni une onde ni une particule dont on ignorerait l'état réel, mais quelque chose qui n'a aucune propriété (sauf peut-être celle d'être) avant que l'on définisse les moyens d'investigation auxquels on souhaite le soumettre. Les grandeurs, telles que position, quantité de mouvement, ou composantes du moment angulaire, ne peuvent s'appliquer à ces objets, en dehors des situations concrètes. Telle est du moins la leçon fondamentale enseignée par Niels Bohr dès 1927, et aujourd'hui acceptée par une grande majorité des physiciens.

---

1. L'énergie cinétique d'une molécule donnée, insistait Maxwell dans son débat contre Quetelet, n'a que faire de la donnée de l'énergie cinétique *moyenne*. Cette dernière est une propriété collective qui n'a précisément pas de contrepartie au niveau des molécules individuelles, et c'est l'existence de cette coupure qui caractérise, au fond, l'esprit du probabilisme, en rupture avec le réductionnisme.

Les principes de la mécanique quantique*

La mécanique quantique prédit, avec une précision fabuleuse, les résultats de nos observations sur le comportement de systèmes atomiques ou nucléaires et les propriétés des matériaux. Depuis sa création dans les années trente, elle a accumulé succès sur succès, sans connaître encore un seul échec. Les principes généraux de cette théorie peuvent être regroupés en six points.

L'espace idéal de la mécanique quantique

La mécanique quantique est délibérément indéterministe : elle substitue à l'espace réel, en tant que domaine d'application de la pure causalité, un espace conceptuel, celui des « vecteurs d'état ». Un système microscopique donné est représenté conventionnellement par un objet mathématique, son vecteur d'état, que depuis les travaux de Dirac les physiciens représentent par un « ket » : $|>$.

Les kets se distinguent les uns des autres par les grandeurs qui caractérisent le système. Si une particule a une impulsion définie p, par exemple, elle est représentée par le ket $|p> = |p_x, p_y, p_z>$. Si elle a une position définie r, elle est représentée par le ket $|x, y, z>$.

Les grandeurs physiques en mécanique quantique

La dénomination de *mécanique quantique* indique que, dans cette théorie, les grandeurs physiques attribuées à un système microscopique (position, énergie, impulsion...) ne peuvent varier de façon arbitraire : certaines valeurs sont permises, mais d'autres sont interdites. Ainsi, par exemple, l'énergie d'un électron dans un atome d'hydrogène est *quantifiée* : il existe une série de valeurs possibles E_0, E_1, ... E_n..., mais les valeurs intermédiaires sont impossibles. La plus petite des valeurs autorisées de l'énergie, E_0, représente une limite au-dessous de laquelle l'énergie de l'électron ne peut descendre. Cette limite assure donc, en fait, la stabilité de l'atome.

Formellement, les valeurs autorisées des grandeurs physiques sont obtenues de la façon suivante. Chaque grandeur qui caractérise un système est représentée par un « opérateur » qui agit sur les kets en

* Texte adapté de R. Lestienne, rubrique « Mécanique quantique », *Encyclopédie Alpha*, Grange-Batelière, Paris, 1971.

les transformant les uns dans les autres. L'opérateur « énergie », E, par exemple, transforme le ket $| x, y, z>$ en un autre ket que nous désignerons conventionnellement par $| \Phi>$. On écrit :

$E \mid x, y, z> = \mid \Phi>$.

L'opérateur « composante selon Ox de l'impulsion », P_x, transforme le ket $| p>$ en lui-même, à une certaine constante près, qui est précisément l'impulsion p_x de la particule :

$P_x \mid p_x, p_y, p_z> = p_x \mid p_x, p_y, p_z>$.

D'une manière plus générale, toutes les grandeurs caractérisant un système quantique ne peuvent prendre que les valeurs pour lesquelles une équation semblable à l'équation ci-dessus (dite « équation aux valeurs propres ») est satisfaite. La grandeur A, par exemple, ne pourra prendre que les valeurs $a_0, a_1, \ldots a_n \ldots$, pour lesquelles il existe des kets $| a_i>$ tels que :

$A \mid a_i> = a_i \mid a_i>$.

Les kets $| a_i>$ qui satisfont l'équation ci-dessus sont appelés « vecteurs propres » de l'opérateur A, et la constante multiplicative a_i est appelée la valeur propre correspondante.

Le principe de superposition

En général, un vecteur d'état donné $| \Phi>$ n'est pas identifiable à l'un des « vecteurs propres » $| a_i>$ de l'opérateur A, mais il peut s'écrire comme une superposition — c'est-à-dire une somme — de vecteurs propres :

$| \Phi> = \Sigma\, \alpha_i \mid a_i>$, où les α_i peuvent être des nombres réels ou complexes (c'est-à-dire de la forme $a+ib$, où $i = \sqrt{-1}$).

L'interprétation de la mécanique quantique

Si le ket représentant le système quantique considéré est un vecteur propre de l'opérateur A représentant la grandeur A, par exemple $| a_k>$, la mesure de A sur le système donnera certainement la valeur a_k.

Si le ket représentant le système quantique est une superposition de vecteurs propres de l'opérateur A, par exemple $| \Phi> = \Sigma\, \alpha_i \mid a_i>$, la mesure de A sur le système peut donner l'une quelconque des valeurs propres contenues dans cette superposition. La probabilité p_i de trouver le résultat a_i est donnée par la relation :

$p_i = \alpha_i \alpha_i^*$,

où α_i^* est le nombre complexe conjugué de α_i (si $\alpha_i = a+ib$, alors $\alpha_i^* = a-ib$, et $p_i = a^2+b^2$ est toujours un nombre réel positif comme toute probabilité).

Le principe de réduction du paquet d'ondes

Si la mesure de la grandeur A sur un système quantique a donné la valeur a_i, le ket qui représente l'état de ce système aussitôt après la mesure est le ket $| a_i>$ correspondant, et cela quel qu'ait pu être le ket représentant le système avant la mesure. (Le nom donné à ce principe se réfère à l'ancienne mécanique ondulatoire, pour laquelle la fonction d'onde associée au système, tout comme son ket représentatif, change brutalement au cours de la mesure.)

L'équation de Schrödinger

En dehors de toute mesure, lorsque le système quantique est abandonné à lui-même, le ket $| \Phi>$ qui le représente évolue de *façon causale*, conformément à l'équation différentielle du premier ordre par rapport au temps :

$$i \hbar (d | \Phi>/dt) = H | \Phi>,$$

où H est l'opérateur correspondant à l'énergie totale du système (cette définition coïncide avec l'équation de Schrödinger écrite pour les fonctions d'onde de la mécanique ondulatoire).

Conséquences

Les axiomes de la mécanique quantique ont des conséquences surprenantes pour un cerveau formé dans l'esprit de la mécanique classique. Parmi les plus importantes de celles-ci, *l'indéterminisme de nos rapports avec la nature*, car il est évidemment impossible de suivre de façon strictement causale l'histoire d'un système microscopique : les mesures changent le ket représentatif du système d'une façon seulement prévisible en probabilité. Une autre conséquence importante est *l'indiscernabilité des particules identiques*, car nous ne suivons les trajectoires de chacune d'elles qu'à chacun des instants où nous en effectuons la mesure. Si donc deux particules identiques entrent en collision entre deux de ces instants, il est impossible de savoir laquelle des particules identifiée après la collision correspond à une particule donnée de l'état initial. L'impossibilité de décrire l'histoire des systèmes microscopiques identiques nous oblige à admettre que ceux-ci partagent en commun leur individualité. Enfin, on peut montrer que les *relations d'indétermination de Heisenberg*, qui fixent les limites de précision avec lesquelles on peut assigner simultanément à une particule élémentaire position et impulsion (ou d'autres couples de grandeurs dites « *complémentaires* »), sont des conséquences directes des axiomes précédents.

Le principe quantique de superposition, un défi pour la pensée classique

L'impossibilité générale d'attribuer à un objet quantique une valeur définie pour chacune des grandeurs qui pourrait le caractériser dérive du principe de superposition. En conséquence, la position d'une particule, par exemple, peut non seulement prendre n'importe quelle valeur dans les limites assignées par les parois du récipient où elle est enfermée, mais la particule elle-même peut être dans une *superposition d'états* correspondant chacun à une position donnée. Le « ket », qui dans cette théorie représente la particule, sera la somme des kets relatifs aux diverses positions possibles. La même chose peut être vraie pour l'impulsion de la particule, son moment angulaire, etc. Un exemple classique des manifestations concrètes de cette possibilité de superposition est fourni par la lumière polarisée : la lumière polarisée qui sort d'un polariseur linéaire (filtre polaroïde) est dans un état de superposition à part égale des polarisations circulaires gauche et droite. Inversement, la lumière circulairement polarisée émise par une transition atomique donnée est dans un état de superposition à part égale des polarisations linéaires définies par deux axes rectangulaires perpendiculaires à la direction de propagation de la lumière.

Pour prouver que les objets étudiés dans nos laboratoires se conforment bien à cette possibilité de principe, c'est-à-dire que les objets quantiques individuels sont bien en général dans un état de superposition (et qu'on n'a pas affaire tout simplement à des mélanges statistiques d'objets ayant chacun un état bien défini), il faut observer des figures caractéristiques des effets d'interférence entre les différentes composantes du ket représentatif d'un même système. De tels phénomènes (anneaux de diffraction, franges d'interférence) sont couramment observés en optique, quand différentes composantes d'une même onde additionnent leurs effets en un même point.

Des figures d'interférence produites à l'aide d'électrons

furent observées pour la première fois dès 1921-1923 par Clinton Davisson et Charles Kunsman aux Laboratoires Bell de New York, mais elles ne furent pas reconnues alors pour ce qu'elles étaient. En 1925, un jeune physicien, Walter Elsasser, qui avait lu le mémoire de de Broglie sur la possibilité d'ondes associées aux électrons[2], suggéra de les interpréter en tant que phénomène de superposition cohérente (diffraction). Quand il fit part de son interprétation à Einstein, celui-ci s'exclama : « Jeune homme, vous êtes assis sur une mine d'or[3] ! » Les expériences de 1921-1923 n'étaient pas suffisamment claires pour que leur interprétation échappât à toute discussion, mais quelques années plus tard, Davisson et son collègue Lester Germer, qui étudiaient la réflexion d'un pinceau d'électrons sur la surface d'un cristal, obtinrent des images absolument semblables aux figures de réflexion sur un réseau obtenues avec des ondes lumineuses, prouvant irréfutablement l'existence de la propriété de superposition dans le cas des électrons[4]. Au Royaume-Uni, George Thompson obtint de son côté de superbes images d'anneaux de diffraction, en faisant traverser un faisceau d'électrons au travers de minces feuilles de métal[5].

---

2. La formulation originale de la théorie en termes d'« ondes de de Broglie » est équivalente à la formulation plus moderne (due à Dirac) en termes de « kets ».

3. L'anecdote est rapportée par E. SEGRÉ, *Les Physiciens modernes et leurs découvertes*, Fayard, Paris, 1984, p. 209, en se référant aux *Memoirs of a Physicist* de W. ELSASSER.

4. C. J. DAVISSON et L. H. GERMER, *Phys. Rev.*, 1927, vol. 30, p. 707.

5. Le principe de superposition, introduit dans la description ondulatoire de la matière, a de telles conséquences épistémologiques que les créateurs de la théorie quantique n'en mesurèrent pas tout de suite l'immense portée. Dès 1927, ils discutèrent âprement de l'abandon du déterminisme classique. Niels Bohr fut le premier, semble-t-il, dans la réponse qu'il fit à l'article célèbre d'Einstein, Podolsky et Rosen (voir note 6), à suggérer que les propriétés de localité de la matière sont également, d'une façon non moins radicale, remises en cause. On peut énoncer la nouvelle situation de la façon suivante : *à partir du moment où deux systèmes quantiques ont interagi au moins une fois dans le passé, ils ne peuvent jamais plus être décrits par des kets indépendants.* C'est l'« inséparabilité quantique ». En pratique, cette propriété se traduit par des corrélations entre statistiques de résultats de mesures opérées sur les deux systèmes, aussi éloignés fussent-ils l'un de l'autre. Cette absence d'indépendance, si curieuse, a fait l'objet de nombreuses vérifications expérimentales très détaillées, en particulier grâce aux expériences conduites à l'Institut d'optique d'Orsay par Alain Aspect au début des années quatre-vingt. Depuis lors, l'« inséparabilité quantique » a beaucoup fait parler d'elle dans les cercles de physiciens et de philosophes des sciences (voir notamment à ce sujet les ouvrages de Bernard d'Espagnat). On laissera cependant ici cette question qui n'est pas directement liée à notre sujet.

Peut-on rejeter le principe de superposition ? Il faudrait imaginer que le ket qui décrit un système quantique, s'il décrit bien ce que l'on sait du système, ne représente pas tout ce que l'on pourrait savoir à son égard. C'était, en fait, le point de vue d'Einstein, qui développa des arguments dans ce sens dans l'article de 1935 qu'il signa avec Boris Podolsky et Nathan Rosen[6]. On essaya donc de développer des théories « à variables cachées », destinées à compléter la description en termes de kets. Grâce aux expériences sur la non-séparabilité, on sait aujourd'hui que ces variables cachées éventuelles ne pourraient qu'être non locales (leur valeur ne serait certainement pas déterminée seulement par ce qui se passe au voisinage immédiat du point considéré, mais aussi par des « influences » à distance). En raison de cette complication, cette ligne de pensée est aujourd'hui largement délaissée, si ce n'est par quelques chercheurs[7].

Récemment, des expériences détaillées ont d'ailleurs prouvé directement qu'un photon unique pouvait se trouver en même temps dans les deux branches distinctes d'un interféromètre[8]. Il semble donc que le principe de superposition repose sur des bases expérimentales désormais très solides. Or, ce principe nous entraîne tout naturellement à reconnaître que le hasard en mécanique quantique possède un statut bien particulier : il s'agit bien d'un hasard essentiel, et non pas d'un hasard d'ignorance. Car le photon qui, à la traversée d'un diaphragme, est décrit par une superposition d'ondes, n'est nullement contraint d'apparaître en tel endroit

---

6. A. EINSTEIN, B. PODOLSKY et N. ROSEN, *Phys. Rev.*, 1935, vol. 47, p. 777-780.

7. Voir par exemple René THOM, in *La Querelle de déterminisme*, Gallimard, Paris, 1990, p. 62 ; et D. BOHM, « A Suggested Interpretation of the Quantum Theory in Terms of Hidden Variables », *Physical Review*, 1952, vol. 85, p. 166-193 ; D. BOHM, B. J. HILEY et P. N. KALOYEROU, « An Ontological Basis for the Quantum Theory », *Physics Reports*, 1987, vol. 144, p. 321-375. Les auteurs de ces tentatives acceptent le principe de superposition mais cherchent à maintenir quand même le déterminisme. Ils n'échappent pas à la difficulté majeure d'avoir à considérer des grandeurs à caractère essentiellement non local.

8. L'expérience correspondante est rapportée par A. SHIMONY dans *Scientific American*, janvier 1988, p. 36 ; voir aussi R. LESTIENNE, *Les Fils du temps, op. cit.*, p. 140.

de l'écran plutôt qu'en tel autre. De la même manière, la particule instable qui est décrite par une superposition d'états non désintégré et désintégré n'est nullement contrainte de manifester la transition radioactive à tel moment plutôt qu'à tel autre.

Déterminisme et « réduction du paquet d'ondes »

Historiquement, la plus dure bataille qu'aient dû livrer dans les années trente les fondateurs de la mécanique quantique a été celle du déterminisme. L'indéterminisme dans cette théorie, c'est par exemple l'impossibilité radicale dont on vient de parler : celle de prédire à quel moment une particule radioactive va se désintégrer. Cet indéterminisme-là dépend d'un autre axiome de la théorie, le principe de réduction du paquet d'ondes. Le statut épistémologique de ce dernier fait encore aujourd'hui l'objet d'un débat passionné, parce qu'il semble difficilement réconciliable avec le déterminisme de la mécanique classique : comment les objets macroscopiques peuvent-ils obéir au déterminisme classique, alors qu'ils sont faits, en dernière analyse, d'objets microscopiques qui ne lui obéissent pas ?

Pour surmonter cette difficulté, plusieurs pistes s'offrent aux théoriciens. Peut-être la formulation de la mécanique quantique dans sa forme actuelle n'est-elle qu'une ébauche qui devra être revue, et la théorie qui la remplacera permettra de réconcilier déterminisme classique et la nouvelle théorie descriptive des systèmes microscopiques ? C'était l'espoir d'Albert Einstein. Peut-être est-ce la mécanique classique qu'il faudrait ranger dans le tiroir réservé aux simplifications excessives, une théorie très belle en principe mais inapplicable en pratique, dans la mesure où les systèmes concrets garderaient toujours le soupçon d'espièglerie, si l'on ose s'exprimer ainsi, nécessaire pour interdire en pratique toute prédiction strictement déterministe ? C'est la thèse défendue par I. Prigogine et I. Stengers[9].

9. Voir par exemple I. Prigogine et I. Stengers, *op. cit.*, p. 19.

Les débats sur le statut réel du « principe de réduction du paquet d'ondes » agitaient déjà les cercles des fondateurs de la mécanique quantique, comme le rappelle l'excellente sélection d'articles rassemblés par J. A. Wheeler et W. H. Zurek[10]. Dans ses plus récents ouvrages, d'Espagnat démontre que, si plusieurs attitudes sont possibles, les réponses le plus directement en accord à la fois avec le matérialisme et le réalisme purs sont irréconciliables avec nos connaissances actuelles (ce jugement s'applique, en particulier, à la solution appelée de ses vœux par Einstein)[11].

Pourquoi de si grands esprits se sont-ils donné tant de peine pour essayer de restaurer le déterminisme dans la théorie physique ? De toute évidence, il y a quelque chose de métaphysique dans cette volonté de s'en tenir au déterminisme. Il s'agit, en somme, de sauver l'homme de l'absurde, en lui donnant au moins le pouvoir de pouvoir savoir. Comment peut-on imaginer construire une science du réel si on abandonne l'idéal du déterminisme ? Dans son livre princeps, K. Popper commentait déjà cette idée il y a plus de trente ans : « La croyance en la causalité est métaphysique. [...] Un énoncé supposé exempt d'éléments métaphysiques ne peut avoir de conclusions indéterministes que si ces dernières sont falsifiables. Or l'on ne peut montrer qu'elles sont fausses qu'à condition de réussir à formuler des lois et à en déduire des prévisions corroborées. En conséquence, si nous acceptons que ces conclusions indéterministes sont des *hypothèses empiriques*, nous devrons essayer sérieusement de les soumettre à des tests, c'est-à-dire de les falsifier. Et ceci signifie que nous devrons *rechercher* des lois et des prévisions. Nous ne pouvons donc suivre l'exhortation d'abandonner cette recherche sans désavouer le caractère empirique de ces hypothèses. Ceci prouve qu'il serait contradictoire en soi de penser qu'il pourrait exister quelque hypothèse empirique

10. *Quantum Theory and Measurement*, éd. par J. A. WHEELER et W. H. ZUREK, Princeton University Press, 1983.

11. B. D'ESPAGNAT, *Une incertaine réalité*, Gauthiers-Villars, 1985 ; B. D'ESPAGNAT, *Penser la science ou les enjeux du savoir*, Dunod, 1990.

susceptible de nous contraindre à abandonner notre recherche de lois[12]. »

On peut seulement regretter que dans ce texte Popper ait utilisé le terme de *causalité* là où, semble-t-il, celui de *déterminisme* aurait mieux convenu. Popper était bien entendu au courant des développements de la mécanique quantique, et il a reconnu explicitement que les formules de la mécanique quantique ne conduisent pas nécessairement à des conclusions acausales. Car les enseignements de la mécanique quantique et les expériences qu'elle nous a suggérées nous obligent bien à prendre nos distances par rapport au déterminisme laplacien, mais sans exiger pour autant de renoncer à tout paradigme de causalité. C'est là précisément, à mon avis, la spécificité de la mécanique quantique à cet égard.

En effet, l'évolution du ket représentatif des systèmes en mécanique quantique est régie par une équation différentielle du premier ordre par rapport au temps, l'équation de Schrödinger (voir encadré p. 188), selon un schéma tout à fait comparable à ce qui se passe en mécanique classique avec l'équation de Newton. De ce point de vue, c'est indubitablement une théorie causale. D'un autre côté, ce qui évolue au cours du temps, c'est le ket, c'est-à-dire l'ensemble des « propensités » relatives aux résultats de mesure possibles, et non les grandeurs physiques associées en mécanique classique au système lui-même. Donc la mécanique quantique est bien une théorie causale, mais non déterministe[13].

Séparer le monde microphysique du monde physique

Lorsqu'il participa à la création de la mécanique quantique, Werner Heisenberg fut d'abord tenté de rechercher des paramètres cachés qui permettraient de restaurer le déterminisme absolu dans la description des phénomènes microsco-

12. K. Popper, *La Logique de la découverte scientifique, op. cit.*, p. 252.
13. Pour une plus ample discussion de ce point, voir Max Jammer, *The Philosophy of Quantum Mechanics*, p. 209.

piques. Mais bientôt il prit le parti de s'y opposer, estimant que cette quête était sans espoir. La raison qu'il avançait portait sur la coupure entre l'objet observé et l'appareil de mesure, coupure qui est censée tracer la séparation entre le domaine de validité de la description quantique et celui de la description classique. Cette cloison, remarquait-il, est essentiellement mobile. Puisque de chaque côté les événements sont causalement déterminés (les uns par la mécanique classique, les autres par l'équation de Schrödinger), le caractère statistique des prédictions de la théorie quantique est lié précisément, pensait-il, à la mobilité de cette coupure. Un appel quelconque à des causes additionnelles (paramètres cachés) en mécanique quantique conduirait à des contradictions pour peu que l'on choisisse de déplacer l'endroit choisi pour la cloison. Cet argument semble encore valable aujourd'hui. Pourtant, beaucoup de physiciens continuent de chercher les critères objectifs qui permettraient de fixer le lieu de la séparation entre microcosme et macrocosme de façon indiscutable. Certains, avec John Archibald Wheeler, proposent de placer la coupure précisément là où la flèche thermodynamique du temps fait son apparition : pour eux, un système classique est un système doté d'une flèche du temps indiscutable, tandis qu'un système microscopique quantique n'est pas marqué par la flèche du temps[14].

Le déterminisme n'est pas une condition *sine qua non* du réalisme

Parmi les raisons qui font que tant de physiciens répugnent à l'abandon du déterminisme, figure la crainte que cet abandon n'entraîne celui du réalisme physique, c'est-à-dire de l'idée selon laquelle la théorie décrit, au moins partiellement, « ce qui est ». Il faut affirmer que cette crainte n'est pas fondée. « Il n'y a aucune raison d'identifier le "rêve" d'un

14. Voir à ce sujet R. LESTIENNE, *op. cit.*, p. 151.

retour au réalisme à celui d'un retour au déterminisme », écrivent par exemple Prigogine et Stengers[15], qui citent Popper : « Mon propre point de vue est que *l'indéterminisme est compatible avec le réalisme*, et que l'acceptation de ce fait permet d'adopter une épistémologie objective cohérente, une interprétation objective de l'ensemble de la théorie quantique, et une interprétation objectiviste de la probabilité[16]. Bernard d'Espagnat explique en effet que la relation entre déterminisme et réalisme n'est pas à double sens : « S'il est vrai que l'on imagine assez mal une théorie déterministe qui ne serait pas "réaliste", [...] l'inverse en revanche se conçoit aisément. Je puis imaginer un monde dans lequel, d'une part, les choses localisées ne seraient pas seulement "objets pour un sujet" mais seraient vraiment des "objets en soi", et dans lequel, d'autre part, un crayon (objet en ce sens) placé exactement en équilibre sur sa pointe tomberait dans une direction relevant du seul "hasard vrai" (dans une direction qui, en d'autres termes, ne serait déterminée à l'avance par aucun paramètre, connu ou inconnu). »

En revanche, d'Espagnat estime qu'il faut placer les difficultés fondamentales du déterminisme *au niveau de la réalité empirique*, et non pas nécessairement à celui du réel en soi. Dans *Penser la science*, il précise : « Vu par un physicien contemporain bien informé, l'indéterminisme est devenu une chose subtile, car c'est seulement au sein de la réalité empirique que l'on peut en poser, en toute netteté, l'existence[17]. » Nous voici donc, deux siècles après Kant, aux antipodes de sa pensée : c'est l'*in*déterminisme qui serait une illusion macroscopique. Effectivement, il faut reconnaître que les opérations de mesure sont toujours des opérations qui, en fin de compte, ont pour objet de nous dire quelque chose sur le monde dans un langage ancré sur la réalité empirique et macroscopique. Penrose insiste lui aussi sur le fait

15. I. Prigogine et I. Stengers, *op. cit.*, p. 124.
16. K. Popper, *Quantum Theory and the Schism in Physics*, Rowman and Littelfield, Totowa, New Jersey, 1982, p. 175.
17. B. d'Espagnat, *op. cit.*, p. 260.

que l'opération de mesure contient toujours un élément d'amplification macroscopique[18].

Rôle particulier des opérations de mesure

Comme Max Born l'a montré dès 1926, l'introduction des probabilités en mécanique quantique suit immanquablement l'introduction des nombres complexes pour la fonction d'onde ou le ket qui représentent le système étudié : les kets qui sont superposés (ajoutés) les uns aux autres dans cette théorie le sont avec des coefficients « imaginaires », et les grandeurs physiques habituelles ne peuvent être toutes et simultanément des « valeurs propres réelles » correspondant à cet état. Autrement dit, si certaines grandeurs physiques attachées au système peuvent avoir une valeur bien définie, d'autres ne le peuvent pas (voir encadré, p. 186, points 2 et 4).

Corrélativement, l'« orientation » d'un ket représentatif d'un système dans l'espace idéal de la mécanique quantique ne représente aucune grandeur réelle et sa valeur est arbitraire. D'une façon plus précise, ce ket peut toujours être multiplié par un coefficient imaginaire quelconque de longueur unité (on dit « une phase pure », parce que ce coefficient est nécessairement de la forme $e^{i\phi}$). Dans une collection de systèmes physiques identiques dont chacun d'eux se trouve dans une superposition d'états physiques, les « orientations » ou phases relatives attribuées à chaque composante sont généralement arbitraires : on les choisit donc, dans ce cas, au hasard. Cette hypothèse se trouve avoir des propriétés aussi miraculeuses pour la description de l'évolu-

18. On a fait récemment remarquer que les mutations portant sur l'ADN, événements essentiellement microscopiques puisqu'il s'agit parfois de mutations ponctuelles dues à l'impact d'un seul rayon cosmique sur un seul nucléotide, voire sur un seul électron, pouvaient néanmoins avoir des conséquences macroscopiques (phénotypiques), dans la mesure où elles peuvent changer par exemple l'aspect physique d'un individu en l'absence de tout phénomène multiplicateur évident (les recopies d'ADN ne pouvant, selon l'auteur de cette remarque, être considérées comme un phénomène d'amplification). Voir *Nature*, 1991, vol. 351, p. 357.

tion des systèmes quantiques en mécanique statistique que l'hypothèse du chaos moléculaire, proposée par Boltzmann pour la description des gaz en mécanique statistique classique. Elle est la base de la démonstration que Pauli nous a donnée de l'irréversibilité de l'évolution des systèmes quantiques[19], parallèle à la démonstration classique de Boltzmann de l'accroissement spontané de l'entropie dans un gaz parfait. Au fond, les deux idées ne sont que des transpositions l'une de l'autre dans la mécanique quantique et la mécanique classique : dans les deux cas, il s'agit d'affirmer que ce qui est en dehors de notre contrôle obéit nécessairement aux lois implacables du hasard.

Comme l'a fait remarquer Bernard d'Espagnat, en physique quantique, la notion de mesure physique est essentielle (comme on l'a rappelé en encadré, elle intervient dans les axiomes eux-mêmes de la théorie). Les « propensités », pour s'exprimer comme Popper, ne deviennent des « réalités » qu'à la faveur des opérations de mesure. Les différents résultats possibles se répartissent statistiquement conformément aux probabilités dictées par les lois de la mécanique quantique selon le processus appelé « réduction du paquet d'ondes ». Cette particularité est la source de bien des difficultés, parce qu'elle introduit une solution de continuité dans l'évolution des systèmes, et parce qu'elle propose une sorte de dualité pour la loi d'évolution des systèmes, selon qu'ils sont ou non actuellement soumis à un processus de mesure. Il importe de noter qu'en dépit de ces inconvénients, l'on imagine mal comment l'on pourrait les contourner. La réduction du paquet d'ondes semble un ingrédient essentiel pour éviter que les fonctions d'ondes ne se diluent dans l'espace, par suite de leur étalement naturel au cours du temps. La réduction du paquet d'ondes assure également aux particules élémentaires instables une loi de déclin purement exponentielle au cours du temps. Ce sont là deux proprié-

19. W. PAULI, *Festchrift zum 60 geburstage A. Sommerfeld*, 1928, Leipzig.

tés supposées de la réalité auxquelles on ne renoncera pas facilement[20].

Comme il ne semble pas exister de théories des opérations de mesure qui soient objectives au sens fort du terme (indépendantes du fait qu'un observateur prenne finalement connaissance du résultat), on peut considérer que la physique théorique contemporaine n'est objective qu'au sens faible, c'est-à-dire qu'elle certifie seulement que le résultat sera le même quel que soit l'observateur qui effectue la mesure. On dit aussi, ce qui revient au même, qu'elle est intersubjective.

Hasard quantique et hasard statistique : similitude ou opposition ?

Il est temps de dresser un bilan des enseignements de la mécanique quantique : celle-ci est-elle une théorie du hasard essentiel, distinct du hasard d'ignorance des théories classiques des probabilités ? Le faisceau convergent d'arguments en faveur d'une réponse positive à cette question me pousse, comme la plupart des physiciens, à l'adopter.

L'une des sources du hasard quantique se trouve dans le principe de complémentarité de Bohr : l'électron n'est ni une onde ni une particule, il a donc des ambivalences qui ne se résolvent dans la réalité qu'en fonction de conditions expérimentales précises. Mais l'indéterminisme quantique va bien au-delà : même en présence d'un appareil déterminé, l'élec-

20. Le problème de la mesure en mécanique quantique est l'un des plus difficiles qui soient. Ainsi que le rappelle d'Espagnat (B. D'ESPAGNAT, *Une incertaine réalité, op. cit.*, p. 211), il apparaît que le principe quantique de la réduction du paquet d'ondes est un processus irréconciable avec les principes de la relativité einsteinienne. La difficulté, examinée en particulier par Aharanov et Albert, est que la réduction du paquet d'ondes doit intervenir sur une surface équitemporelle de l'espace-temps qui ne peut satisfaire aux lois de transformation habituelle de la relativité (transformations de Lorentz) lorsqu'on passe d'un repère fixe à un repère mobile (Y. AHARONOV et D. Z. ALBERT, *Phys. Rev. D*, 1980, vol. 21, p. 3316; *Phys. Rev. D*, 1981, vol. 24, p. 359). Nous laisserons pour un autre ouvrage la discussion du problème, central à mon avis, des rapports entre indéterminisme quantique et irréversibilité.

tron a encore des possibilités, des « choix de comportement », qui ne sont pas déterminés par l'appareil de mesure. Par exemple, dans un appareil destiné à la mesure de l'orientation du moment magnétique *(spin)* de l'électron, appelé appareil de Stern et Gerlach, l'électron en général n'a pas qu'une seule trajectoire possible, mais deux.

Le principe de complémentarité de Bohr nous incite-t-il à adopter une vue positiviste, ou bien un agnosticisme prudent quant à l'existence d'une réalité ultime ? Je ne le crois pas. En tout cas, il est certain que Bohr n'aurait pas souscrit aux discours de ceux de ses épigones qui ont vu dans la complémentarité onde-particule un principe mystique. Il les a explicitement dénoncés par avance dans *Physique atomique et connaissance humaine*. « Fort éloigné de tout mysticisme totalement étranger à l'esprit de la science, écrit-il, le point de vue de la complémentarité doit être considéré comme une généralisation logique de l'idéal de causalité. »

Si l'on en croit G. Holton, Bohr aurait trouvé son inspiration quant au principe de complémentarité dans les expériences de psychologie cognitive démontrant la multiplicité exclusive des états de conscience chez certains patients hypnotisés, expériences rapportées par William James dans son ouvrage *The Principles of Psychology*, qu'affectionnait Bohr. Dans la mesure où l'anecdote est vraie, cela montre que Bohr, loin de rechercher son inspiration dans des philosophies dualistes à fort accent positiviste, cherchait au contraire à fuir la métaphysique. Simplement, par une méthode bien personnelle et féconde de raisonnement par analogie, il calquait sa vision du monde sur la complexité avérée des processus mentaux.

Bien loin de toute interprétation positiviste du rôle du hasard en mécanique quantique, il se peut qu'il faille reconsidérer sérieusement la proposition déjà ancienne de Léon Rosenfeld, le fidèle disciple de Bohr, qui refusait au hasard en mécanique quantique un statut particulier, différent de celui qui est le sien en mécanique statistique. De même, affirmait-il, qu'il existe un principe de complémentarité position-impulsion, qui rend impossible l'usage de ces deux concepts d'une façon simultanée pour un même système, de même en thermodynamique l'impossibilité de préciser les conditions initiales d'un système découle, précisément, du cadre dans lequel on se place, privilégiant l'irréversibilité de l'évolution au détriment de la localisation exacte de ce système dans l'espace de phase.

Cette position, que Rosenfeld défend dans l'ouvrage collectif *Louis de Broglie, physicien et penseur*, me semble proche de la pensée actuelle d'un Olivier Costa de Beauregard. Ce dernier non plus ne voit pas de difficulté dans l'alternative entre déterminisme et hasard. Lui aussi y voit plutôt une sorte de manifestation du principe de Bohr de la complémentarité : deux conceptions irréconciliables, mutuellement exclusives, mais valables l'une et l'autre si l'on s'abstient de les utiliser simultanément[21].

Le fait que la mécanique quantique ait résisté pendant plus de soixante ans à l'usure du temps et aux attaques philosophiques ne prouve pas qu'un jour elle ne sera pas, comme toutes les constructions intellectuelles en ce monde, remplacée par une autre théorie plus fine et plus englobante. Mais avec cette théorie on approche déjà d'une sorte de sanctuaire de la vraie nature de la nature, et cela précisément par la place qu'elle accorde au hasard essentiel. Or, la théorie quantique suggère aussi (plus qu'elle ne démontre) l'idée d'un lien très fort entre irréversibilité temporelle et opération de mesure. Ainsi, dans le même temps où cette théorie dessine une coupure entre le réel en soi (non mesuré) et le réel pour nous, celui qui s'est déjà manifesté dans la perception, ou celui que l'on cherche à domestiquer dans les machines, elle semble aussi indiquer que c'est l'opération de mesure qui introduit l'irréversibilité.

21. Dans son livre *La Notion de temps* (Vrin, Paris, 1983) il note que « cette possibilité est le corollaire direct de la complémentarité entre les descriptions d'interaction [de Tomonaga-Schwinger] et les descriptions à la Heisenberg [qui est une description intemporelle] ; elle se relie à la complémentarité entre nombres d'occupation et phases, qui est au cœur de la théorie superquantifiée » (p. 153 et 161 où elle est démontrée). Il faudrait cependant montrer plus clairement que la première représentation est essentiellement indéterministe, et la seconde déterministe.

La coupure introduite par la mécanique quantique entre réel en soi et réel pratique, en même temps qu'elle introduit une sorte de complémentarité entre la causalité et l'irréversibilité, retrace un schéma qui n'est pas sans rappeler à nouveau les schémas classiques du darwinisme. De même que dans le darwinisme il y a coupure entre le monde microscopique des variations et le monde macroscopique des phénotypes, soumis à la sélection naturelle et donc à l'évolution irréversible, cette théorie dévoile dans la nature une coupure radicale entre le microcosme impalpable et le macrocosme perçu. L'irréversibilité « profiterait » des variations introduites dans l'acte même de la mesure entre les « potentialités » présentes dans les fonctions d'onde et la concrétisation du résultat mesuré, de la même manière que l'évolution « profite » de la distance entre variations au hasard et sélection. Les flèches temporelles mises en évidence sont dans chaque cas d'une nature comparable. Bien entendu comparaison n'est pas raison, mais l'évocation d'une analogie peut parfois, comme l'exemple de Niels Bohr vient de nous le rappeler, avoir une grande valeur heuristique.

13

Derrière la coupure cosmologique, le hasard fondamental

De quelque côté qu'on aborde le hasard naturel, qu'il s'agisse de la mécanique statistique avec ses égales probabilités *a priori*, de la mécanique quantique avec le problème de la mesure et de la réduction du paquet d'ondes, ou de la biologie de l'évolution avec sa coupure entre variation et sélection, on trouve à la source de la justification de l'évolution des systèmes une coupure. Cette coupure n'est pas seulement celle qui sépare le chaos de l'ordre ; c'est aussi et d'abord celle qui marque la distance entre le mystère et l'étrangeté du monde en soi et le domaine familier des phénomènes à la merci de nos instruments scientifiques.

Dès lors que l'on prend conscience de cette rupture, se pose naturellement la question : de quel côté du fossé faut-il placer la temporalité, la source et la raison ultime de la deuxième loi de la thermodynamique ? Au premier abord, on peut sérieusement suspecter que la croissance de l'entropie n'est qu'une illusion, liée à notre condition d'observateur humain. Comme tel, nous évaluons et mesurons toute chose à l'aune de l'échelle qui nous est naturelle, celle des mètres ou des millimètres, en tout cas très au-delà de la coupure dont nous parlons. Cette échelle naturelle nous dissuade de descendre en dessous d'une certaine précision dans la description des systèmes et de leurs corrélations. Elle nous incite plutôt à pratiquer des moyennes grossières *(coarse graining)* ; à parler, par exemple, de la position et de la vitesse moyenne des molécules d'un volume de gaz dans des « cellules » élémentaires de taille millimétrique. Or, l'on sait que ce découpage de la réalité en mailles entraîne immédiatement la croissance de l'entropie statistique, quel que soit le maillage adopté pourvu qu'il soit de taille finie (voir chap. 11).

Mais l'approche macroscopique de la croissance de l'entropie, par les techniques de *coarse graining*, ressemble un peu trop à la fameuse pratique de la ménagère qui cache sous le tapis la poussière qu'elle ne veut pas voir. Il semble donc logique de postuler qu'à force de se diluer, les corrélations entre les éléments qui composent un système se désagrègent réellement et complètement. En d'autres termes, qu'à partir d'un certain moment l'information microscopique est irrémédiablement perdue, par suite des interactions des éléments du système avec l'environnement. Ainsi, ce qui au départ n'est peut-être qu'une « illusion », l'augmentation d'entropique liée au changement d'échelle de l'information, devient-il réalité lorsque les corrélations entre les éléments qui composent un système s'effacent derrière la coupure comme derrière une tenture, quand l'information microscopique s'évanouit[1]. Mais où faut-il placer la coupure au-delà de laquelle les corrélations se défont objectivement ? L'idée que nous voulons examiner ici est que cette « trappe » est une propriété de l'Univers dans son ensemble.

Voilà soixante ans que nous savons que l'Univers est en expansion. La pensée que l'irréversibilité temporelle est liée à l'expansion cosmologique est assez naturelle, dès lors que l'on réalise que cette expansion est le seul processus physique marqué d'une flèche temporelle évidente. Elle fut notamment invoquée par Eddington dès 1935. Comme on le verra cependant, elle ne suffit pas à elle seule à rendre compte de

1. Voir. R. LESTIENNE, *op. cit.*, p. 181 *sqq.*

la seconde loi de la thermodynamique. Le recours à l'hypothèse d'un hasard fondamental, tapi pour ainsi dire au-delà d'une coupure universelle, paraît un ingrédient supplémentaire et indispensable. La discussion du statut de ce hasard universel nous ramènera au cœur des débats toujours vifs autour de l'interprétation de la mécanique quantique.

Une source cosmique d'irréversibilité

Dans son livre *Le Hasard* (1914), Émile Borel avait déjà fait observer que le déplacement à l'intérieur de l'étoile *Sirius* d'un seul atome d'hydrogène se mouvant sur une distance d'un seul centimètre, modifie l'état d'un volume ordinaire de gaz sur la Terre en moins d'une microseconde (mis à part le temps nécessaire à la propagation de la perturbation gravitationnelle), au point de changer complètement la représentation de cet échantillon de gaz dans l'espace de phase. Il est donc totalement déraisonnable de chercher à en préciser absolument les conditions initiales : en moins de temps qu'il n'en faut pour accumuler toutes les données nécessaires, celles-ci sont déjà complètement et continuellement bouleversées.

Or, si les conditions initiales ne sont précisées que dans un volume fini de l'espace de phase, la partie de celui-ci accessible au système ne peut que croître, et l'entropie avec lui. On retrouve en effet le mécanisme d'expansion de l'espace de phase déjà mis en évidence dans la technique du *coarse graining*, avec la différence toutefois que ce dernier n'est plus imposé par les limites de nos instruments de mesure, mais par les interactions du système avec l'Univers. Cette idée est certes séduisante, car la flèche entropique du temps ne se manifeste pas sur les systèmes les plus simples comme les atomes isolés, mais devient de plus en plus évidente au fur et à mesure que l'on considère des systèmes plus complexes, dont on peut penser que les interactions avec l'Univers sont de moins en moins évitables. N'oublions pas que le théorème H de Boltzmann, dans ses versions les plus modernes, n'a jamais été démontré qu'à la limite des systèmes les plus vastes que l'on puisse concevoir : les systèmes ayant un nombre infini de degrés de liberté.

Mais l'intuition d'un parallélisme, ou même d'une relation de cause à effet, entre l'expansion de l'Univers et la flèche du temps dans les phénomènes à notre échelle ne suffit pas. S'il s'agissait d'une relation directe et réciproque, il semblerait naturel que la flèche du temps marquât de façon similaire tous les systèmes macroscopiques d'une taille donnée. Il n'en est évidemment rien : les taux de production d'entropie interne varient beaucoup d'un système à un autre. Prigogine rappelle par exemple qu'un oscillateur harmonique non amorti constitué par un système planétaire à deux corps est un système auquel on ne peut pas appliquer la seconde loi, tout macroscopique et tout immergé qu'il soit dans l'Univers en expansion[2].

En raison du parallélisme invoqué, la plupart des physiciens jusqu'à ces dernières années pensaient comme Boltzmann que l'Univers entier (ou du moins la portion de l'Univers qui est directement accessible à nos instruments de mesure) devait avoir connu, autrefois, un état d'entropie particulièrement basse, et par voie de conséquence un degré d'organisation très élevé. Cette hypothèse seule pouvait, semblait-il, fournir aux systèmes variés qui ont peuplé et qui peuplent aujourd'hui cet Univers une source aussi gigantesque de croissance d'entropie. A première vue, l'hypothèse selon laquelle l'Univers aurait été, à l'origine, dans un état de basse entropie paraît difficilement réconciliable avec le scénario désormais bien connu du big bang. Comme Roger Penrose le fait remarquer : « La boule de feu primordiale était dans un état d'équilibre thermique — un gaz chaud en expansion mais en équilibre thermodynamique interne. Rappelons-nous, d'autre part, que le terme "équilibre thermique" se rapporte à un état d'entropie *maximum*. » Cela rentre en contradiction avec la seconde loi, qui « demande que dans

2. I. Prigogine, « The Rediscovery of Time », *Zygon*, 1984, vol. 19 p. 433-447.

son état initial, l'entropie de notre Univers soit dans un *minimum*, non pas un maximum[3] » !

Le paradoxe apparent entre la supposition que l'Univers dans son entier, par son mouvement d'expansion, a constitué et continue de fournir la source ultime de la temporalité et l'hypothèse bien raisonnable que l'Univers était, aux tout premiers moments de son existence, dans un état chaud et homogène de très haute entropie, n'est pas difficile à lever. Il est vrai que la boule de feu était en équilibre thermique au départ, mais l'Univers à ce moment-là était très petit. La boule de feu représentait l'état d'entropie maximale qui pouvait être permis pour un Univers de *cette* petite taille, mais cette entropie-là était quand même minuscule par comparaison avec celle qui est permise pour un univers de la taille de l'Univers actuel ! Au cours de l'expansion, le maximum d'entropie permis a augmenté avec la taille de l'Univers, mais l'entropie réelle de celui-ci est restée loin derrière cette limite théorique. La seconde loi de la thermodynamique découle du fait que l'entropie réelle est toujours inférieure à l'entropie maximale permise, et en quelque sorte à la traîne derrière elle. Ce point de vue recueille l'assentiment de physiciens de tempéraments aussi divers que Roger Penrose et David Layzer, par exemple. C'est l'analogue de l'argument que Brooks et Wiley ont employé pour expliquer l'apparition de l'ordre au cours de l'évolution biologique , dans un processus fondamentalement entropique[4].

Il n'en reste pas moins que, considérée dans le cadre de la relativité générale, l'expansion de l'Univers s'effectue par un processus tout à fait comparable à l'expansion adiabatique d'un gaz en thermodynamique classique, c'est donc un processus globalement isentropique, c'est-à-dire sans changement d'entropie (il ne peut ne pas en avoir été de même aux tout premiers instants du big bang, si l'expansion a été précédée par une phase d'explosion inflationnaire). D'autres considérations peuvent être invoquées pour appuyer l'idée

3. R. Penrose, *op. cit.*, p. 328.
4. D. R. Brooks et E. O. Wiley, *op. cit.*

que l'expansion de l'Univers, de et par lui-même, ne peut être la source directe et unique de la temporalité. Les cercles d'astrophysiciens et de philosophes des sciences ont souvent débattu de ce qui se passerait si, comme la relativité générale en prévoit la possibilité, l'Univers, après sa phase d'expansion actuelle, entrait dans une phase de contraction, se préparant à se ramasser et à s'effondrer sur lui-même en un *big crunch* symétrique du big bang. La flèche du temps imposée par la loi de l'entropie croissante serait-elle retournée à l'instant même de ce changement ? Aujourd'hui la grande majorité des scientifiques est d'accord pour considérer qu'aucune catastrophe de ce genre ne peut se produire. Si demain l'expansion de l'Univers se muait en contraction, la première indication de ce fait nous serait donnée par le changement du décalage vers le rouge du spectre des galaxies en décalage vers le bleu, ce changement affectant d'abord les galaxies les plus proches (quelques millions d'années après l'événement !), tandis que le spectre des galaxies lointaines resterait décalé vers le rouge pour des périodes de temps immenses. Et même cette modification n'empêcherait pas que pour très longtemps encore les processus entropiques de condensation des nuages de matière, etc., continueraient à prendre place. Il n'y a donc pas symétrie exacte entre phases d'expansion et phases de contraction de l'Univers, car l'histoire de l'Univers lui impose ses propres contraintes. La loi de l'accroissement de l'entropie resterait valable dans un tel univers, jusqu'à la fin des temps (on sait en effet que l'effondrement d'une étoile en trou noir est un processus *créateur*, et non *destructeur* d'entropie[5]).

Il ne saurait donc être question de s'en remettre à la seule expansion de l'Univers pour expliquer la temporalité entropique. D'autres considérations, auxquelles nous n'avons pas fait appel jusqu'à présent, doivent intervenir. Or, nous connaissons déjà l'acteur qu'il est temps d'introduire sur la scène : le hasard.

---

5. Cf. Stephen HAWKING, *Une brève histoire du temps*, Flammarion, Paris, 1989, p. 132.

Le hasard et la coupure cosmologique

En abordant ce sujet, nous devons avertir le lecteur que nous entrons dans les eaux turbulentes d'un vif débat, dans lequel le recul nous manque encore pour prendre catégoriquement parti. Les éléments de réflexion qui vont suivre seront empruntés pour l'essentiel à deux physiciens ayant sur l'histoire du big bang des vues largement irréconciliables : l'astrophysicien américain David Layzer d'un côté, et le physicien britannique Roger Penrose de l'autre. Tous deux ont récemment publié à ce sujet des ouvrages d'un grand mérite. Ils se rejoignent sur l'idée de trouver à la croissance de l'entropie une source cosmologique, et sur le rôle du hasard dans ce contexte. La source de hasard, dans les deux cas, peut être désignée : c'est l'indéterminisme quantique. Mais tandis que le premier propose de rechercher le *deus ex machina* dans une solidarité universelle responsable de l'absence, dans l'Univers, d'information microscopique, le second pense que le responsable réside dans des propriétés encore mal élucidées de la gravitation, et d'une sorte de symétrie fondamentale entre l'incertitude du monde que nous habitons avec l'existence de trous noirs dévoreurs d'information.

La thèse de Layzer ne saurait surprendre ceux qui ont présente à l'esprit l'étrange solidarité dont jouissent, en mécanique quantique, les particules élémentaires appelées « fermions », qui sont à la base du phénomène de matérialité. Cette solidarité universelle des fermions a été découverte, en 1925, par Wolfgang Pauli, et est maintenant désignée sous le nom de « principe d'exclusion de Pauli », selon lequel il ne peut y avoir dans le monde deux électrons, par exemple, qui soient strictement dans le même état quantique. En fait, deux électrons n'ont pas d'existence indépendante, autonome, avant qu'une expérience en bonne et due forme ne les distingue : constatant par exemple que l'un d'eux est dans tel laboratoire ici sur Terre et l'autre à la surface de *Sirius*. Telle est la thèse que l'astronome américain David Layzer a développée ces dernières années, en l'exploitant dans le cadre d'un modèle d'Univers extrêmement simplifié. Ce modèle fait appel au « principe cosmologique fort » qui, dans la version de cet auteur, peut s'énoncer ainsi : l'Univers ne contient aucune information objective autre que statistique. Par exemple, il ne doit avoir ni centre ni direction privilégiée. C'est au fond la version moderne de l'ancien principe autrefois énoncé par Giordano Bruno, qui paya si chèrement cette attitude contraire à l'anthropocentrisme triomphant du christianisme de la Renaissance[6].

Selon une version un peu plus ancienne du principe cosmologique fort, la répartition de la matière et de l'énergie au sein de l'Univers résulte du pur hasard et ne fait apparaître ni lieu ni direction privilégiés. Les irrégularités locales, telles que les galaxies et les étoiles qui les constituent, reflètent sans doute les fluctuations essentielles d'origine quantique qui présidèrent à l'apparition de la matière, aux tout premiers instants du big bang. Petit à petit, ces fluctuations ont permis la croissance d'irrégularités dans la température de l'Univers, telles que celles qui ont été détectées en 1992 par le satellite américain COBE, et qui sont, croit-on, à l'origine des grands regroupements d'amas galactiques que l'on constate aujourd'hui. Par nature, ces fluctuations originales échappaient à tout déterminisme, et la matière qui forme aujourd'hui l'Univers pourrait donc obéir à ce principe statistique. Enfin, le modèle admet que l'Univers est sans frontière. Dans ce cas, il n'y aurait pas de séparation entre une partie peuplée et une partie vide, ni centre, ni aucun autre lieu privilégié. Une image bien connue illustre une situation de ce genre : la surface d'un ballon, que l'on peut parcourir sans fin, sans jamais rencontrer de limite.

Dans le cadre de ce modèle, il n'y a donc pas d'ordre objectif dans l'Univers global, et sa description objective, même partielle, est impossible. Il serait par exemple illusoire de vouloir décrire objectivement la configuration du système

6. Il fut brûlé en place de Rome par l'Inquisition, précisément pour avoir suggéré que l'Univers n'avait point de centre ! Les inquisiteurs, naturellement, ne voulaient pas que l'on dépouillât la Terre du titre de noblesse dû selon eux au corps céleste qui abrite les hommes.

solaire dans l'Univers, car il existe certainement dans les myriades de galaxies une pluralité de systèmes planétaires qui répondent à la même description, si détaillée soit-elle.

En bref, l'hypothèse de Layzer écarte la possibilité d'une information ou d'un ordre objectif dans l'Univers à cette échelle de description. Toute apparition d'ordre, ou de néguentropie, à une échelle inférieure est donc une *création*. Seule la création de néguentropie à une échelle inférieure, si elle existe, peut être dite objective. C'est là une thèse intéressante, que j'ai exposée dans *Les Fils du temps*[7].

Il est vrai que la validité du principe cosmologique fort dans la formulation naïve qui précède est aujourd'hui moins vraisemblable qu'il y a quelques années. Comment l'accommoder en effet avec les grandes murailles de matière ou de vide qui paraissent occuper l'espace intergalactique ? Layzer suggère que pour les comprendre il ne faut pas supposer que l'univers primordial était très chaud, comme le modèle « standard » le propose, mais au contraire très froid (l'apparition d'une température relativement chaude de l'Univers il y a dix ou quinze milliards d'années, attestée par le spectre actuel du rayonnement du fond du ciel, peut très bien avoir résulté, après le big bang, de processus secondaires tels que la formation des premiers grands amas galactiques). Mais alors quelle est l'origine de la formidable pression qui a dû déstabiliser cet univers primordial, pourquoi est-il entré en expansion ? D'autre part, les mesures les plus récentes sur la densité de matière dans l'Univers le rapprochent bien, peu à peu, de la limite à partir de laquelle l'Univers pourrait être fermé, replié sur soi comme la surface d'un ballon, mais les résultats restent trop faibles d'un facteur dix environ : il se peut donc que la géométrie réelle de l'Univers soit bien différente du modèle[8]. Je crois cependant qu'il reste un guide

7. R. Lestienne, *op. cit.*, p. 182.

8. Malgré une recherche de plus en plus active de ce que l'on appelle, parce qu'elle ne serait pas observable à l'aide de nos télescopes, la « matière noire », aucun résultat incontestable n'a été encore obtenu. Des arguments théoriques laissent penser néanmoins qu'une telle matière doit exister, parce que le mouvement des galaxies ne pourrait pas s'expliquer sans elle. Des objets de plus en plus « exotiques » sont proposés et aujourd'hui recherchés : neutrinos doués de masse (qui pour-

précieux, au point de vue heuristique, quant au statut original du hasard et de l'information à l'échelle de l'Univers.

Venons-en maintenant à la thèse non moins audacieuse de Roger Penrose. Celui-ci remarque que tous les processus majeurs de création de néguentropie dans l'Univers sont dominés par la gravitation. « Il semble que nous soyons parvenus à la conclusion que tous les remarquables états de basse entropie que nous pouvons trouver autour de nous [...] doivent être attribués au fait que de vastes quantités d'entropie peuvent être gagnées grâce à la contraction gravitationnelle de nuages de gaz en étoiles[9]. » Pour un gaz dont on néglige les interactions gravitationnelles, ainsi que Boltzmann l'avait fait dans sa théorie statistique des gaz, explique en effet Penrose, la croissance de l'entropie tend à rendre sa distribution plus uniforme dans l'espace de phase accessible. Mais pour un système de corps soumis à la gravitation, c'est l'inverse qui est vrai. Une haute entropie est obtenue par le rassemblement de ces corps sous l'effet de la gravitation, et l'entropie la plus élevée est atteinte par l'effondrement de ces corps au sein d'un trou noir. L'Univers qui nous entoure en est un exemple très particulier : il a commencé par un état condensé de très basse entropie, lié à des conditions exceptionnelles résumées par la nullité du « tenseur de Weyl » de la relativité générale, et évolue peut-être vers un effondrement (le *big crunch*) beaucoup plus ordinaire de très haute entropie. Dans ces circonstances, on ne peut espérer comprendre la seconde loi de la thermodynamique qu'en amendant la physique classique pour y introduire un hasard vrai. Pour Penrose, cela ne peut se faire qu'en construisant une théorie quantique de la gravitation, dotée des deux ingrédients essentiels que sont l'imprédicibilité d'une part et l'irréversibilité de l'autre. Les théories actuelles de la gravitation sont dépourvues de l'une et de l'autre. La nouvelle théorie appelée de ses vœux

---

rait être aussi faible que quelques cent-millionièmes de la masse du proton), axions (de masse hypothétique encore plus faible), ou WIMPS *(Weakly Interacting Massive Particles)*, dont la masse serait, au contraire, beaucoup plus élevée (de l'ordre de cent fois la masse du proton).

9. R. PENROSE, *op. cit.*, p. 322, 338 et 345.

par Penrose, il est inutile de le dire, reste entièrement à créer.

Deux conceptions du hasard en mécanique quantique

Nos deux auteurs, soucieux de proposer une piste pour comprendre l'irréversibilité et son lien avec l'expansion cosmologique, se retrouvent donc sur l'idée que c'est au sein du hasard quantique que se cache la clé de ce mystère. Mais les deux auteurs n'ont pas du tout la même conception du rôle du hasard quantique. Le premier insiste sur la solidarité, propriété universelle manifestée, par excellence, dans le principe d'exclusion de Pauli. C'est grâce à elle qu'il peut proposer son principe cosmologique, selon lequel l'Univers est dépourvu d'information microscopique. Pour Layzer, la propriété essentielle de la mécanique quantique est celle-là. Il n'est pas question d'attribuer la moindre objectivité au ket représentatif d'un système quantique, si ce n'est celle de représenter en puissance l'ensemble des systèmes quantiques identiques présents dans l'Univers. L'interprétation de la mécanique quantique en termes d'ensembles permet en effet de lever certains obstacles et paradoxes, comme celui du fameux chat de Schrödinger, mais ne résout pas toutes les difficultés épistémologiques soulevées par cette théorie dès lors qu'on insiste pour lui donner une interprétation dépourvue de toute référence à l'observateur[10].

En pratique, Layzer propose d'attribuer une origine cos-

10. Voir à ce sujet « Probability Interpretation of Quantum Mechanics » par R. G. Newton, *Am. J. Phys.*, 1980, vol. 48, p. 1029-1034. Voir aussi B. d'Espagnat, *Conceptions de la physique contemporaine*, Hermann, Paris, 1965, ainsi que *Une certaine réalité*, *op. cit.*, p. 133.

On notera que Layzer réclame, pour l'interprétation de la mécanique quantique en termes d'ensembles, l'autorité d'Einstein. Il est vrai qu'Enstein préférait cette interprétation-là à l'interprétation objectiviste de la mécanique quantique, car elle paraissait plus facile à réconcilier avec l'espoir de compléter la mécanique quantique par l'introduction de « variables cachées »; mais à l'époque d'Einstein il ne s'agissait que d'un débat de principe, aucune expérience ne pouvait trancher entre les deux points de vue. C'est aujourd'hui chose faite, grâce en particulier aux expériences d'Alain Aspect, et nous savons désormais que l'hypothèse des variables cachées dans sa forme traditionnelle est irrecevable.

mologique aux manifestations quantiques du hasard naturel. En effet, comme on vient de le rappeler, le principe cosmologique fort implique qu'une description théorique complète de l'Univers ne peut pas singulariser un système physique quelconque en son sein. Ainsi, lorsqu'on parle en mécanique quantique du ket représentatif d'une particule instable, par exemple, pour Layzer on parle en réalité d'un morceau d'un ket beaucoup plus général qui décrit l'ensemble des particules instables de même nature, réparties de façon plus ou moins uniforme dans l'Univers. Chaque membre de l'ensemble admet le même ket représentatif, et le ket global est le produit direct d'un nombre pratiquement infini de kets particuliers. Supposons qu'au bout d'un temps t la probabilité qu'une particule particulière se soit désintégrée soit p. Cela signifie qu'une fraction p des kets particuliers précédents dans le produit direct infini doit maintenant décrire des particules dans l'état désintégré. Mais en vertu du principe cosmologique fort, nous ne pouvons pas savoir lesquelles se sont désintégrées. Donc l'incertitude au sujet de l'instant auquel une particule se désintègre est inséparable de l'incertitude au sujet de sa situation dans l'Univers : incertitude quantique et incertitude de position dans le cadre du principe cosmologique fort sont donc liées.

Évidemment, dans l'optique de Layzer il n'est pas question d'attribuer une quelconque objectivité à la description d'*un* système quantique par un ket ou une fonction d'onde : pour lui la mécanique quantique ne peut décrire et ne décrit en fait que des collectifs, des ensembles statistiques de particules ou de systèmes identiques, tous étant potentiellement innombrables dans l'immensité de l'Univers. C'est une vue qui me paraît proche de la conception des « monades » selon Leibniz.

Tout cela a des aspects bien attrayants. En revanche, il me semble que la principale faiblesse de l'approche de Layzer est la fragilité de l'hypothèse de départ. Le principe cosmologique fort a-t-il quelque chance aujourd'hui de représenter valablement la situation de l'Univers dans lequel nous vivons ? Ces dernières années, les astronomes sont allés de surprise en surprise, de sorte que l'on envisage aujourd'hui de modifier de façon substantielle le modèle standard qui rendait plausible le principe cosmologique fort. D'abord, il y a de grandes inhomogénéités inexpliquées dans l'Univers, telles ces grandes murailles et ces immenses parties vides récemment décrites[11]. Ensuite, portant notre regard avec nos instruments vers des galaxies et quasars de plus en plus lointains, nous observons ces objets tels qu'ils étaient à une époque de plus en plus reculée. On s'attendait, dans le modèle standard d'un big bang vieux de quinze milliards d'années, à trouver au-delà d'une dizaine de milliards d'années-lumière des objets de plus en plus jeunes, témoins de la naissance de l'Univers. Cette attente a été déçue. Il est vrai que les scénarios inflationnaires nous permettent d'émettre des doutes sur la taille réelle de l'Univers. Celui-ci aurait très bien pu, au cours de la fraction de seconde qu'a sans doute duré la période inflationnaire, s'étendre sur des espaces immenses, bien plus vastes que l'horizon temporel de quelque quinze milliards d'années-lumière ne le laisse voir. La lumière émise par des objets éventuels situés au-delà de cet horizon n'a en effet pas encore eu le temps de parvenir jusqu'à la Terre. Enfin, il reste la difficulté fondamentale d'assimiler des nombres *pratiquement* infinis avec des nombres ayant les propriétés mathématiques singulières de l'infini. Même dans le cadre d'un principe cosmologique fort et dans un univers fermé, sans frontière, le nombre d'atomes et de particules élémentaires qui peuplent l'univers reste foncièrement fini.

Dieu, un autre nom pour le hasard ?

Ainsi, pour les physiciens, le hasard naturel apparaît consubstantiellement différent du portrait qu'en font les mathématiciens. Il y a bien dans la nature un principe fondamental d'indépendance et d'égale probabilité *a priori*,

11. Voir par exemple « La grande muraille de l'Univers », par J.-P. DUFOUR, *Le Monde*, 29 novembre 1989.

comme dans les jeux aléatoires inventés par l'homme. Mais la coupure entre hasard et non-hasard est beaucoup plus radicale que ces analogies ne le laissent croire. Le hasard physique impose une limite absolue au réductionnisme, au-delà de laquelle tous les modèles de ce type ne peuvent qu'échouer. Et pourtant, cette coupure même, loin d'entraîner un monde chaotique, engendre au contraire un monde en perpétuelle construction, en perpétuelle organisation de lui-même, des galaxies aux bactéries ! Quel démenti pour les mathématiques !

Certains proposent d'appeler ce principe organisateur « Dieu ». Au premier abord, qu'importe le nom pourvu qu'on sache ce que l'on désigne sous ce nom ? Quand on assiste à ce retour de Dieu à la faveur des sciences du hasard, on ne peut s'empêcher de sourire, tellement l'histoire paraît malicieuse. Car Dieu, bien loin de s'opposer au hasard comme le voulaient les théologiens de la Renaissance, se servirait de lui pour se manifester. Ou plutôt, Dieu conduirait le hasard vers un destin qui n'aurait d'aveugle que l'apparence.

Mais pour appeler ce principe organisateur du nom de Dieu sans le réduire au panthéisme de Spinoza, il faut le doter d'une vertu supplémentaire, celle de cause finale. Qu'on s'en réjouisse ou qu'on le déplore, voilà une brèche par laquelle le mysticisme moderne n'a pas manqué de s'engouffrer. La vertu organisatrice du hasard physique évoque en effet l'idée de finalité, telle qu'elle habitait le matérialiste inconséquent qu'était le marquis le Lamarck, ou telle qu'elle animait plus récemment un mystique plus conséquent, Pierre Teilhard de Chardin, avec son point Oméga. Dans la période faste des années cinquante, ce philosophe chrétien avait l'aura d'un discours un peu sulfureux et par là même, si j'ose dire, inspirait beaucoup de chrétiens progressistes. Le dédain où on le tient souvent aujourd'hui est motivé par la modestie de ses contributions proprement scientifiques. Mais l'audace de ses intuitions personnalistes et cosmologiques attire le respect, et lui réserve peut-être encore une place de précurseur. Encore que notre vision d'un hasard naturel ne puisse plus tout à fait épouser la vision teilhardienne d'une force universelle tout entière tendue vers un but, celui d'appeler la matière à la vie et la vie à la pensée car, sur la route de l'évolution, le parcours s'est révélé trop incertain et les accidents, trop nombreux. Le hasard naturel est peut-être constructeur, mais il est aussi, ne l'oublions pas, essentiellement opportuniste !

IV

Pour une philosophie du hasard

14

Peut-on reconnaître le hasard ?

Le hasard est comme l'empereur de ces pays lointains : on en parle, il règle votre vie, mais nul ne l'a jamais vu. C'est ce que l'on pense spontanément, mais peut-être n'est-ce pas vrai ? Peut-être y a-t-il un moyen de le reconnaître, d'identifier avec certitude sa présence quand il nous fait l'honneur de nous visiter ? On a vu combien le problème de la mesure des probabilités était difficile, même pour ceux qui acceptent une interprétation objective de cette notion. Au cours de ce siècle, Von Mises n'a pu éviter le détour par la notion de collectifs d'événements, c'est-à-dire une suite infinie d'épreuves. Popper dut mobiliser tout son génie pour réduire cette abstraction à la considération de suites finies, mais arbitrairement longues, d'épreuves. Avec les travaux de Ray Solomonoff, Andrei Kolmogorov et Gregory Chaitin, nous disposons maintenant d'une définition du hasard en accord avec l'idée intuitive que, *en mathématiques, le hasard ne fabrique pas de régularités ou de structures remarquables.* Malgré tout, cela reste une définition négative : est déclaré au hasard ce qui n'est pas ordonné, ou que l'on ne peut prouver ordonné. Mais voyons plus précisément de quoi il s'agit[1].

Donnez-moi une suite de nombres au hasard

On peut imaginer comment Galilée aurait résolu d'exposer le problème à ses contemporains. Il aurait mis en scène Simplicio et Sagredo. Simplicio a résolu de mettre la sagesse de Sagredo à l'épreuve à ce sujet. Il décide de lui préparer une épreuve. Sur un cahier il trace, ligne après ligne, des suites d'égale longueur de « P » (pile) et de « F » (face): « P P F F P F F F P P P F P F P P P P F... » Mais de temps en temps, au lieu d'inventer la suite, il confie sa construction à une pièce de monnaie qu'il joue à pile ou face, enregistrant fidèlement chaque résultat. Sa page remplie, Simplicio va voir Sagredo : « Certaines de ces suites ont été tirées au hasard par l'épreuve d'un jet d'une pièce de monnaie, lui dit-il, et d'autres sont inventées. Dis-moi, je te prie, quelles sont celles qui sont dues au hasard vrai ? »

Sagredo aime reformuler les problèmes pratiques qu'on lui pose en termes mathématiques. Ils lui sont plus familiers. Vivant à l'âge des ordinateurs, il s'empresse de récrire chacune des suites ci-dessus en numération binaire. La première suite s'écrit par exemple: « 0 0 1 1 0 1 1 1 0 0 0 1 0 1 0 0 0 0 1... », où chaque 0 représente un P, et chaque 1 un F. Dans le cas présent cette transposition est élémentaire, dans d'autres situations pour lesquelles il y aurait plus d'une alternative possible ce pourrait être un peu plus compliqué, mais cela n'altère pas la généralité du raisonnement.

Passant en revue, ligne après ligne, les nombres binaires ainsi constitués, Sagredo remarque celle-ci :

« 0 1 0 1 0 1 0 1 0 1 0 1 0 1 0 1 0 1 0 1 ».

Sagredo devine que Simplicio a délibérément construit cette

1. Nous suivrons dans la plus grande partie de ce chapitre l'article remarquable de G. J. Chaitin, « Randomness and Mathematical Proof », *Scientific American*, vol. 232, mai 1975, p. 47-52.

suite, en se fondant sur un principe simple : « Répéter autant de fois que nécessaire le motif 0 1. » Si Simplicio ne lui montrait qu'une partie de la suite, Sagredo devinerait aisément comment elle se poursuit. Il appliquerait en cela l'adage mille fois vérifié selon lequel *natura non facit saltus*, qui est à la base de toute induction. Au contraire, dans la première suite il n'y a pas d'algorithme évident qui permette de reproduire la suite, ni de prédire comment elle va se poursuivre.

Fort de cette observation, Sagredo a bien envie de dire à Simplicio que la suite qu'il vient de découvrir a été inventée par lui, et non par le hasard. Mais a-t-il le droit de l'affirmer ? Il sait bien qu'une série de vingt parties de pile ou face peut donner l'une quelconque des 2^{20} suites possibles de 0 et de 1, et que chacune d'elle a la même probabilité de « sortir », qu'elle contienne ou non des régularités remarquables : les deux suites données en exemples ci-dessus ont donc, en droit, exactement la même probabilité de réalisation, soit $1/2^{20}$.

Mais Sagredo pense, avec raison sans doute, qu'il doit faire confiance à son intuition. Ce qui lui manque, c'est une définition du hasard, en accord avec l'idée que le hasard ne fabrique pas des régularités de cette sorte (enfin, en mathématiques, car dans la nature comme on l'a vu c'est une autre histoire...). La définition en question c'est celle codifiée par Solomonoff, Kolmogorov et Chaitin. Encore faut-il remarquer que ce n'est pas *vraiment* une définition, sinon par défaut : c'est une définition « en creux », puisque c'est le contraire du hasard (l'ordre) qui est opérationnellement défini. Sauf cas exceptionnels, elle ne permet pas de décider si une suite donnée de nombres est une suite au hasard, ou bien si elle en a seulement l'air. En revanche elle permet d'écarter l'hypothèse qu'une suite ordonnée comme la série de « 0 1 » de Simplicio est au hasard.

Ayant longuement réfléchi, Sagredo finit par proposer le critère suivant : *les œuvres du hasard ne peuvent être résumées.* Pour être plus précis, il décide de n'attribuer au hasard que les œuvres telles que *l'information qu'elles contiennent ne puisse en aucune manière être comprimée.* Prenons l'exemple d'un ordinateur. Tout programme que cet ordinateur est capable d'effectuer se présente comme une suite d'instructions, et donc en écriture binaire comme une suite de « 0 » et de « 1 », semblable aux suites de Simplicio. Il n'est pas question ici du *sens* ou de la *finalité* du programme qui lui est soumis. L'ordinateur exécute aveuglément et de façon mécanique les instructions qu'on lui présente et cela suffit. Plusieurs algorithmes peuvent remplir une même fonction (résoudre une équation du troisième degré par exemple), mais parmi eux il y en a un ou plusieurs qui sont plus brefs que tous les autres[2], et ne peuvent donc pas être comprimés.

Reprenons les suites présentées par Simplicio. A la lumière du critère qu'il vient d'adopter, la différence entre les deux exemples cités devient claire. La seconde suite peut s'écrire « répéter dix fois le groupe "0 1" » ; si nous voulions prolonger la suite de manière qu'elle contienne non pas dix mais un grand nombre n de couples de chiffres, nous écririons « répéter n fois le groupe "0 1" ». Le nombre de bits nécessaires pour rédiger un tel algorithme n'est qu'une fraction du nombre de bits de la suite réelle, fraction d'ailleurs d'autant plus petite que « n » devient grand.

Mais pour la séquence originale il n'y a pas de tels raccourcis. La façon la plus économique de décrire la suite est de l'écrire tout entière. Un ordinateur chargé de la produire ne pourrait sans doute pas utiliser d'algorithme plus court que celui-ci : « imprimer 0 0 1 1 0 1 1 1 0 0 0 1 0 1 0 0 0 0 1 ».

Adoptons le point de vue de Sagredo. On dira donc qu'*une suite de nombres est au hasard si le plus petit algorithme capable de la produire dans un ordinateur a environ le même nombre de bits d'information que la suite elle-même.* Tel est en effet le critère posé par Solomonoff, Kolmogorov et Chaitin.

2. Au regard du critère de Simplicio (ou de Kolmogorov), cet ou ces algorithmes sont écrits au hasard ! En effet, s'ils ne l'étaient pas, cela voudrait dire qu'ils pourraient être comprimés... Cette remarque illustre bien la distinction qu'il convient de faire entre hasard ou désordre d'un côté, et sémantique de l'autre.

Utilisation du critère algorithmique pour modéliser la méthode inductive

La définition algorithmique du hasard ne remplace pas l'approche classique des probabilités — l'identification des probabilités, les lois des grands nombres, l'étude des variations sont toujours pertinentes —, mais elle la complète, ou plutôt elle la prolonge à l'amont. Comme on va le voir, elle permet de joindre le problème de l'existence du hasard à celui des énoncés indécidables, tel que nous l'a légué le théorème de Gödel.

Elle rejoint aussi le problème général de l'induction scientifique, ainsi que l'a montré Solomonoff. Dans le modèle que ce dernier a développé, une *théorie* n'est pas autre chose qu'un algorithme capable de générer (reproduire) des séries d'observations, qu'on peut toujours transcrire en des suites de nombres, et de prolonger la séquence ainsi obtenue en faisant des prédictions. C'est une version évidemment un peu restrictive de l'induction, mais qui rejoint bien l'approche des empiristes et des positivistes, tel Ernst Mach. Le modèle dit aussi que l'algorithme le plus court qui reproduit l'ensemble des observations jouit *a priori* de la faveur des théoriciens, en application d'un principe d'économie bien compréhensible.

Dans le cadre d'un tel modèle, il est clair que des observations erratiques (obéissant au hasard vrai) et qui par conséquent ne peuvent pas être reproduites par un algorithme économique, ne sont pas susceptibles d'être résumées dans une théorie quelconque.

La notion de programme minimal est étroitement apparentée à celle de *complexité*. La complexité d'une suite de nombres se mesure à la longueur (exprimée en bits d'information) du programme minimal requis pour la produire. On peut donc redéfinir le hasard en disant qu'*une suite de nombres est au hasard si sa complexité est approximativement égale à la longueur de la suite écrite en numération binaire.*

Étant donné un ensemble de nombres de n chiffres, il est

théoriquement possible d'identifier ceux de complexité n – 1, n – 10, n – 100, etc. La valeur exacte de la complexité en dessous de laquelle on refusera de considérer la suite comme étant aléatoire reste une décision arbitraire. C'est pour tenir compte de cette restriction que l'on est obligé d'introduire, dans la définition ci-dessus, le mot « approximativement ».

Prenons un exemple. La complexité d'une suite de n chiffres composée exclusivement de « 0 » (ou exclusivement de « 1 ») se ramène à la longueur d'un programme binaire tel que « print n "0" » dont l'élément le plus long à écrire, dès que n est un nombre relativement important, est n lui-même. La complexité de la suite de n « 0 » est donc approximativement égale à $\log_2 n$: tel est en effet le nombre de digits nécessaires pour écrire n en numération binaire. Bien entendu, pour n assez grand, $\log_2 n$ est très petit devant n.

Passons en revue les nombres entiers naturels. En les écrivant en numération binaire, on s'aperçoit que la plupart d'entre eux ont une complexité proche des nombres eux-mêmes. Autrement dit, la plupart des nombres entiers sont représentés en numération binaire par une suite que Sagredo aurait déclarée produite par le hasard. Les nombres dont l'écriture binaire n'est pas compatible avec le critère de hasard adopté sont exceptionnels. On observe que la population des nombres de n digits ayant une complexité p croît à peu près proportionnellement à e^{n-p}.

On ne retiendra comme nombres représentés par une suite au hasard que ceux dont la complexité est supérieure à une certaine limite, par exemple n – 10. On note :

— qu'il existe $2^1 = 2$ programmes de longueur 1 capables de générer une suite de n digits : ceux qui génèrent uniquement des « 0 », ou uniquement des « 1 » ;

— qu'il existe $2^2 = 4$ programmes de longueur 2 : ceux qui répètent inlassablement les combinaisons « 0 0 », « 0 1 », « 1 0 » et « 1 1 » respectivement ;

— que, d'une façon plus générale, il existe 2^k programmes de longueur k, dont chacun génère un nombre différent de la suite des nombres à n digits.

Ainsi, le total des nombres ayant une complexité inférieure

à n – 10 est $2^1 + 2^2 + 2^3 + \dots 2^{n-11} = 2^{n-10} - 2$. Ainsi, il existe moins de 2^{n-10} programmes de taille inférieure à n – 10, chacun spécifiant une séquence de n digits. Comme il y a 2^n séquences différentes possibles de longueur n, la proportion des nombres entiers naturels de longueur inférieure ou égale à n qui faillissent au critère de hasard ainsi défini est de $2^{n-10}/2^n$, soit 1/1024 : *moins d'un millième des nombres entiers naturels ont une complexité inférieure à n – 10* et doivent donc être refusés par Sagredo, comme n'étant pas tirés au hasard, si on lui montre la liste des nombres naturels écrits en numérotation binaire.

On a suggéré au départ que pour construire des suites de nombres au hasard Simplicio pouvait utiliser le procédé du jeu de pile ou face. Ce jeu est en effet consacré par la tradition comme l'archétype d'une réalisation physique du hasard mathématique. Appliquant à rebours les conclusions auxquelles nous sommes parvenus, nous pouvons prédire que si une pièce de monnaie est jouée n fois à pile ou face, donnant lieu à la réalisation d'une suite unique parmi les 2^n suites possibles (et donc à l'un quelconque des nombres naturels parmi les 2^n premiers nombres), il y a une probabilité supérieure à 0,999 pour que la suite des résultats représente valablement une suite aléatoire, mais dans un cas sur mille la suite apparaîtra extraordinairement ordonnée. En ce sens, le jeu de pile ou face n'est *pas* un générateur infaillible de nombres au hasard !

Les limites du connaissable

Les propriétés du hasard que l'on vient de se donner nous rapprochent du problème général de l'épistémologie : quelle est la limite de ce que nous pouvons connaître ? Soit en effet une suite de digits de longueur n. Si l'on trouve une suite de longueur p beaucoup plus petite que n capable de reproduire cette suite, on dira que le nombre qu'elle représente n'est pas un nombre au hasard. Mais pour prouver positivement qu'un nombre donné est au hasard, on devrait prouver qu'il n'existe pas de programme de longueur inférieure à n susceptible de le reproduire. Une telle preuve est malheureusement le plus souvent hors de portée, comme nous l'apprend le théorème de Gödel.

L'essence de ce théorème peut être formulée aujourd'hui en utilisant les résultats auxquels nous sommes parvenus au paragraphe précédent.

C'est encore Simplicio qui va nous mettre sur la voie. Aujourd'hui il propose à Sagredo le problème suivant : « Trouver le plus petit entier positif dont la spécification demande plus de caractères qu'il y en a dans cette phrase. » Sagredo voit que cette phrase qui contient 115 signes devrait spécifier un entier qui demande plus de 115 signes pour être spécifié. C'est manifestement impossible. Généralisons le problème dans le domaine familier des algorithmes écrits en langue binaire, la phrase donne « trouver une suite de "0" et "1" dont on peut prouver que la complexité est plus grande que celle du programme que nous venons d'énoncer » : le programme est supposé calculer un nombre qu'aucun programme de sa taille ne devrait être capable de calculer. L'absurdité de la conclusion montre qu'en fait le programme ne peut pas marcher. Quelle que soit la forme concrète qu'on lui donne, il ne trouvera jamais le nombre en question.

Appliquons ce résultat à la démonstration de théorèmes dans un système formel d'axiomes. Qu'est-ce qu'un système formel d'axiomes ? C'est précisément une suite d'énoncés fondamentaux irréductibles au sens des programmes minimaux (si un axiome pouvait être énoncé de façon plus compacte, on prendrait certainement cette nouvelle façon de l'exprimer comme axiome de base). Donc l'information contenue dans un système d'axiomes satisfait au critère de hasard : elle s'exprime par une suite aléatoire de digits. Ce système peut être utilisé pour démontrer le caractère aléatoire d'autres suites, mais seulement dans la limite où les suites étudiées ont une longueur inférieure au système formel d'axiomes lui-même. Puisque tous les programmes minimaux sont représentés par une suite aléatoire le théorème implique aussi qu'un système formel de complexité plus grande que n est nécessaire pour prouver qu'un programme chargé de construire une suite de n digits est minimal.

Dans la mesure même où la complexité est une mesure du caractère aléatoire d'une suite, le résultat précédent implique que dans un système formel on ne peut pas prouver qu'une suite est au hasard, à moins que la complexité du nombre à tester soit plus petite que celle du système formel lui-même. Bien entendu, tout système formel est nécessairement de longueur finie, tandis qu'une suite peut être arbitrairement grande. Donc il y aura toujours des nombres dont le caractère aléatoire ne pourra pas être prouvé. On rencontre là un des énoncés indécidables sur lequel Gödel a attiré l'attention !

Hasard et continuité

La définition algorithmique du hasard présuppose bien évidemment que les *réalisations concrètes du hasard* ont la puissance des nombres naturels, et non pas la puissance du continu[3]. En d'autres termes, les événements élémentaires qui sont à la base du hasard mathématique sont des événements énumérables, discrets. On pourrait objecter que dans le monde concret une telle situation est exceptionnelle, et que la plupart des grandeurs aléatoires de la physique ont la puissance du continu : position, vitesse, potentiels, champs électriques ou magnétiques, etc. Cette objection a pu embarrasser plus d'un physicien classique, et les mathématiciens se sont effectivement donné beaucoup de mal pour étendre de façon rigoureuse aux variables continues les résultats de la théorie des probabilités dans le cas discret. C'est l'objet de la théorie des distributions, dans laquelle Laurent Schwarz s'est notamment illustré.

Il reste que la théorie de Somolonoff, Kolmogorov et

3. Depuis Cantor, on distingue plusieurs sortes d'infinis, selon l'ensemble numérique avec lequel l'ensemble que l'on considère peut entrer en bijection. Les nombres entiers ont une puissance distincte et inférieure à la puissance des nombres réels, parce que entre deux nombres entiers on peut interpoler un nombre infini de nombres réels.

Chaitin a renoué avec l'antique tradition d'une alliance congénitale entre le hasard et une conception granulaire des ensembles auxquels il se rapporte, ou, comme on le dit aujourd'hui, de quantification. En un sens, elle retrouve l'esprit de Ludwig Boltzmann, qui donnait raison à Pythagore et Platon et reconnaissait aux nombres, et par-delà les nombres à ce qui est dénombrable, une vérité particulière, plus véritable que le continu, lequel lui apparaissait par contraste comme la conquête de l'esprit humain. Il se méfiait des résultats acquis par le moyen de l'analyse différentielle, et n'a pas manqué de souligner, à plusieurs reprises, qu'il ne s'agissait là que d'un artifice mathématique permettant un « raccourci » par rapport aux méthodes de l'arithmétique[4]. Layzer insiste aussi, avec juste raison, sur cette propriété fondamentale du réel : la présence du hasard dans le monde désigne un acteur qui ne peut jouer sa partition que sur un champ granulaire[5]. Nous savons aujourd'hui que cette vue des choses correspond à une réalité profonde : la théorie fondamentale qui décrit la nature, la mécanique quantique, est foncièrement quantique, précisément.

Les résultats obtenus dans l'analyse récente du hasard nous montrent que l'on ne peut pas prouver qu'un nombre est au hasard. En un sens, l'acteur hasard dont nous parlons est un acteur dans un théâtre d'ombres : on ne le voit pas directement, mais la lumière de l'ordre et les plages de vide qu'elle laisse nous le désignent sans équivoque. On peut aussi évoquer ici la fameuse caverne de Platon, et nous trouver d'accord avec lui pour dire que si le hasard règle les événements du vrai monde, nous ne voyons que son ombre.

Mais notre impuissance à prouver qu'un nombre est au hasard ne préjuge pas du fait qu'il existe des nombres réellement aléatoires. De la même manière, le fait qu'on ne peut pas prouver objectivement que le hasard existe vraiment ne veut pas dire qu'il n'existe pas.

---

4. Voir R. Lestienne, *op. cit.*, p. 176.
5. D. Layzer, *Cosmogenesis : the Growth of Order in the Universe*, University Press, New York, 1990, p. 58.

L'impalpabilité, l'évanescence même du hasard est une bénédiction des dieux, parce qu'elle nous dispense de renoncer à notre idéal de pousser, partout où cela se peut, notre idéal de déterminisme, de connaissance objective et de domination de la nature. Puisque nous ne savons pas où commence son royaume, cherchons à débusquer l'ordre et les lois partout !

Einstein, Popper, Lakatos et le problème de l'induction

Le précepte de Chaitin nous désigne clairement le but de l'entreprise scientifique : trouver des raccourcis pour dire le monde. Il ne nous dit pas comment l'homme de science doit procéder ou procède en fait pour y parvenir. Analyser par quels moyens le scientifique parvient à énoncer de tels résumés est le sujet par excellence de l'épistémologie.

On possède sur les réflexions d'Einstein à ce propos un précieux témoignage. La lettre qu'il adressa le 7 mai 1952 à son ami de jeunesse Maurice Solovine contient en effet un saisissant résumé de ses idées. Elle est exposée et commentée par Gerald Holton dans son livre *L'Imagination scientifique*[6]. « La science, y écrit-il, est la tentative de coordonner la multiplicité chaotique des "faits" à un système de pensée unitaire [au plan] logique. » Mais comment deviner le système d'axiomes auxquels on doit confronter les faits, pour voir s'ils correspondent vraiment au résumé recherché ? L'induction, selon Einstein, ne suit pas un cours logique ou nécessaire. C'est une libre création de l'esprit, guidée seulement de manière vague par les faits. « Il n'y a pas de méthode inductive susceptible d'amener aux concepts fondamentaux de la physique, observe-t-il ailleurs. La méconnaissance de cet état de fait fut l'erreur philosophique fondamentale de tant de chercheurs du XIXe siècle[7]. Une fois

6. Gerald HOLTON, *L'Imagination scientifique*, Gallimard, 1981, p. 227.
7. A. EINSTEIN, *Conceptions scientifiques, morales et sociales*, Flammarion, 1952, p. 87.

posés, les axiomes nous permettent d'en déduire des conséquences logiques, qu'il s'agit de confronter aux faits expérimentaux. Ces derniers seront sollicités lors d'expériences précises, destinées à mettre les premiers à l'épreuve. Cette pratique elle-même échappe en partie à la logique, puisque, reconnaît Einstein, « les rapports entre les concepts, intervenant dans [les axiomes] et les expériences ne sont pas de nature logique ». Toutefois, si les prédiction théoriques sont corroborées par l'expérience, notre confiance dans la justesse de notre construction s'en trouvera raffermie. Il ne saurait s'agir de preuves, pour les trois raisons suivantes : d'une part, des prédictions justes peuvent être tirées d'axiomes fallacieux ; d'autre part, parce que pour prouver une théorie une fois pour toutes, il faudrait la soumettre à l'instant à une infinité d'observations ; et, enfin, parce que les expérimentateurs chargés de vérifier tel ou tel aspect d'une théorie sont eux-mêmes faillibles, si honnêtes et scrupuleux qu'ils soient. On se contentera donc de présomption de véracité, attestée par les deux critères suivants : premièrement, la théorie ne saurait contredire les faits d'expérience ; deuxièmement, la théorie doit avoir des qualités esthétiques de simplicité et d'harmonie. On peut rapprocher ce second critère de l'idée, conforme à la théorie de Chaitin, selon laquelle une théorie est d'autant plus puissante qu'elle économise davantage d'« encre » dans la description du monde.

L'idée qu'une théorie ne peut jamais être prouvée, mais seulement falsifiée à l'occasion, réside au cœur de la pensée épistémologique de Karl Popper. Cette idée quelque peu négative n'empêche nullement Popper d'estimer que « la science doit s'efforcer de découvrir la vérité objective, une vérité qui ne dépend que des faits, qui est au-dessus de l'arbitrage des hommes, et en tout état de cause au-dessus des modes intellectuelles[8] ». L'affirmation de cette foi ne repose il est vrai sur aucune démonstration. Les travaux des épis-

8. K. POPPER, *Un univers de propensions. Deux études sur la causalité et l'évolution*, L'Éclat, 30250 Combas, 1992, p. 57.

témologues contemporains ne cessent d'approfondir le catalogue des difficultés qui se dressent autour de ce programme.

Parmi ceux-ci l'un des plus importants, déjà pressenti mais non discuté par Einstein, est le fait qu'il n'y a pas d'observation ou de fait d'expérience bruts, qui ne soient déjà en partie des produits d'une théorie sous-jacente[9]. Les mêmes penseurs constatent aussi que l'idéal énoncé selon lequel une théorie est d'autant plus puissante qu'elle condense davantage de faits, théoriquement juste, ne correspond pas dans la pratique à ce que les scientifiques considèrent comme une hypothèse particulièrement féconde. « C'est une erreur de considérer que le fait que des conjectures audacieuses, hautement falsifiables, soient falsifiées, représente des moments d'avancée significative dans la science, écrit Chalmers. D'un côté, les théories prennent la forme de conjectures audacieuses, hasardeuses, alors que, de l'autre, elles sont des conjectures prudentes, et leurs énoncés ne semblent pas contenir de risques significatifs. Si l'une ou l'autre de ces conjectures échoue à un test d'observation ou d'expérience, elle sera falsifiée, alors que si elle surmonte un tel test, on dira qu'elle est *confirmée*. Les progrès significatifs ont lieu lors de la *confirmation* de conjectures audacieuses ou de la *falsification* de conjectures prudentes[10]. »

La démarche des chercheurs scientifiques est encore analysée plus en détail par Imre Lakatos[11], qui souligne comment l'homme de science, qui ne veut pas risquer d'hypothèse en vain, construit en général autour des systèmes d'axiomes en faveur (parce qu'ils ont déjà fait leurs preuves) des *ceintures protectrices* d'hypothèses auxiliaires, qui lui permettront en cas de désaccord d'une observation ou d'un résultat d'expérience de préserver l'essentiel de ce qu'il croit acquis,

9. Voir par exemple A. F. CHALMERS, *Qu'est-ce que la science ? Popper, Kuhn, Lakatos, Feyerabend*, La Découverte, 1987, chap. 3, « La dépendance de l'observation par rapport à la théorie ».

10. A. F. CHALMERS, *ibid.*, p. 98.

11. Voir I. LAKATOS, « Falsification and the Methodology of Scientific research Programmes », in *Criticism and the Growth of Knowledge*, I. LAKATOS et A. MUSGRAVE eds., Cambridge University Press, 1974, p. 91-196.

et de différer ainsi, sauf en de rares circonstances, les remises en cause radicales ou les révolutions scientifiques.

L'observation sociologique de la communauté scientifique confirme certainement très largement ces réserves. Si elle souligne les difficultés concrètes de l'exercice de la science, une telle observation n'enlève rien aux mérites des réflexions d'Einstein sur la quintessence de l'art d'élaborer une théorie scientifique, pas plus qu'elle ne contredit les spéculations audacieuses de Somolonoff, Kolmogorov et Chaitin. Ceux-ci ont dégagé avec rigueur les grandes formes qui distinguent l'entreprise scientifique des autres entreprises humaines, sculptées pour ainsi dire dans la glaise informe de la « multiplicité chaotique de l'expérience », pour reprendre les propres termes d'Einstein.

15

La question de la liberté

Après la question de l'existence, celle de la liberté — celle de ma liberté, en tant qu'homme — est sans doute la question centrale de la philosophie. J'aspire vraiment à savoir dans quelle mesure celui que j'appelle « moi » possède cette dignité de pouvoir décider en quoi que ce soit ses actions et orienter son comportement. Ou bien si, au contraire, cette revendication de libre arbitre n'est qu'une illusion de plus dont il faudra bien accepter la vanité...

Posée ainsi, la question est beaucoup trop importante pour être traitée dans ce livre, fût-ce en faisant appel, comme on essaiera de le faire, à quelques grands auteurs philosophiques. On cherchera plus modestement à l'éclairer par la perspective de l'existence d'un hasard essentiel : si le réel lui-même est baigné de contingence et traversé d'aléas, cela n'ouvre-t-il pas une porte sur la possibilité d'un moi décidant ? Il y a cependant encore une immense distance entre l'acceptation d'un hasard vrai et la vérification de l'hypothèse métaphysique fondamentale d'un « moi » libre. La science contemporaine, tout en permettant de préciser les termes du débat, ne parvient pas vraiment à réduire cette béance.

Certes, la question de l'existence d'un hasard intrinsèque — que nous défendons ici — et celle de la liberté ne se placent pas au même niveau, et doivent être philosophiquement distinguées. Au siècle dernier, Maxwell, Peirce, James se firent les ardents apôtres d'un indéterminisme nécessaire pour sauver la liberté de l'homme, mais leurs arguments peuvent paraître aujourd'hui assez approximatifs. Maxwell semblait confondre liberté et sensibilité aux conditions initiales. Peirce rejetait catégoriquement, au nom du devenir, une causalité dont le pouvoir explicatif sur la nature n'est pas niable. James recherchait dans les sphères de la psychologie des explications qui étaient visiblement, à son époque, hors de portée de cette discipline. Il n'empêche que chance et liberté sont quand même liées d'une certaine manière, dans la mesure où l'on ne pourrait pas imaginer un libre arbitre possible s'il n'y avait pas un certain hasard.

Curieusement, le philosophe qui voudrait fonder sur le hasard vrai le libre arbitre humain serait aussi peu armé que le déterministe pour répondre à la question cruciale de la responsabilité personnelle. A vouloir trop lier l'existence du libre arbitre à celui du hasard, où trouver une place pour cette notion de responsabilité, la seule vraiment dignifiante ?

La tentation du matérialisme déterministe

Depuis Montaigne, le sort de la liberté et celui du hasard sont liés. Comme l'écrit Martin Daniel résumant la pensée de Montaigne, « c'est précisément parce qu'il y a un certain jeu (la fortune) entre Dieu et l'homme que l'homme peut affirmer sa liberté ». Et il ajoute bien joliment : « La fonction de la fortune est de nous permettre de marchander avec Dieu [1]. » L'avènement du déterminisme classique, niant la réalité du hasard, va naturellement reléguer le problème du libre arbitre au rang des problèmes philosophiques impos-

1. M. DANIEL, *Montaigne et la fortune, essai sur le hasard et le langage*, Librairie Honoré Champion, Paris, 1977, p. 206.

sibles. Spinoza ne voit à ce dilemme d'autre issue que de proposer cette idée : la liberté n'est pas autre chose que le nom que nous donnons à nos déterminations intérieures ; le sentiment d'être libre consiste à acquiescer à ces déterminations. En dépit de l'analyse critique de Kant, qui restreint le domaine du déterminisme scientifique à la sphère des phénomènes par opposition à la réalité en soi, la tendance courante jusqu'au milieu du XIXe siècle sera d'opposer le déterminisme à l'expérience du libre arbitre. La découverte de la conservation générale de l'énergie au milieu du XIXe siècle permit aux matérialistes d'affûter leurs couteaux contre les spiritualistes et autres défenseurs de la libre détermination. Les régularités dévoilées par la théorie des probabilités leur fournirent des arguments supplémentaires. Dans son *Histoire de la civilisation en Angleterre*, parue en 1857, Henry Buckle utilisa les régularités observées dans les statistiques criminelles contre l'idée de libre arbitre. Puisque dans la société anglaise le nombre des crimes, bon an mal an, reste voisin d'une valeur moyenne, ne faut-il pas en conclure que ces actes étaient de quelque manière inéluctables, que les criminels ne pouvaient échapper à cette détermination subtile qu'on appelle les lois du hasard ? Les physiciens avec Maxwell soulignèrent de leur côté que la théorie des probabilités avait vocation à s'appliquer aux sciences sociales, de la même manière qu'elle s'applique aux molécules d'un gaz. Le déterminisme matérialiste connut alors une sorte d'apogée, qui se prolongea, en plein XXe siècle, par l'extension du matérialisme « scientifique », produisant des œuvres caractéristiques comme *Matérialisme et empiriocriticisme* de Lénine.

Dès le milieu du XIXe siècle cependant, une réaction se fait jour. Maxwell lui-même remarque qu'on ne peut pas connaître les causes des mouvements moléculaires dans tous leurs détails. Il voit dans cette limite pratique une réconciliation possible avec le libre arbitre. L'espèce d'indéterminisme qu'il propose au niveau le plus fin des mécanismes moléculaires pourrait, selon lui, entrer en jeu à chaque fois qu'un système atteint un point d'instabilité, comme dans le cas d'une toupie arrêtée qui ne « sait » de quel côté elle va tomber.

Présenté sous cette forme, l'argument paraît conduire plutôt vers le développement d'une théorie des systèmes complexes instables, sensibles aux conditions initiales, auxquels Poincaré a consacré de son côté de longues réflexions. Celles-ci ne débouchent pas sur la restauration d'un hasard essentiel, mais sur la théorie du chaos déterministe, qui ne peut être d'aucun secours pour le problème qui nous occupe, sinon d'insister sur le caractère illusoire de notre sentiment de liberté.

Pour le déterministe convaincu, la difficulté fondamentale n'est pas nécessairement d'accommoder le déterminisme avec la liberté. Le vieil argument de Spinoza reste pour lui entièrement valable. Il suffit, comme cet auteur avait si bien su le faire, de redéfinir cette liberté en termes suffisamment contraignants : si la liberté n'est que l'art d'acquiescer à nos déterminations intérieures, il n'y a pas de conflit entre déterminisme et sentiment de liberté. Mais qui peut vraiment se satisfaire d'une telle solution ? Elle ne peut nous apaiser, car en réalité, l'homme n'est alors ni vraiment libre, ni vraiment responsable.

Ce ne sont pas là les seules objections à la tentation du déterminisme matérialiste ; il est intéressant à cet égard de rappeler celles formulées par un épistémologue et théoricien de la science qui a beaucoup fait pour éclaircir les problèmes soulevés par la notion de hasard et le calcul des probabilités : Karl Popper. Celui-ci, tenté dans ses premiers écrits par une approche déterministe et purement matérialiste, n'a pu résoudre dans le cadre de cette philosophie le problème cosmologique « de comprendre le monde, nous-mêmes, et notre connaissance en tant qu'elle fait partie du monde ». L'argument de Popper est fondé sur une sorte de régression sans fin de notre connaissance de la réalité, sur fond de temporalité : parce que nous faisons partie du monde, nous ne pouvons pas prédire les découvertes encore à faire (sans quoi elles seraient déjà contenues dans notre description du monde). La description, et la prédiction, de notre connaissance scientifique ne peut jamais être totale, car elle ne peut inclure les connaissances que nous sommes *juste en train* d'acquérir. Par là on ne peut prédire totalement l'état futur du monde.

Ainsi, cette personnalité qui a consacré tant d'efforts à cerner l'existence et les propriétés du hasard vrai n'a pas manqué, en définitive, de poser l'autonomie de la pensée par rapport à son substrat biologique, le cerveau. Son système philosophique découpe finalement la réalité en trois mondes communiquants mais distincts : le monde des objets physiques, celui des sentiments, et enfin celui des pensées construites et des théories scientifiques. La raison de cet appel à des mondes différents peut être recherchée dans l'idée que l'indéterminisme physique ne saurait suffire à justifier le libre arbitre. Tout ce qu'il permet, c'est de créer l'espace indispensable pour les actions humaines libres et créatives [2].

Hasard, essence et existence

Les existentialistes ont tendu à fondre les deux questions du hasard et de la liberté en une seule, et à ramener cette dernière à une condition primitive de l'existence. Non satisfaite d'être un simple acquiescement à nos déterminations intérieures, ainsi que le conseillait Spinoza, notre liberté peut se déployer en s'appuyant sur le hasard. C'est là, somme toute, la thèse que Jean-Paul Sartre a soutenue.

La philosophie existentialiste de Sartre adopte l'idée que « l'existence précède l'essence ». Exister c'est donc exister dans la contingence, dans la liberté, dans l'incertitude du devenir. Le monde n'a pas de sens donné, ce sont les êtres existants dans une liberté potentielle qui doivent lui construire un sens. D'où l'importance chez Sartre de la distinction et de l'analyse des rapports entre l'en-soi et le pour-soi. La liberté n'est pas du côté de l'en-soi, mais du pour-soi. Les

2. Voir Anthony O'HEAR, *Karl Popper*, Routledge et Kegan Paul, Londres, 1980, p. 146.

deux notions doivent en effet être soigneusement distinguées : « C'est parce que la réalité humaine n'est pas assez qu'elle est libre, c'est parce qu'elle est perpétuellement arrachée à elle-même et que ce qu'elle a été est séparé par un néant de ce qu'elle est et de ce qu'elle sera. C'est, enfin, parce que son être présent lui-même est néantisation sous la forme de "reflet-reflétant". L'homme est libre parce qu'il n'est pas soi mais présence à soi. L'être qui est ce qu'il est ne saurait être libre. La liberté, c'est précisément le néant qui *est été* au cœur de l'homme et qui contraint la réalité humaine à *se faire*, au lieu d'*être* [3]. »

Sartre met en question dans ce texte le statut de l'être lui-même. Il fait de l'association entre l'être et la liberté quelque chose d'essentiel, et dans la liberté c'est la non-détermination qui est essentielle. En bref, il refuse de définir l'être autrement que par la liberté : être, c'est n'être pas tout à fait.

Il me semble que n'être pas tout à fait n'est possible que dans un monde habité par un hasard essentiel, et que de ce point de vue la science moderne ne s'oppose pas à cette approche. Cependant, cette philosophie n'est peut-être pas à même de répondre aux questions qu'elle ne manque pas de soulever : quelle est la nature de cette liberté fondatrice de l'existence ? Quels sont ses rapports avec la matérialité ? Sartre les voyait jaillissant d'un même élan. Dans le cadre d'une théorie physique dépouillée d'un carcan déterministe trop rigide, l'idée de consubstantialité entre liberté et existence a trouvé de nouveaux échos. Ainsi, interrogé par Guitta Pessis-Pasternak qui lui demandait où il situait le libre arbitre, Henri Atlan répondait : « Probablement dans l'interaction entre les déterminismes génétiques et le déterminisme du milieu, je veux dire que c'est par ces interactions mêmes que se constitue une individualité. La formule de Freud : "Là où était le ça, le Je doit advenir", bien qu'exprimée avant les découvertes de la biologie moléculaire, reflète une réalité qui est tout aussi valable depuis lors. Le "libre arbitre" ne

3. J.-P. Sartre, *L'Être et le Néant*, rééd. Gallimard, 1980, p. 495.

concerne pas tant les marges de manœuvre que la constitution même du sujet, le fait de se constituer en individu [4]. » Cette pensée aux accents sartriens est prolongée par le psychanalyste Miguel Benasayag : « La liberté a été longtemps identifiée à la notion de libre arbitre : l'homme était libre de choisir la bonne voie (bien sûr préexistante et à découvrir) ou de se tromper et par là même de se condamner [...]. Cette perspective, ignorant l'instance symbolique et du rôle de l'"événement [5]", reste nécessairement limitée au niveau de la morale, des "faits" [...]. Mais si l'on renonce au déterminisme, on peut trouver un autre sens [au concept de liberté]. Le "progrès relatif" peut être le développement d'un *projet à construire*, dans le cadre d'un système relatif et contingent [6]. »

Contrairement à Sartre et aux philosophes néo-existentialistes, retournant ces problèmes dans tous les sens à la recherche d'une réponse adaptée, des philosophes comme Kierkegaard et Bergson n'ont vu d'autre échappatoire que de faire appel à une transcendance, c'est-à-dire à quelque chose dont l'existence échappe à la matérialité ordinaire.

Liberté et transcendance

Si Kierkegaard est considéré à juste titre comme le fondateur de l'existentialisme, c'est parce qu'il pose lui aussi la liberté comme fondement de l'être. Pour lui, cependant, la liberté est la marque d'une qualité surnaturelle (transcendante) dans l'existence humaine. Par certain côté, on retrouve là, mais sous une forme extrême (dans la mesure où elle dépasse le matérialisme) le thème sartrien de la liberté, fondatrice de l'existence. Il faut bien reconnaître que cette philosophie ne procure à Kierkegaard ni paix de l'âme ni sérénité. La raison en est la transcendance même qui est évo-

4. Henri ATLAN, *in* Guitta PESSIS-PASTERNAK, *Faut-il brûler Descartes ?*, La Découverte, 1991, p. 55.
5. Que Benasayag pose comme essentiellement imprévisible (note de l'auteur).
6. Miguel BENASAYAG, *Utopie et Liberté*, La Découverte, 1986, p. 114.

quée, tellement haute qu'elle est à jamais inaccessible : on ne peut pas se réconcilier avec son soi transcendant. La réalité transcendante étant hors du temps et le temps étant inséparable du monde, le seul point de contact entre les deux réalités, c'est l'instant présent. De fait, Kierkegaard considère le présent comme le point de contact entre la ligne droite infinie de la transcendance et le cercle tangent du monde. Mais combien cette fusion est fugace et éphémère !

Autre regard d'un philosophe sur le problème de la liberté, celui de Bergson. Comme Kierkegaard, Bergson propose à ce problème une solution dualiste. Mais ce dernier plaide pour l'existence d'une bien plus large zone de contact entre le monde matériel, rationnel, et le monde spirituel, intuitif. Pour lui, le même organe appréhende les deux faces de la réalité, sous les deux fonctions différentes que sont l'intelligence et l'intuition. L'intelligence, pour Bergson, c'est la faculté de raisonner. Elle assure un parallélisme entre la réalité matérielle dans sa nécessité, dans son déterminisme, et le cerveau. Au contraire, l'intuition représente en quelque sorte l'autre côté des facultés intellectuelles, de l'esprit, qui permet d'appréhender la transcendance, la liberté humaine, et d'autres facultés du cerveau que les sciences physicobiologiques n'expliqueront jamais. Les lois physiques peuvent s'appréhender par l'intelligence. Mais la surprise, l'imprévu, la fresque du devenir se constituant ne frappent que l'intuition. C'est de ce côté et par cet instrument que l'on peut espérer appréhender la réalité du désordre[7].

Comme l'on sait, Bergson était partisan de l'idée d'une

---

7. Du désordre, Bergson a écrit : « On verrait quel rôle capital joue l'idée de *désordre* dans les problèmes relatifs à la théorie de la connaissance. Elle n'y apparaît pas explicitement, et c'est pourquoi l'on ne s'est pas occupé d'elle. Pourtant, c'est par la critique de cette idée qu'une théorie de la connaissance devrait commencer, car si le grand problème est de savoir pourquoi et comment la réalité se soumet à un ordre, c'est que l'absence de toute espèce d'ordre paraît possible ou concevable. A cette absence d'ordre le réaliste et l'idéaliste croient penser l'un et l'autre, le réaliste quand il parle de la réglementation que les lois "objectives" imposent effectivement à un désordre possible de la nature, l'idéaliste quand il suppose une "diversité sensible" qui se coordonnerait — étant par conséquent sans ordre — sous l'influence organisatrice de notre entendement » *(L'Évolution créatrice, op. cit.*, p. 221).

création continue. A propos de l'évolution biologique, il voit dans l'acte d'organisation « quelque chose d'explosif » fondé sur un hasard fondamental. Mais cette imprévisibilité de la nature ne le pousse pas au désespoir. Au contraire, elle le pousse à la joie de se savoir libre. Ce sont les pages magnifiques tirées de l'*Essai sur les données immédiates de la conscience* (1889), dont on me pardonnera de citer un assez large extrait, car leurs accents résonnent comme un hymne à la joie : « Les actes libres sont rares, même de la part de ceux qui ont le plus coutume de s'observer eux-mêmes et de raisonner sur ce qu'ils font. [...] Quand nos amis les plus sûrs s'accordent à nous conseiller un acte important, les sentiments qu'ils expriment avec tant d'insistance viennent se poser à la surface de notre moi, et s'y solidifier à la manière des idées dont nous parlions tout à l'heure. Petit à petit, ils formeront une croûte épaisse qui recouvrira nos sentiments personnels ; nous croirons agir librement, et c'est seulement en y réfléchissant plus tard que nous reconnaîtrons notre erreur. Mais aussi, au moment où l'acte va s'accomplir, il n'est pas rare qu'une révolte se produise. C'est le moi d'en bas qui remonte à la surface. C'est la croûte extérieure qui éclate, cédant à une irrésistible poussée. Il s'opérait donc dans les profondeurs de ce moi, et au-dessous de ces arguments très raisonnablement juxtaposés, un bouillonnement et par là même une tension croissante de sentiments et d'idées, non point inconscients sans doute, mais auxquels nous ne voulions pas prendre garde. En y réfléchissant bien, en recueillant avec soin nos souvenirs, nous verrons que nous avons formé nous-mêmes ces idées, nous-mêmes vécu ces sentiments, mais que, par une inexplicable répugnance à vouloir, nous les avions repoussés dans les profondeurs obscures de notre être chaque fois qu'ils émergeaient à la surface. Et c'est pourquoi nous cherchons en vain à expliquer notre brusque changement de résolution par les circonstances apparentes qui le précédèrent. Nous voulons savoir en vertu de quelle raison nous nous sommes décidés, et nous trouvons que nous nous sommes décidés sans raison, peut-être même contre toute raison. Mais c'est là précisément, dans certains cas, la meilleure des raisons. Car l'action accomplie n'exprime plus alors telle idée superficielle presque extérieure à nous, distincte et facile à exprimer : elle répond à l'ensemble de nos sentiments, de nos pensées et de nos aspirations les plus intimes, à cette conception particulière de la vie qui est l'équivalent de toute notre expérience passée, bref, à notre idée personnelle du bonheur et de l'honneur. Aussi a-t-on eu tort, pour prouver que l'homme est capable de choisir sans motif, d'aller chercher des exemples dans les circonstances ordinaires, et même indifférentes de la vie. On montrerait sans peine que ces actions insignifiantes sont liées à quelque motif déterminant. C'est dans les circonstances solennelles, lorsqu'il s'agit de l'opinion que nous donnerons de nous aux autres et surtout à nous-mêmes, que nous choisissons, en dépit de ce qu'on est convenu d'appeler un motif ; et cette absence de toute raison tangible est d'autant plus frappante que nous sommes plus profondément libres. [...] Bref, nous sommes libres quand nos actes émanent de notre personnalité entière, quand ils l'expriment, quand ils ont avec elle cette indéfinissable ressemblance qu'on trouve parfois entre l'œuvre et l'artiste. En vain, on alléguera que nous cédons alors à l'influence toute-puissante de notre caractère. Notre caractère, c'est encore nous ; et parce qu'on s'est plu à scinder la personne en deux parties, pour considérer tour à tour par un effort d'abstraction le moi qui sent ou pense, et le moi qui agit, il y aurait quelque puérilité à conclure que l'un des deux moi pèse sur l'autre. [...] En un mot, si l'on convient d'appeler libre tout acte qui émane du moi, et du moi seulement, l'acte qui porte la marque de notre personne est véritablement libre, car notre moi seul en revendiquera la paternité[8]. »

Bergson pointe ici du doigt le cœur de la question qui nous tourmente : la liberté dont il s'agit ne peut se confondre avec la pusillanimité du matelot ivre ou l'irresponsabilité d'un ordinateur programmé pour répondre au hasard à la ques-

8. H. Bergson, *Essai sur les données immédiates de la conscience*, rééd. « Quadrige »/PUF, 1988, p. 126.

tion qu'on lui pose. Elle porte sur les actes essentiels de notre vie, ceux qui engagent notre personnalité et la façonnent en même temps. Par là elle est inséparable de la question de la matérialité ou de l'immatérialité de la pensée.

On connaît la nature de la réponse que Bergson donnait à cette question. Mais, quoique Bergson ait été très au courant des dernières données des sciences psychologiques et cognitives de son temps, celles-ci ont évidemment considérablement évolué depuis. La philosophie n'a-t-elle pas d'ailleurs eu tendance, ces derniers temps, à déborder les champs clos des professionnels de la pensée pour devenir une activité d'élection des hommes en blouse blanche ? Ce déplacement était déjà sensible du temps de Bergson, avec les débats passionnés autour de la naissance de la mécanique quantique. Les dernières œuvres d'un Schrödinger l'annoncent clairement : la voie royale de la philosophie moderne, après avoir tenté les physiciens, appelle maintenant les biologistes. Il nous reste à mesurer la maigre moisson de ce que les uns et les autres nous ont apporté jusqu'ici.

Une fausse piste : l'indéterminisme quantique

Les physiciens apprentis philosophes qui ont été témoins du développement de la mécanique quantique, avec son indéterminisme fondamental, ont cru trouver là une solution au problème de la liberté. C'était bien entendu une solution fallacieuse. Tout d'abord, elle mélangeait deux niveaux, celui de la conscience humaine d'un côté, et celui des atomes et des électrons de l'autre. Peut-on évoquer sérieusement le libre arbitre de l'électron ? C'est au moins aussi risqué que de prétendre expliquer la formation des galaxies par les tourbillons de la vidange d'un lavabo ! Plus grave encore, elle se trompait sur la nature de l'incertitude introduite par la mécanique quantique. Il n'y a ni liberté ni indéterminisme pour l'électron, mais seulement une indétermination pour nous, au sujet de sa nature. Un électron n'est pas libre de se comporter comme une onde ou comme un corpuscule ; seulement la nature d'un électron n'est ni d'être ce que nous appelons onde, ni ce que nous appelons corpuscule. La « liberté » de l'électron, dans la mesure où elle se ramène à la question de l'indéterminisme quantique, n'est pas une liberté ontologique, mais une indétermination de nos discours ou une faiblesse de nos catégories, dans un contexte expérimental donné. Ce n'est certes pas là l'espèce de liberté que les philosophes aimeraient revendiquer pour l'homme !

Soixante ans après les débats passionnés de l'« école de Copenhague » et la proposition de certains philosophes de fonder la liberté sur les propriétés nouvelles des électrons, Bernard d'Espagnat fait en termes mesurés le bilan de l'apport de la physique contemporaine au problème de la liberté. Dans son livre *Une incertaine réalité*, il constate que la mécanique quantique nous enseigne que la science ne porte pas sur le réel en soi mais sur les phénomènes, c'est-à-dire le réel dans ses rapports avec l'intelligence (confirmant par là l'intuition ancienne de Kant). Dans ce champ clos, la pratique scientifique cherche à encadrer les phénomènes par des lois. Qu'il n'y ait pas de place dans cette approche pour la liberté, quoi de plus naturel ? Mais la science moderne nous enseigne aussi ses propres limites : son champ ne recouvre pas la totalité du réel : « Le rôle si important que jouent les énoncés à objectivité seulement *faible* [c'est-à-dire requérant la présence d'un observateur, bien qu'ils soient valables quel que soit cet observateur] dans la physique de base de notre temps, la difficulté (dont on a de très bonnes raisons de penser qu'elle pourrait être insurmontable) qu'il se trouve à les remplacer sans ambiguïté par des énoncés objectifs au sens fort, sont des indications sérieuses en faveur de la conception selon laquelle la science — et en vérité non pas seulement la science élaborée mais également cette science élémentaire qu'est la connaissance vulgaire — forge elle-même ses propres concepts dans une visée qui est avant tout d'efficacité descriptive[9]. » On n'est donc pas forcé d'adopter automatiquement, et par rapport à ce problème de la

9. B. D'ESPAGNAT, *Une incertaine réalité*, *op. cit.*, p. 195.

liberté, une solution dualiste. Il y a, sans doute, encore place pour des positions plus nuancées, parce qu'au fond on ne sait pas ce qu'est le réel en soi.

Les incertitudes de la biologie contemporaine

Cette modestie me semble confirmée par l'examen des connaissances contemporaines en biologie, et particulièrement de la neurobiologie et autres sciences qui s'occupent du cerveau. Faisant un bilan assez exhaustif de toutes les attitudes philosophiques en « isme » dans leur confrontation avec les connaissances neurobiologiques actuelles, Paul M. Churchland ne peut en discréditer aucune, pas même la position extrême de John Eccles, le prix Nobel de physiologie et médecine 1963 et dualiste convaincu, bien que l'auteur en question penche visiblement pour une interprétation uniréaliste, identifiant la pensée et l'activité cérébrale physicochimique[10]. Sans entrer dans les détails des nombreuses variantes possibles, on peut avec lui distinguer quatre grandes attitudes, selon la réponse que l'on donne à la question suivante : *Pensez-vous que les concepts de la psychologie ordinaire (joie, peine, douleur, etc.) pourront être un jour expliqués par les neurosciences expérimentales et réduits ou identifiés à des mécanismes physicochimiques concernant l'activité d'ensembles neuronaux ?* A cette question, certains sont tentés de prédire qu'en effet les concepts psychologiques seront un jour réduits et expliqués en termes de mécanismes neuronaux : on les appellera les *réductionnistes.* D'autres maintiennent qu'une telle réduction est impensable, car le comportement humain a des sources spirituelles, en tout cas non physiques : ce sont les *dualistes.* Les *fonctionnalistes* prétendent ne s'intéresser qu'aux effets visibles de la pensée, et non pas à la nature de cette dernière. Ils seront d'accord avec les précédents pour juger impossible la réduction future des

10. Voir P. M. CHURCHLAND, *Matter and Consciousness*, MIT Press, rééd. 1988.

états de pensée à des états neuronaux, parce qu'ils savent l'énorme diversité d'états neuronaux susceptibles de donner lieu à un même et seul comportement observable. Le quatrième groupe, celui des *matérialistes éliminatifs*, juge que la psychologie actuelle est encore beaucoup trop empirique, floue et approximative pour que les concepts qu'elle a forgés puissent donner lieu à des réductions scientifiques valables.

Nous avons vu que Eccles penche pour une franche coupure entre la pensée et son support physiologique, malgré les rapports évidents que la pensée entretient avec le cerveau. Sa philosophie est donc ouvertement dualiste[11]. Un autre prix Nobel, Gerald Edelman, penche pour un réalisme fortement tempéré par la remarque que le cerveau et la pensée sont des produits d'une longue évolution sélective. Cette remarque autorise à ses yeux une sorte d'*émergencisme* finalement moins éloigné de la position dualiste de Bergson que du matérialisme réductionniste[12]. Également épistémologue et chercheur en neurosciences, l'épouse d'un auteur précédemment cité, Patricia S. Churchland, passe en revue dans son remarquable ouvrage *Neurophilosophy* les connaissances les plus récentes et commente les interrogations sur la nature de la conscience. Elle observe que la conscience doit être distinguée de la perception (de nombreux rapports cliniques citent des exemples patents de perception non consciente, non connue du sujet) et, à propos du problème de la réduction des états mentaux aux états neuronaux, montre qu'on assiste depuis quelques années à une *coévolution* de la neurobiologie et de la psychologie, laissant espérer leur convergence, non pas dans l'immédiat mais pour un futur plus ou moins lointain[13]. En France, Jean-Pierre Changeux n'en hésite pas moins à défendre dans *L'Homme neuronal* et dans *Matière*

---

11. Cf. J. Eccles, *Évolution du cerveau et création de la conscience*, Fayard, 1992.
12. G. Edelman, *The Remembered Present. A Biological Theory of Consciousness*, Basic Books, New York, 1989.
13. P. S. Churchland, *Neurophilosophy*, MIT Press, 1986. Voir en particulier p. 285, 317.

à penser une vision franchement réductionniste de la pensée, sans se laisser entamer par la difficulté d'une telle attitude : comment un cerveau « qui produirait de la pensée comme le foie produit de la bile » (selon la formule de Georges Cabanis énoncée en 1801) peut-il engendrer des attitudes contraires parfois à l'intérêt de l'individu, voire à la survie de l'espèce ? La réalité est que, si nous savons déchiffrer certains mécanismes élémentaires de la perception, comme la réponse d'une zone corticale à des stimulations définies, nous n'avons pas la moindre idée de ce qu'est la représentation consciente, ni dans quelle partie du cerveau — à supposer qu'il y en ait une — elle prend place. Ainsi, le neurophysiologiste américain Benjamin Libet a pu montrer que l'individu corrige les sensations reçues pour les « recadrer » temporellement, en fonction du temps de propagation de l'influx nerveux depuis l'organe sensoriel concerné jusqu'au « cerveau ». Un vif débat autour de ses travaux et de leur interprétation a fait ressortir notre totale ignorance du cadre spatial et temporel en référence duquel ces recalages ont lieu[14].

Ainsi, au terme de cette promenade un peu éclectique, il faut bien l'avouer, au royaume de la neurobiologie, nous avons surtout pris conscience de l'étendue de nos ignorances. Nous sommes encore loin de connaître suffisamment les mécanismes de la pensée pour pouvoir trancher, ou même éclairer utilement la question de la liberté humaine.

Notre enquête est bien forcée de s'arrêter sur cette note un peu désabusée. Oui, le hasard qui habite la nature est une des conditions qui rend le libre arbitre possible. Non, le libre arbitre ne peut pas se comprendre simplement en faisant seulement appel à cette propriété naturelle. Oui, les neurosciences pourront peut-être un jour nous permettre de cerner un peu mieux ce débat, en lui apportant des éléments constructifs. Non, elles ne le peuvent pas encore. Ainsi, aujourd'hui, le libre arbitre reste-t-il avant tout une question métaphysi-

14. Cf. *Nature*, 4 juillet 1991, vol. 352, p. 27.

que, tout autant que le problème qui lui est lié, celui de ses rapports avec la responsabilité personnelle. Tous deux peuvent requérir encore pour longtemps les compétences des psychologues et des métaphysiciens.

16

Sur le bonheur de ne pas savoir

Si tout pouvait être connu, la vie vaudrait-elle la peine d'être vécue ? Si une fée à notre dix-huitième anniversaire nous offrait le livre où toute notre vie future serait décrite dans ses moindres détails, serait-ce une bonne ou une mauvaise fée ? L'espoir est tellement plus beau que les certitudes...

On ne peut nier le rôle essentiel que joue dans l'existence l'aiguillon de l'incertitude. Cela se voit par exemple dans les conduites amoureuses. Rien n'est plus délicieux que les premiers moments où l'on sent que l'on s'engage sur une piste nouvelle, où des relations inédites se nouent avec un être dont on ignore tout encore, et dont les réactions apparaissent imprévisibles et déconcertantes. Merveille de se sentir à la lisière d'un pays inconnu. Sentiment d'amour mêlé de crainte, que la tendre complicité qui s'instaure quand l'incertitude sur l'amour de l'autre s'est dissipée ne met pas à l'abri de surprises quotidiennes. La littérature est pleine d'illustrations romanesques de ces vérités vécues par chacun d'entre nous.

Donc, bonheur de ne pas savoir, d'autant plus beau d'ailleurs lorsqu'il est pétri de réelles incertitudes, celles qu'appelle l'existence d'un hasard vrai, et non pas les seules interrogations sur un destin qui serait déjà écrit mais caché de nous.

Et pourtant, comme l'histoire de la pensée humaine nous l'enseigne, le gouffre béant de l'incertitude ne débouche pas nécessairement sur la joie. Il peut aussi entraîner la désespérance. Aucune de ces deux voies ne nous est vraiment désignée par la science, mais toutes deux font partie du patrimoine de l'humanité. C'est pourquoi nous ne pensons pas inutile de les évoquer avant de refermer cet ouvrage.

Déterminisme et désespoir

René Thom, chantre moderne du déterminisme, ne comprend pas comment les tenants d'une approche nouvelle de la science peuvent admettre de faire une place au hasard dans le monde. Dans la préface qu'il a écrite pour la réédition de l'*Essai philosophique sur les probabilités* de Laplace, il ironise superbement sur l'espoir, dérisoire à ses yeux, de sauver ainsi la liberté : « Les contempteurs modernes du déterminisme, sectateurs du chaos et de la *Scienza Nuova*, théoriciens de l'ordre par le bruit, de l'ordre par fluctuation (I. Prigogine) ont chanté la mort du déterminisme et exalté l'aléatoire. Ceci dans le désir de sauvegarder la possibilité de l'innovation radicale (en particulier, permettre la liberté humaine)... En science, l'aléatoire pur, c'est le processus markovien, où toute trace du passé s'abolit dans la genèse du nouveau coup ; à chaque épreuve se réitère le "big bang" créateur : l'aléatoire pur exige un fait sans cause, c'est-à-dire un *commencement absolu*... Si l'on veut faire de l'aléatoire, du stochastique un objet de science, il faut soumettre cet arbitraire créateur à des contraintes, des lois... La science quantitative contraint son Dieu créateur à la répétition d'un geste — toujours le même —, dirigé dans n'importe quel sens, elle le réduit à la démarche brownienne du matelot ivre. Piètre échappatoire au déterminisme que cette vision d'un Dieu fou contraint sans cesse à l'alternative burlesque de l'âne de Buridan. Peut-on croire sauver ainsi la possibilité de l'innovation radicale, de l'invention créatrice ? »

L'erreur de Thom, à mon sens, est justement de n'avoir pas perçu cette différence, minime en apparence, colossale dans ses conséquences, qui sépare le hasard physique du hasard mathématique. Oui, l'existence du hasard suppose la répétition incessante d'un geste, ici et partout. Non, cette répétition ne se résume point en chaque instant au choix limité et imbécile de l'âne de Buridan. A la différence du hasard mathématique, le hasard physique construit, se déploie. Par-delà l'absence de mémoire du processus markovien dont parle Thom, il engrange dans les greniers de la matière et de la vie une formidable compétence à nier ce sentiment de l'absurde.

Hasard et absurdité

Nul sans doute mieux qu'Albert Camus n'a senti l'absurdité de la condition humaine, en tant qu'elle est le jouet du hasard, si ce hasard n'est pas créatif ou porteur de sens. On ne résistera pas à la tentation de retranscrire ici quelques-unes des pages dans lesquelles transpire cette absurdité à l'état natif, avant même qu'elle ne soit tempérée, dans les écrits ultérieurs de cet auteur, par son engagement politique et social personnel.

Dès 1942, Camus s'exprime ainsi dans *Le Mythe de Sisyphe* : « Je disais que le monde est absurde, et j'allais trop vite : le monde en lui-même n'est pas raisonnable, c'est tout ce qu'on peut en dire. Mais ce qui est absurde, c'est la confrontation de cet irrationnel et de ce désir éperdu de clarté dont l'appel résonne au plus profond de l'homme. L'absurde dépend autant de l'homme que du monde. »

Plus tard, dans *L'Homme révolté* (1951), il s'insurge : « Depuis vingt siècles, la somme totale du mal n'a pas diminué dans le monde. Aucune parousie, ni divine ni révolutionnaire, ne s'est accomplie. Une injustice demeure collée à toute souffrance, même la plus méritée aux yeux des hommes. »

La solution proposée par Camus, au nom de la dignité de l'homme, est connue : c'est la révolte. Camus n'est bien entendu pas le premier, ni le seul philosophe à s'être impliqué corps et âme dans le problème de l'absurde, et sa réponse tout à fait personnelle, puisant dans les forces de la vie elle-même et dans la révolte humaine, la seule possible à ses yeux, n'est qu'une parmi beaucoup d'autres réponses envisageables. La révolte, donc l'engagement auprès des siens, est la seule voie qui semble lui permettre de rejeter la solution du suicide, qui l'a préoccupé en de nombreuses occasions. Cette révolte est fondée, au premier degré, sur l'évidence de l'absurdité de la vie qu'apporte avec éclat la révélation de la mort : « L'insurrection humaine, dans ses formes élevées et tragiques, n'est et ne peut être qu'une longue protestation contre la mort, une accusation enragée de cette condition régie par la peine de mort généralisée. [...] Le révolté ne demande pas la vie, mais les raisons de la vie. Il refuse la conséquence que la mort apporte. Si rien ne dure, rien n'est justifié, ce qui meurt est privé de sens. » La critique mordante de Jeanson, au moment de la dispute Camus-Sartre, est donc aussi méchante qu'injustifiée : « Dieu vous occupe infiniment plus que les hommes. » Ce qui voulait dire, en somme, que Camus n'était qu'un petit bourgeois, plus préoccupé des questions métaphysiques abstraites que de la défense des humiliés dont il parlait tant : « La révolte prouve par là qu'elle est le mouvement même de la vie et qu'on ne peut pas la nier sans renoncer à vivre. Son cri le plus pur, à chaque fois, fait se lever un être. Elle est donc amour et fécondité, ou elle n'est rien. La révolution sans honneur, la révolution du calcul qui, préférant un homme abstrait à l'homme de chair, nie l'être autant de fois qu'il est nécessaire, met justement le ressentiment à la place de l'amour. Aussitôt que la révolte, oublieuse de ses généreuses origines, se laisse contaminer par le ressentiment, elle nie la vie, court à la destruction et fait se lever la cohorte ricanante de ces petits rebelles, graine d'esclaves, qui finissent par s'offrir, aujourd'hui, sur tous les marchés d'Europe, à n'importe quelle servitude. [...] On comprend alors que la révolte ne peut se passer d'un étrange amour. Ceux qui ne trouvent de repos ni en Dieu ni en l'histoire se condamnent à vivre pour ceux qui, comme eux, ne peuvent pas vivre : pour les humiliés. Le moment le plus pur de la révolte se couronne alors du cri déchirant de Karamazov : "S'ils ne sont pas tous sauvés, à quoi bon le salut d'un seul !" »

La révolte des philosophes

A Sartre qui l'accuse par Jeanson interposé, Camus répond : je n'ai pas comme vous mis mon fauteuil dans le sens de l'histoire ; allusion claire au compagnonnage de Sartre avec les matérialistes historiques et le communisme. Mais c'est là un élément étranger à l'existentialisme.

Chez les existentialistes, chez Sartre en particulier, la réponse au problème de l'absurde n'en est pas moins diamétralement opposée à celle de Camus. Pour Sartre, l'existence précède l'essence, ce qui veut dire qu'il affirme le primat de la liberté sur la construction du moi et du monde. A tout prendre, l'existentialisme de Sartre est peut-être moins pur que celui de Camus, dans la mesure où il est métissé par le matérialisme historique, ou plus précisément par l'idée que l'histoire a un sens. Les deux philosophes se rejoignent, toutefois, dans la conviction que le monde n'a pas de sens *sui generis* et que c'est nous qui devons lui en trouver un. La distinction classique chez Sartre de l'en-soi et du pour-soi reflète cette idée. L'en-soi, c'est le monde matériel, qui est doté de l'existence, mais est dépourvu d'essence. Comme on l'a vu, le pour-soi, c'est l'être qui est doté de l'existence, mais qui doit se prendre en charge lui-même pour donner à son existence un sens. C'est la métaphore célèbre du garçon de café qui n'existe que dans la mesure où il joue son rôle de garçon de café. Nous jouons tous des rôles, conformes à l'idée que nous nous faisons de ce que nous devons être. Et c'est ce rôle que nous jouons qui finit par transformer l'en-soi en pour-soi.

Avec Heidegger on voit apparaître, dans le droit fil de l'existentialisme, une définition circulaire de l'existence, sous la forme d'un mot qui est en même temps une boucle sur lui-même :

être-dans-le-monde.

L'être n'existe que dans le monde, et le monde n'existe que par l'être. Malheureusement, Heidegger paraît s'être complu dans le discours abscons, et son langage largement codé ne peut sans doute être compris que par les philosophes initiés. C'est néanmoins chez Heidegger qu'apparaît nettement l'analyse de la complexité, inséparable de ces boucles de rétroaction qui la caractérisent. Chez Heidegger, exister veut dire, comme l'étymologie le suggère, être-à-côté, avec une boucle comme celle indiquée plus haut. Dans l'existence, l'idée d'être et l'idée de monde sont inséparables. On ne peut pas être, si l'on n'est pas dans le monde. C'est donc dans nos *relations* avec le monde, les phénomènes extérieurs, que se construit l'existence même.

Heidegger est, on le sait, aujourd'hui très critiqué sur le plan de sa vie publique, voire de ses attitudes politiques. Autant les engagements de Camus et de Sartre sont jugés pour la plupart de nos contemporains comme tout à fait respectables, autant celui de Heidegger a été ambigu dans son flirt avec le national-socialisme hitlérien. Constater que de grands penseurs comme Heidegger ont pu trouver un compromis dans la vie de tous les jours avec leur philosophie de l'existence, et se tromper à ce point, ne peut qu'être une leçon de méfiance quant aux pouvoirs de l'esprit à nous diriger concrètement dans la vie, et nous inciter à la plus grande prudence envers tous les « maîtres à penser » d'hier et de demain.

Transcendance et désespoir

Kierkegaard, philosophe de la liberté, s'est résolu à trouver une autre issue à l'absurdité de la vie. Il pense l'avoir trouvée dans la transcendance. Ayant volontairement sacrifié ses amours à la recherche du sens de la vie[1], le sombre philosophe écrivit en 1849 un « traité du désespoir ». On peut y lire une analyse nouvelle et personnelle sur les rapports entre l'angoisse et le temps : « En face du passé, un homme peut éprouver des regrets, des remords, du repentir, non de l'angoisse. L'angoisse n'apparaît qu'en face d'un possible indéterminé : le futur[2]. »

Dans ce traité, il explique que le hasard et la nécessité sont les deux mamelles de la construction du moi : « Le possible et la nécessité sont également essentiels au moi pour devenir (nul devenir en effet pour le moi s'il n'est libre). Comme d'infini et de fin, *apeiron peras*, le moi a un égal besoin de possible et de nécessité. Il désespère autant par manque de possible que par manque de nécessité[3]. »

Mais pourquoi cette recherche vers la transcendance ? Dans *Ou bien... Ou bien*, Kierkegaard explique lui-même le chemin qui l'y a conduit : « J'étais si profondément ébranlé que je comprenais l'impossibilité radicale où j'étais de trouver le milieu paisible et assuré où la plupart des hommes ont leur vie : il me fallait ou bien me précipiter dans le désespoir et la sensualité ou bien choisir absolument le religieux comme l'unique chose nécessaire, ou bien le monde dans une mesure qui s'annonçait cruelle, ou bien le cloître. Au fond, il était décidé que j'opterais pour ce dernier parti, je ne pouvais faire autrement ; l'excentricité du premier mouvement exprimait simplement l'intensité du second, car j'avais compris combien il m'était impossible d'être religieux jusqu'à un certain point. »

---

1. On lira la superbe description de sa rupture avec Regine Olsen, sa fiancée, dans *Kierkegaard* par Marguerite GRIMAULT (« Écrivains de toujours », Le Seuil, 1962, p. 46) : « Il doit détacher sa fiancée de lui ; il se noircit à ses yeux [...] *Elle me demanda : Ne veux-tu jamais te marier ? Je lui répondis : Si, dans dix ans, quand le feu de la jeunesse sera passé et qu'il me faudra une jeune fille au sang chaud pour me rajeunir. Nécessaire cruauté.* [...] La rupture fait scandale dans les milieux bourgeois de la capitale. Kierkegaard, lui, des nuits durant, sanglote sur son amour perdu. »
2. *Ibid.*, p. 82.
3. S. KIERKEGAARD, *Traité du désespoir*, rééd. Gallimard, coll. « Folio-essais », 1988, p. 98.

Il convient de souligner ici le lien nécessaire, chez Kierkegaard, entre la désespérance et notre condition d'êtres libres. En fait, le désespoir, c'est la porte de la liberté. « Il est salutaire de désespérer de soi-même et, du fond de ce désespoir, de se choisir dans sa valeur éternelle. En effet, je ne peux alors choisir qu'au sens absolu. Et qu'est-ce donc cet absolu ? C'est moi-même, dans ma valeur éternelle. Et cette personne dans sa valeur éternelle, c'est la liberté. Par ce choix, l'homme abandonne l'esthétique pour l'éthique[4]. »

Compte tenu de l'enracinement de l'homme dans le monde, la paix de l'âme n'est pas accessible, mais seulement une certaine sérénité. La raison de cette sérénité a un nom : c'est Dieu.

Combien tourmentées, psychologiquement déséquilibrées, apparaissent aujourd'hui l'œuvre et la position de Kierkegaard ! Il faut dire qu'il a été élevé dans une atmosphère très particulière, marquée non seulement par le rigorisme du christianisme de cette époque, mais aussi par un drame familial touchant son père, qu'il a toujours voulu garder secret.

La joie contre l'absurde

Combien plus sereine, et pourtant apparentée dans ses grandes lignes à celle de Kierkegaard, apparaît la solution au problème de l'absurde proposée par Henri Bergson, le philosophe de la durée !

Bergson se trouve d'accord avec Kierkegaard pour trouver en définitive la raison de l'angoisse dans la prescience de la mort. Les animaux ne savent pas qu'ils doivent mourir, note-t-il. L'homme le sait. Envisagée de ce point de vue, la religion est une réaction défensive de la nature contre la représentation, par l'intelligence, de l'inévitabilité de la mort *(Les Deux Sources de la morale et de la religion)*. Et encore : « L'angoisse naît lorque l'homme tente de prévoir l'imprévisible. L'homme désarmé des origines a peu de prise sur la

4. M. Grimault, *op. cit.*, p. 69.

nature, et sur les causes secondes. Dans cette lacune proliféreront les causes mythiques sur lesquelles, parmi les premiers, insiste Lévy-Bruhl. »

A ce point, Bergson remarque avec bon sens que le *primitif* compte sur une régularité implicite des causes et des effets : « On ne nous dit pas que le primitif, voyant le vent courber un arbre, la vague rouler les galets, son pied même soulever de la poussière, fasse intervenir autre chose quc ce que nous appelons la causalité mécanique. Ce qui relève de l'occulte, c'est très exactement ce qui a *signification humaine.* Si l'une de ces causalités atteint l'homme, elle doit donc loger en elle une intention. En ce sens, il n'y a pas de hasard. » *(Ibid.)*

Comme les auteurs précédents, Bergson admet la possibilité d'un désordre fondamental dans le monde. Ce qui le distingue d'eux, là où il se démarque fondamentalement de Kierkegaard, c'est qu'il admet la relation possible entre ce désordre et un sens dans l'évolution et le devenir du monde. C'est le thème fondamental de *L'Évolution créatrice.* En particulier, il voit dans l'évolution des espèces, au travers des variations au hasard proposées par Darwin, quelque chose qui dévoile l'existence d'un sens. Il donne pour exemple de cet indice le fait qu'un même organe, tel l'œil, ait pu apparaître dans des lignées différentes. Les matérialistes prétendent, argumente-t-il, que c'est la sélection naturelle qui est responsable, dans chaque cas, de l'apparition de l'œil à partir des pigments photosensibles primitifs. Il est déjà bien difficile de croire que la complexité d'un seul type d'organe de ce genre, chez une seule espèce, ait pu apparaître par le simple jeu des variations au hasard et de la sélection naturelle. Mais comment expliquer sur de telles bases que l'œil d'un mollusque ressemble à celui d'un vertébré ? Que celui d'un mammifère moderne ressemble tant à celui d'un oiseau moderne ?

« Il y a, dans la vision, *plus* que les cellules composantes de l'œil et que leur coordination réciproque : en ce sens, ni le mécanisme ni le finalisme ne vont aussi loin qu'il le faudrait. Mais, en un autre sens, mécanisme et finalisme vont trop loin l'un et l'autre, car ils attribuent à la nature le plus formidable des travaux d'Hercule en voulant qu'elle ait haussé jusqu'à l'acte simple de vision une infinité d'éléments infiniment compliqués, alors que la nature n'a pas eu plus de peine à faire un œil que je n'en ai à lever la main. [...] Mais c'est ce que nous avons beaucoup de peine à comprendre, parce que nous ne pouvons pas nous empêcher de nous représenter l'organisation comme une *fabrication*. Autre chose est pourtant fabriquer, autre chose organiser. » (*L'Évolution créatrice*, p. 93.)

Ainsi Bergson insiste-t-il sur le fait que l'apparition d'un organe doit être comprise non pas comme une fabrication, mais comme une organisation. Une fabrication nécessite qu'on assemble des éléments préexistants, comme on fait un appareil de radio en assemblant des transistors et en les soudant les uns aux autres. Mais la création de l'œil à partir d'une cellule photosensible primitive indique que cette cellule possède en elle-même un pouvoir organisateur, qui va faire qu'autour d'elle vont s'agglomérer d'autres cellules photosensibles, qui vont intrinsèquement à elles-mêmes s'organiser en œil. Ainsi peut s'expliquer qu'un œil de mollusque ressemble à un œil de vertébré. Mais cela suppose qu'il existe dans l'être vivant un potentiel organisateur qui a quelque chose d'explosif. Bergson va même jusqu'à penser que ce potentiel organisateur chez le vivant lui permet de défier constamment la seconde loi de la thermodynamique ; on sait aujourd'hui que l'attribution de telles qualités vitalistes, transcendant les lois de la thermodynamique, était une erreur grave.

Bergson ne s'arrêtait pas là. Au-delà du pouvoir organisateur de la vie, il distinguait aussi un troisième niveau de transcendance, propre à l'esprit humain, manifesté non par l'intelligence mais par l'intuition. Dans ce dualisme radical, comment se situe le problème de l'angoisse ? On l'a vu, pour Bergson l'angoisse naît de ce que l'homme sait qu'il doit mourir. Mais dans *L'Énergie spirituelle* (1919), Bergson indique comment, contrairement à Kierkegaard, l'angoisse existentielle peut se transformer en joie profonde : « Les philosophes qui ont spéculé sur la signification de la vie et sur la destinée de l'homme n'ont pas assez remarqué que la nature a pris la peine de nous renseigner là-dessus elle-même. Elle nous avertit, par un signe précis, que notre destination est atteinte. Ce signe est la joie. [...] Or, si nous tenons compte de cette indication, nous trouvons que, partout où il y a joie, il y a création. Plus riche est la création, plus profonde est la joie. La mère qui regarde son enfant est joyeuse, parce qu'elle a conscience de l'avoir créé, physiquement et moralement. Le commerçant qui développe ses affaires, le chef d'usine qui voit prospérer son industrie, est-il joyeux en raison de l'argent qu'il gagne et de la notoriété qu'il acquiert ? Richesse et considération entrent évidemment pour beaucoup dans la satisfaction qu'il ressent, mais elles lui apportent des plaisirs plutôt que de la joie, et ce qu'il goûte de joie vraie est le sentiment d'avoir monté une entreprise qui marche, ou d'avoir appelé quelque chose à la vie. Prenez des joies exceptionnelles. Celle de l'artiste qui a réalisé sa pensée, celle du savant qui a découvert ou inventé. Vous entendrez dire que ces hommes travaillent pour la gloire, et qu'ils tirent leurs joies les plus vives de l'admiration qu'ils inspirent. Erreur profonde ! On tient à l'éloge et aux honneurs, dans l'exacte mesure où l'on n'est pas sûr d'avoir réussi. Il y a de la modestie au fond de la vanité ; c'est pour se rassurer qu'on cherche l'approbation, et c'est pour soutenir la vitalité peut-être insuffisante de son œuvre, qu'on voudrait l'entourer de la chaude admiration des hommes, comme on met dans du coton l'enfant né avant terme. Mais celui qui est sûr, absolument sûr d'avoir produit une œuvre viable et durable, celui-là n'a plus que faire de l'éloge, et se sent au-dessus de la gloire parce qu'il est créateur, parce qu'il le sait, et parce que la joie qu'il en éprouve est une joie divine. Si donc dans tous les domaines, le triomphe de la vie est la création, ne devons-nous pas supposer que la vie humaine a sa raison d'être dans une création qui peut, à la différence de celle de l'artiste et du savant, se poursuivre à tous moments chez tous les hommes ? La création de soi par soi ? L'agrandissement de la personnalité par un effort qui tire beaucoup de peu, quelque chose de rien et ajoute sans cesse à ce qu'il y avait de richesse dans le monde ?[5] »

Vivre avec le hasard

Entre les désespérances profanes ou sacrées des uns et la joie spirituelle des autres, la science, il est bien inutile de le dire, ne saurait nous forcer à choisir. Mais, dans la mesure où, dans les domaines les plus divers de la physique et des sciences biologiques, elle nous désigne comme de plus en plus vraisemblable l'existence d'un hasard vrai, quoique voilé derrière les apparences auxquelles seules nous accédons, elle nous demande de prendre en compte cette perspective. Contrairement à ce que l'on pourrait croire, il s'agit là d'une perspective relativement nouvelle, puisque, comme le rappelait Bergson, la pensée primitive, prompte à en appeler à la magie, ne laisse au hasard aucune place. Si le hasard existe je suis le fils du hasard, et ma mort même ne change que peu de chose à cette pensée. Alain Badiou a commenté cette idée que le hasard s'interpose entre l'être et le savoir[6]. Mais ce n'est pas assez : car la science nous suggère que le hasard existe par lui-même. A moi de choisir si je peux vivre avec lui dans le stoïcisme, la désespérance ou la joie, sachant que nulle puissance au monde, nul apprenti sorcier de laboratoire dans les balbutiements des sciences cognitives, ne pourra dicter ce choix. A ceux qui choisissent la joie, cependant, la science apporte ce réconfort important que, dans la mesure où le hasard est créateur, leur choix n'est peut-être pas seulement dicté par l'instinct ou le principe de plaisir, mais correspond à une vision cohérente du monde.

---

5. H. Bergson, *L'Énergie spirituelle*, rééd. PUF, 1972, p. 23.
6. Alain Badiou, *L'Être et l'événement*, Le Seuil, 1988, p. 432.

Conclusion

Il n'y a pas de hasard sans loi

Ce qu'il y a de merveilleux dans la nature, s'exclamait Einstein, c'est qu'elle soit intelligible. Il est vrai que la nature est intelligible, en grande partie. Toute la sphère de la recherche de lois, qui consiste à résumer la nature, s'est révélée possible et puissante. Mais Einstein disait aussi : Dieu est subtil, mais il n'est pas méchant. Subtil, il l'est en effet. Selon toute apparence, il a choisi d'inscrire la nature sur deux registres. Il y a le cadre des schémas déterministes, qui apportent beaucoup à notre compréhension du monde, mais qui excluent toute prise en compte du devenir, de la surprise, du nouveau. Et puis il y a le cadre des événements sans cause, du hasard. Celui-ci permet de rendre compte de l'évolution de l'Univers, des choses qui nous entourent, de la vie. La nature s'étale sur les deux rivages d'un grand fleuve, ou sur deux plans sur lesquels nos microscopes intellectuels ne peuvent pas focaliser en même temps.

On l'a vu, la recherche d'une définition positive du hasard a toujours échoué. La sphère du hasard ne peut se définir, négativement, que comme celle des événements dont la description n'admet aucune synthèse réductrice. Cela ne veut pas dire pour autant que le hasard ne livre pas de clés à l'intelligibilité humaine. Au contraire, tout le développement du calcul des probabilités, de la mécanique statistique, de la thermodynamique et jusqu'à la mécanique quantique le démontre : *il n'y a pas de hasard sans loi.*

Le hasard n'est donc pas l'ennemi de la rationalité que certains esprits voient en lui. Mais sa rationalité est différente de la rationalité déterministe. Et pour paraphraser Einstein tout en le complétant, nous dirions que le plus merveilleux dans la nature, c'est que même la part qui échappe à la causalité n'échappe pas pour autant au pouvoir de notre esprit de l'encadrer, d'édicter à son égard des lois. En fait, c'est par les lois du hasard que nous pouvons traquer son existence[1].

Il faut se rendre compte ici de la portée réelle de ces lois, qui ne concernent pas seulement les suites d'un grand nombre d'épreuves effectivement réalisées. Les difficultés de l'interprétation classique des probabilités, notamment sur les probabilités négligeables et sur le sens à donner à la probabilité d'événements uniques qui ont été résolues pour l'essentiel par l'interprétation néo-classique des probabilités en termes de mesures, au sens mathématique de ce terme. Contrairement à l'interprétation fréquentiste classique, l'interprétation moderne des probabilités à la lumière de la théorie de la mesure permet de remplacer les limites pour un nombre infini d'épreuves par des mesures qui peuvent porter sur des suites singulières. Elle permet également d'attribuer une probabilité à un événement unique, pourvu qu'existe l'ensemble illimité des suites virtuelles qui le complète[2]. Karl Popper estime même que, pour peu que l'on

1. Voir le livre de I. HACKING, *The Taming of Chance*, op. cit.

2. « Le fait marquant est que la nouvelle théorie attribue effectivement des probabilités aux *événements isolés*. Et bien qu'elle considère des suites d'événements et les fréquences au sein de ces suites, *la probabilité d'un événement peut être complètement différente de sa fréquence dans tel ou tel segment observé de ces suites* (ce n'est qu'avec les *limites* de sa fréquence au sein de *presque toutes* les suites que la probabilité de l'événement isolé doit s'accorder) », écrit Popper. (K. POPPER,

accepte l'interprétation qu'il propose des probabilités (en termes de *propensions*), ce qu'il a appelé le problème fondamental du hasard est résolu et s'interprète aisément dans le cadre de l'axiomatique de Kolmogorov. « Jointe à l'interprétation propensionniste, explique-t-il, cette dernière est en mesure d'*expliquer pourquoi* les suites d'événements indépendants [...] ont le comportement étrange que l'on constate — *pourquoi* elles se comportent comme des collectifs de von Mises, *pourquoi* leurs fréquences exhibent une tendance à la convergence ; *pourquoi* elles ont en même temps un caractère aléatoire, en sorte que (presque) tous les systèmes de jeu échouent. Le problème fondamental de la théorie du hasard est résolu à partir du moment où nous sommes en mesure de comprendre ce comportement étrange, joignant la régularité à l'irrégularité — comportement qu'en un sens chacun de nous attend d'événements gouvernés par le hasard, mais qui n'en constitue pas moins, pour quiconque y réfléchit sérieusement, un problème considérable[3]. »

Oui, mais comment faut-il considérer la réalité de ces propensions ? Sont-elles des propriétés attachées aux événements eux-mêmes, un par un, individuellement ? Popper répond par la négative. Les propensions, explique-t-il, sont des propriétés relationnelles. « La tendance des moyennes statistiques à demeurer stable, si les conditions le sont aussi, constitue l'une des caractéristiques les plus remarquables de notre univers. On ne peut en rendre compte, me semble-t-il, que par la théorier propensionniste, autrement dit l'idée selon laquelle il existe des possibilités qui sont *plus que de simples possibilités.* Ce sont des tendances ou propensions à se réaliser elles-mêmes ; inhérentes, à des degrés divers, à toutes les possibilités, elles sont comme des forces qui garantissent la stabilité des fréquences. [...] On suppose que les propensions ne sont pas de simples possibilités, mais qu'elles ont une réalité physique. Elles sont aussi "réelles" que des forces ou des

Le Réalisme et la Science. Post-scriptum à la Logique de la découverte scientifique, I, Hermann, Paris, 1990, p. 393.)

3. K. Popper, *op. cit.*, p. 384.

champs de forces. Et *vice versa* : les forces sont des propensions à mettre des corps en mouvement, à accélérer, et les champs de forces des propensions distribuées sur une région donnée de l'espace [...]. Les champs de forces sont des champs de propensions. Ils sont réels, ils existent[4]. » Réflexion qu'il complète ailleurs : « Une force newtonienne n'est pas la propriété d'un objet, mais la propriété relationnelle d'au moins deux objets ; et les forces qui en résultent effectivement dans un système matériel donné constituent toujours une propriété du système dans son ensemble. La force, comme la propension, est un concept relationnel[5]. »

Nous ne sommes bien entendu pas contraints d'adopter dans son entièreté le point de vue de Karl Popper, et il ne manque pas d'épistémologues critiques à son égard. Mais on doit constater cependant une convergence entre l'approche moderne des probabilités et son point de vue, qui s'accorde aussi avec l'interprétation que nous pouvons être tentés de donner aux propriétés du hasard naturel, lorsque l'on constate son pouvoir téléonomique.

Le hasard téléonomique

Par définition, les événements au hasard n'ont pas d'antécédents. Aucune main, aucune providence extérieure à lui-même ne le conduit, sans quoi ce ne serait plus du hasard.

Par construction, le hasard mathématique ne peut conduire nulle part. Ce qu'il fait aujourd'hui, il peut le défaire demain, dans un aveuglement total. Il est l'absurdité même. Mais le hasard, tel que nous l'avons rencontré incarné dans la nature, de la cosmogonie à l'évolution biologique, échappe décidément à cet enfermement dans l'absurde. Il y a donc une différence entre le hasard physique et le hasard mathématique. La différence est celle-ci : le hasard mathématique

4. K. Popper, *Un univers de propensions. Deux études sur la causalité et l'évolution, op. cit.*, p. 33.
5. K. Popper, *Le Réalisme et la Science, op. cit.*, p. 372.

n'est pas constructeur. Le hasard physique, lui, construit, même si c'est sans finalité externe. Personne ne dirige et personne n'utilise le hasard, et dans ce sens les anciens schémas téléonomiques sont démentis par lui. La finalité du hasard physique, il la porte en lui-même. Et ce qu'il y a de remarquable, c'est que cela conduit à l'organisation du vide originel en structures majestueuses déployées dans le cosmos, à l'étincelle de la vie et à celle de la pensée, même si aucune de ces formes d'organisation n'est *a priori* nécessaire. « Pour Monod, commente à ce sujet Hubert Reeves[6], le rôle essentiel du hasard dans l'évolution biologique prouve l'absence d'une "intention" dans la nature. A ce titre, il dénonce comme illusoire l'ancienne alliance de l'homme avec l'Univers. L'homme est un accident de parcours, dans un cosmos vide et froid. Il est un enfant du hasard. Certes. Mais du "hasard bridé". Levons notre chapeau à la nature qui a assujetti le "hasard" pour s'en faire un admirable allié. »

Karl Popper a développé cette idée que le hasard naturel est doté d'une sorte de « connaissance *a priori* ». « Chez Kant, explique-t-il, la connaissance *a priori* est une connaissance que nous possédons *antérieurement [prior]* à l'observation sensorielle; et la connaissance *a posteriori* est une connaissance que nous possédons *postérieurement* à l'observation. [...] J'utiliserai donc le terme *"a priori"* pour caractériser le type de connaissance (faillible) qu'un organisme possède *antérieurement à l'expérience sensible*, en gros, il s'agit de connaissances *innées.* » Et Popper donne pour exemple d'une telle connaissance l'invention de l'œil, qui avait déjà attiré les réflexions de Bergson : « L'invention de l'œil est donc l'invention d'une nouvelle connaissance théorique *a priori*, d'une adaptation à l'environnement. Ce fut dès l'origine une adaptation à la structure "à long terme" de l'environnement : à l'existence de lumière solaire potentiellement utilisable comme aliment. L'œil incorpore ainsi la connaissance de cette structure environnementale. Il s'agit d'une connaissance théorique d'un haut degré d'universalité,

6. H. REEVES, *Patience dans l'azur*, Le Seuil, Paris, 1981, p. 158.

presque au même titre que la connaissance kantienne de l'espace et du temps[7]. »

Un imposteur : le chaos déterministe

On a assisté ces dernières années au développement prodigieux de la science du désordre, sous forme de théorie du chaos déterministe. L'engouement du public pour cette nouvelle approche des problèmes scientifiques souvent complexe a été de pair avec les belles figures que les ordinateurs les plus puissants d'aujourd'hui peuvent nous livrer en matière de fractales et d'attracteurs étranges. Du coup, tout un pan de la science des systèmes complexes (la turbulence par exemple), autrefois comprise comme autant de réalisations de processus hasardeux (ou stochastiques comme l'on dit aussi), est devenu accessible par des méthodes scientifiques. On a pu démontrer que des événements qui avaient l'apparence du hasard étaient en réalité des phénomènes parfaitement déterminés, mais dont la trajectoire continue et déterministe ne peut se décrire que dans un espace à dimension plus élevée que celui dans lequel on cherchait jusque-là à les représenter.

Fort bien. Mais il ne faut pas non plus se laisser abuser, et aller chanter que depuis que la théorie du chaos déterministe existe le problème du hasard a été résolu ou évacué du champ de nos interrogations fondamentales. Le chaos déterministe est un exemple parfait, un de plus, de la démarche classique et légitime du chercheur : celle qui consiste à repousser le plus loin possible les limites du hasard. On peut regretter seulement qu'un choix malheureux ait usurpé, pour décrire ces phénomènes, le beau nom que Platon avait réservé à la substance fondamentale et originelle de l'Univers. La science du chaos telle qu'elle est décrite dans ces nouveaux traités n'est en rien la science du hasard, mais celle de ses contrefaçons dans l'Univers. L'existence de contrefaçons n'a

7. K. Popper, *Un univers de propensions. Deux études sur la causalité et l'évolution, op. cit.*

jamais évacué le problème de l'existence, réelle ou non, de l'original !

Une coupure qui donne du sens

Si l'original existe vraiment, il est, comme l'on s'est efforcé de le montrer tout au long de ce livre, tapi derrière une coupure. L'idée de couper court à toute spéculation métaphysique sur l'origine des probabilités pour en poser l'existence et vérifier ses conséquences pratiques est certainement à mettre largement au crédit de Darwin.

Darwin a projeté dans la théorie qu'il construisait le hasard des variations, telles qu'elles apparaissent chez les naturalistes. Ce faisant, il n'a pas seulement transposé, mais *posé*, le hasard comme fondement de l'évolution biologique. Le mot qui résume le rôle assigné au hasard dans sa pensée et dans son œuvre est peut-être celui d'*opportunisme.* Le passage des variations telles qu'on les observe dans la pratique de la sélection artificielle au hasard projeté dans la sélection naturelle est l'un des points marquant la différence entre Darwin et Alfred Russel Wallace, l'autre inventeur de l'évolution biologique. En effet, c'est précisément sur la question du hasard que l'œuvre des deux grands pionniers de l'évolutionnisme moderne diverge. Pour Wallace, il était possible que la direction de l'évolution soit entièrement déterminée par la sélection qui s'applique sur une population. En conséquence, son évolutionnisme pouvait fort bien être concilié avec la théologie naturelle. Il ne considérait pas qu'une variation puisse créer les conditions d'une nouvelle sélection, et que cette sélection subisse les contraintes propres aux variations. Chez Darwin au contraire, le non-couplage entre variations et sélection ne peut mener qu'à l'absence de direction, à l'absence de finalité. L'*opportunisme* du hasard vivant peut s'appliquer à plein et conduire aveuglément le destin de l'évolution.

A son corps défendant, Darwin effectue un déplacement important de la problématique sur la finalité. Avant lui, la question se résolvait dans une alternative entre causes efficientes et causes finales. Avec lui, cette question devient celle d'une coupure irréconciliable entre les causes et les effets, entre le hasard et l'évolution. En fait chez Darwin ce qui est important c'est que le « but » n'est pas la cause des effets qui l'atteignent. C'est justement ce qui fait la difficulté de sa réconciliation avec la théologie naturelle, du moins telle qu'elle était comprise au XIXe siècle.

L'introduction de la coupure théorique peut, estime Lenay, permettre de comprendre comment le hasard n'est ni « subjectif » ni « objectif ». Il est « théorique », ce qui n'a de sens que dans le cadre d'une théorie scientifique construite et donc historique[8]. Mais où placer la théorie elle-même ? Du côté de la nature, comme semblait le vouloir Einstein avec son réalisme théorique ou du côté de l'épistémologie, comme l'aurait sans doute voulu Niels Bohr ?

La notion de coupure associée au hasard, fondatrice d'une qualité nouvelle et fondamentalement différente de la réalité (par rapport à ce qu'elle serait sans elle) a bien évidemment une connotation métaphysique. Elle recoupe la distinction classique entre probabilité d'ignorance et probabilité intrinsèque. Comme Prigogine et Stengers le rappellent justement[9], ce que j'appellerai le problème de la coupure ontologique du hasard porte une certaine ressemblance avec le vieux problème déjà soulevé par Leibniz au XVIIe siècle sur le passage à la limite d'une connaissance de précision finie à une connaisance infinie, qui ne peut s'exprimer ni en mots ni en chiffres, et que Leibniz croyait réservée à Dieu.

Mais ce que Darwin n'avait pas prévu, c'est que le problème de la finalité n'est pas radicalement exclu par la découverte de la coupure du hasard physique, il est seulement déplacé. La question qui se pose maintenant est celle-ci : y a-t-il dans le hasard physique quelque chose de plus que sa définition mathématique ne le laisse entendre ? Rappelons-le, la définition mathématique du hasard se résume en ceci

8. Charles LENAY, *op. cit.*, p. 245.
9. I. PRIGOGINE et I. STENGERS, *op. cit.*, p. 96.

que le hasard ne souffre aucun résumé. Si le hasard physique existe, il doit se conformer à cette exigence, mais il n'est pas obligé de s'y limiter. Il se peut que le hasard physique soit aussi le siège d'une poussée créatrice, d'un acte moteur qui ne cesse de passer de l'état de virtualité à l'état d'actualité, des « propensités » qui ne cessent de devenir des événements probables.

Les enseignements de la mécanique quantique

Après tout, cela rappelle bien des choses familières. La mécanique quantique soulève le problème du chat de Schrödinger, et il semble que pour le résoudre il faille accepter qu'à un niveau ou à un autre existe une coupure entre le monde microscopique et le monde macroscopique, celui des phénomènes tels que nous les percevons. Mais comme il est bien connu, nous ne savons pas l'endroit précis où nous pouvons placer cette séparation. Il est même, dans ce cas, en partie arbitraire.

Parmi les auteurs qui sont venus le plus près de la conception du hasard qu'on vient d'exposer, on retiendra surtout Karl Popper. Dans une belle analyse de la pensée de cet auteur, Prigogine et Stengers, après avoir remarqué qu'en apparence dans l'interprétation orthodoxe de la mécanique quantique « irréversibilité et probabilités apparaissent comme relatives aux conditions sous lesquelles le monde quantique peut être observé », notent que Karl Popper a eu raison d'objecter qu'il n'y a aucune raison d'identifier le « rêve » d'un retour au réalisme à celui d'un retour au déterminisme[10].

La mécanique quantique nous a dévoilé la nécessité de recourir à une vision radicale, essentielle, du hasard. « Ce qui est important et neuf, à propos de la mécanique quantique, note Patrick Suppes, n'est pas tant la négation du déterminisme, chose que je tiens pour un fait d'expérience

10. Voir p. 195.

courante (une foule d'expériences quotidiennes plaident contre le déterminisme ; ce qui nous avait induits à voir le monde d'une façon déterministe, c'était la séduction de la divine musique de la mécanique céleste composée par Newton et Laplace). Mais la négation de la causalité stochastique [c'est-à-dire l'impossibilité de recourir à des variables cachées] constitue un nettoyage autrement radical[11]. »

On se retrouve donc poussé à poser l'existence de probabilités intrinsèques. Popper, on le sait, les a baptisées *propensités.* Si elles ne paraissent malheureusement pas de nature à résoudre entièrement les problèmes épistémologiques soulevés par la mécanique quantique, tels que l'analyse en a été faite par Bernard d'Espagnat[12], elles permettent cependant d'en résoudre certaines, de se trouver plus près d'une compréhension satisfaisante de la nature de la nature[13].

La preuve par la puissance conceptuelle du hasard

Une autre des raisons essentielles qui nous pousse à adopter cette attitude favorable au réalisme du hasard est l'utilité pratique de cette croyance. Les concepts que l'on forge dans les sciences de la nature ne sont d'abord que des mots commodes parce qu'ils nous aident à comprendre la nature. Éventuellement, un examen plus détaillé peut nous donner des raisons supplémentaires de croire que la puissance des concepts ainsi introduits n'est pas seulement sémantique, mais puise sa force dans une sorte d'existence ontologique. Que l'on songe, par exemple, à l'introduction feutrée du concept de champ électromagnétique dans la théorie physique et à la place épistémologique qu'il occupe aujourd'hui.

A cet égard le concept de hasard n'échappe pas à cette loi. Je crois au hasard parce que, avec ce concept comme outil,

11. P. Suppes, *Logique du probable*, Flammarion, Paris, 1981, p. 119.
12. B. d'Espagnat, *Une incertaine réalité, op. cit.*, p. 207.
13. Voir James H. Fetzer, « Probability and Objectivity in Deterministic and Indeterministic Situations », *Synthèse* (1983), vol. 57, p. 367-386. Pour une vue contraire, on consultera Antony O'Hear, *op. cit.*, p. 135.

il m'est plus facile de comprendre la différence entre chaleur et énergie cinétique. Je crois au hasard parce qu'avec ce concept, il m'est plus facile de comprendre la temporalité, l'irréversibilité temporelle, non comme illusion de nos sens ou comme filtre imposé par le fonctionnement de notre cerveau, mais comme propriété réelle de la nature en soi. Je crois au hasard parce qu'il m'aide à voir la puissance de la vie, le grand souffle qui enveloppe la matière pour l'embraser et la pousser dans les contorsions du grand arbre de la vie.

Certains remarqueront malicieusement que je ne fais que transposer ici les anciennes preuves théologiques de l'existence de Dieu, dont on connaît la fragilité. Je ne partage pas l'enthousiasme de certains scientifiques et de certains philosophes pour les indices de concordisme qu'ils peuvent trouver dans une interprétation des données cosmologiques dans le cadre d'un « principe anthropique ». Ils me semblent oublier trop facilement la myopie à laquelle nous contraint notre situation concrète d'immergés dans un monde particulier : notre regard ne peut embrasser que le puits local dans lequel la nature nous a piégés, et nous rend incapables de concevoir les autres « puits locaux » qui représentent d'autres univers possibles. Mais j'accepte cependant le rapprochement évoqué plus haut entre le réalisme du hasard et la preuve de saint Anselme sur l'existence de Dieu. Seulement, la science du XXe siècle me paraît avoir fait quelques pas depuis que ce père de l'Église a inventé l'argument. Concevoir la perfection de Dieu n'est peut-être pas une preuve de son existence, s'il ne consent pas à nous parler. Le hasard est peut-être sa voix. De toute façon, ce grand diable de Bergson avait raison quand il écrivait : « La philosophie n'est pas seulement le retour de l'être à soi-même... Elle est aussi un effort pour comprendre l'évolutionnisme vrai, et par là le vrai prolongement de la science. »

Le hasard ne menace pas l'idéal scientifique

J'ai donné les raisons pour lesquelles je penche pour une interprétation objective du hasard, même s'il faut aussi accepter pour cela l'existence d'une coupure radicale, d'une claire distinction d'un en deçà ontologique et d'un au-delà phénoménologique, proche sans doute de la distinction kantienne entre monde en soi et phénomènes. La raison essentielle est qu'elle seule, me semble-t-il, permet de rendre l'irréversibilité temporelle intelligible : je crois que sur ce point la science moderne a conforté, plutôt que disqualifié, les arguments de Charles Sanders Peirce. Il n'en reste pas moins vrai qu'une telle coupure marque une limite à l'idéal réductionniste de la science : les approches de type réductionniste, qui cherchent à expliquer les observations à une échelle donnée par des déterminations à une échelle inférieure (par exemple les propriétés chimiques des corps par la structure atomique de leurs molécules), ne peuvent être poursuivies sans fin. Il arrive un moment où le sol se dérobe sous leurs pas.

Mais je ne crois pas que cela doive être une cause de chagrin ou de scandale, ni pour René Thom ni pour personne d'autre. Je fais mien l'idéal scientifique qui est de pousser *aussi loin que possible* les instruments scientifiques de la connaissance. Mais contrairement à René Thom, qui croit indispensable de poser qu'il n'existe pas de limite (ce qui après tout, compte tenu de ce que nous savons que nous ne savons pas, est une attitude métaphysique), j'accepte qu'une limite existe. Le point essentiel, qui peut nous réconcilier, est que nous ne savons pas où la placer. De ce fait même, il reste encore un champ illimité pour la recherche scientifique. Je ne vois donc pas comment, dans ces conditions, on pourrait accuser les partisans d'un hasard fondamental de désertion de l'idéal scientifique.

Il n'est pas question ici d'adopter sur le hasard un point de vue positiviste et dualiste. Le hasard nous introduit aux mystères voilés de la réalité en soi, mais il ne nous force pas nécessairement à abandonner à son sujet l'attitude prudemment réaliste qui a toujours caractérisé l'idéal scientifique. Le programme épistémologique auquel l'on songe ici n'est évidemment pas compatible avec le point de vue de Costa de Beauregard, si on le résume avec Campbell en ces termes :

« L'entropie est un aspect des probabilités, et les probabilités opèrent la charnière entre la matière et l'esprit, là où l'un est noué à l'autre, et réagit sur l'autre. » A ce niveau, me semble-t-il, on a confondu arbitrairement le problème de l'information et celui de la nature des probabilités. Le principe d'économie de la pensée m'incite très fortement à conjurer les cybernéticiens et autres théoriciens des communications de ne pas nous entraîner, sans de plus solides raisons que celles qu'ils nous ont présentées jusqu'ici, à introduire sous le vocable d'information quelque grandeur qui aurait une qualité nouvelle, non réductible. Et je ne crois pas que le hasard ou les probabilités, pour exister vraiment, réclament cette sorte de dualisme rampant. On peut, au contraire, conserver l'idéal scientifique uniréaliste et croire cependant au hasard, à condition de spécifier que l'on ne sait pas où placer la coupure entre les événements sans cause et ceux qui obéissent à des lois. Je crois au hasard, mais je m'engage sans réserve à rechercher sans répit à repousser l'horizon de l'aléatoire.

Peut-être convient-il de remarquer encore, au moment de clore ce livre, qu'en plaidant ainsi pour la réalité du hasard je ne fais pas œuvre de pionnier. Le nombre de ceux qui défendent des points de vue proches des miens dans les milieux scientifiques ne cesse d'augmenter, tandis que les chevaliers du déterminisme absolu se trouvent souvent acculés à un combat défensif. Mais c'est sans doute le moment de rappeler que les révolutions scientifiques, chères à Thomas Kuhn, ou les changements de paradigmes, selon Gerald Holton, ne se font pas brusquement et ne sont pas l'œuvre d'un seul artisan. « Une révolution scientifique, observe Alan Chalmers, signifie l'abandon d'un paradigme et l'adoption d'un nouveau, non par un savant isolé, mais par la communauté scientifique concernée dans son ensemble. A mesure que davantage de savants se convertissent, pour diverses raisons, au nouveau paradigme, il se produit une "modification croissante de la distribution des persuasions professionnelles" [selon la formule utilisée par Kuhn dans *La*

Structure des révolutions scientifiques][14]. » Nous assistons peut-être, je dirai même probablement, à l'un de ces basculements, de ces achèvements d'une révolution scientifique commencée courageusement en 1859 par deux pionniers qui avaient nom James Clerk Maxwell et Charles Darwin. Le changement annoncé devrait permettre à la science de retrouver une liberté qui s'était vue trop contrainte par la vision classique, et relancer dans beaucoup de domaines l'inspiration pour de nouveaux programmes de recherche. Certains esprits y perdront la voie facile des certitudes, mais d'autres, à l'instar d'Ilya Prigogine, y verront l'opportunité d'une nouvelle alliance entre l'homme et la nature.

---

14. A. F. CHALMERS, *op. cit.*, p. 162.

Bibliographie

Ouvrages collectifs

Le Darwinisme aujourd'hui, Le Seuil (« Points Sciences »), Paris, 1979.

Le Hasard aujourd'hui, Le Seuil (« Points Sciences »), Paris, 1991.

Living Fossils, ouvrage collectif collationné par Niles ELDREDGE et Steven M. STANLEY, Springer-Verlag, New York, 1984.

Mathematical Challenges to the Neo-Darwinian Interpretation of Evolution, ouvrage collectif collationné par P. S. MOORHEAD et M. M. KAPLAN, The Wistar Institute Press, Philadelphie, 1967.

The Empire of Chance, ouvrage collectif collationné par G. GIGERENZER, Z. SWIJTINK, T. PORTER, L. DASTON, J. BEATTY et L. KRÜGER, Cambridge University Press, 1985.

Théories de l'évolution. Aspects historiques, textes choisis, présentés et annotés par J.-M. DROUIN et C. LENAY, Presses Pocket, Paris, 1990.

The Probabilistic Revolution; I, Ideas in History, ouvrage collectif collationné par L. Krüger, L. J. Daston, M. Heidelberg, The MIT Press, Cambridge, 1987.

The Probabilistic Revolution; II, Ideas in Science, ouvrage collectif collationné par L. Krüger, G. Gigerenzer, M. S. Morgan, The MIT Press, Cambridge, 1987.

Quantum Theory and Measurement, recueil d'articles par J. A. Wheeler et W. H. Zurek, Princeton University Press, 1983.

La Querelle du déterminisme, « Le Débat », Gallimard, Paris, 1990.

« La Science du désordre », *La Recherche*, n° 232 (mai 1991).

Livres et articles

Atlan H., *L'Organisation biologique et la théorie de l'information*, Hermann, Paris, 1972.

Atlan H., *Entre le cristal et la fumée*, Le Seuil, Paris, 1979.

Barreau H., *L'Épistémologie*, « Que sais-je ? », n° 1475, PUF, Paris, 1990.

Batterman R. W., « Irreversibility and Statistical Mechanics: A New Approach ? », *Philosophy of Science*, vol. 57, 1990, p. 395-419.

Benasayag M., *Utopie et Liberté. Les droits de l'homme : une idéologie ?*, La Découverte, Paris, 1986.

Bergson H., *L'Évolution créatrice*, rééd. PUF (« Quadrige »), Paris, 1981.

Bergson H., *L'Énergie spirituelle*, rééd. PUF, Paris, 1972.

Blanc D., *Les Héritiers de Darwin. L'évolution en mutation*, Le Seuil, Paris, 1990.

Bohm D., *Causality and Chance in Modern Physics*, Van Nostrand, New York, 1957.

Bonitzer J., *Philosophie du hasard*, Éditions Sociales, Paris, 1984.

Borel E., *Le Hasard*, Alcan, Paris, 1914.

Borel E., *Les Probabilités et la Vie*, « Que sais-je ? », n° 91, PUF, Paris, 1967.

BROOKS D. R. et WILEY E. O., *Evolution as Entropy*, University of Chicago Press, 1986, rééd. 1988.

CAMPBELL J., *Grammatical Man. Information, Entropy, Language and Life*, Simon et Schuster, New York, 1982.

CHALMERS A., *Qu'est-ce que la science ? Popper, Kuhn, Lakatos, Fayerabend*, La Découverte, Paris, 1987.

CHANGEUX J.-P., *L'Homme neuronal*, Fayard, Paris, 1983.

CHANGEUX J.-P. et CONNES A., *Matière à penser*, Odile Jacob, Paris, 1989.

COSTA DE BEAUREGARD O., *Le Second Principe de la science du temps. Entropie, information, irréversibilité*, Le Seuil, Paris, 1963.

DARWIN C., *L'Origine des espèces*, rééd. La Découverte, Maspero, 1982.

DASTON L., *Classical Probability in the Enlightment*, Princeton University Press, 1988.

DE LA HARPE J., *De l'ordre et du hasard, le réalisme critique d'Antoine Augustin Cournot*, Neufchâtel, secr. de l'Université, 1936.

DELEDALLE G., *Lire Peirce aujourd'hui*, De Boeck-Wesmael, Bruxelles, 1990.

D' ESPAGNAT B., *A la recherche du réel*, Bordas, Paris, 1979.

D' ESPAGNAT B., *Une incertaine réalité*, Gauthiers-Villars, Paris, 1985.

D' ESPAGNAT B., *Penser la science, ou les enjeux du savoir*, Gauthiers-Villars, Paris, 1990.

EDELMAN G., *Neural Darwinism. The Theory of Neuronal Group Selection*, Basic Books, New York, 1987.

EDELMAN G., *The Remembered Present. A Biological Theory of Consciousness*, Basic Books, New York, 1989.

EKELAND I., *Au hasard. La chance, la science et le monde*, Le Seuil, Paris, 1991.

GLEICK J., *La Théorie du chaos*, Albin Michel, Paris, 1990.

GOULD S. J., *Darwin et les grandes énigmes de la vie*, Pygmalion, Paris, 1979.

GOULD S. J. *La vie est belle. Les surprises de l'évolution*, Le Seuil, Paris, 1991.

HACKING I., *The Taming of Chance*, Cambridge University Press, New York, 1991.

HEISENBERG W., *Physique et Philosophie*, Albin Michel, Paris, 1961.

HEINSENBERG W., *La Partie et le Tout*, Albin Michel, Paris, 1972.

JACQUARD A., *Les Probabilités*, « Que sais-je », n° 1571, PUF, Paris, 1974.

JACOB F., *La Logique du vivant*, Gallimard, Paris, 1970.

JACOB F., *Le Jeu des possibles*, Fayard, Paris, 1981.

JACQUES J., *L'Imprévu, ou la Science des objets trouvés*, Odile Jacob, Paris, 1990.

KIMURA M., *Théorie neutraliste de l'évolution*, Flammarion, Paris, 1990.

KOHN A., *Par hasard ou par erreur ? Chance et malchance dans les grandes découvertes scientifiques*, trad. par P. Baud et T. Baud, Eshel, Paris, 1990.

KOLMOGOROV A. N., *Foundations of the Theory of Probability* (1933), rééd. Chelsea Publication Cie, New York, 1956.

LANDSBERG P. T., « Usages et limites du concept d'entropie », *Communications*, 1985, vol. 41, p. 63.

LAYZER D., « The Arrow of Time », in *The Astrophysical Journal*, 1976, vol. 206, p. 559.

LAYZER D., « Quantum Mechanics, Thermodynamics, and the Strong Cosmological Principle », in *Physics as Natural Philosophy, essays in honor of Laszlo Tisza on his seventy-fifth birthday*, Abner SHIMONY and Herman FESBACH (eds.), The MIT Press, Cambridge, 1983, p. 240.

LAYZER D., *Cosmogenesis: the Growth of Order in the Universe*, University Press, New York, 1990.

LESTIENNE R., « Unité et ambivalence du concept de temps physique », *Cahiers d'histoire et de philosophie des sciences*, n° 9, CNRS, 1979.

LESTIENNE R., « Entropie, temps mécanique et flèche cosmologique », *Scientia*, 1980, vol. 115, p. 337-358.

LESTIENNE R., « A la mémoire de Ludwig Boltzmann, l'entropie est-elle objective ? », *Fundamenta Scientiae*, 1987, vol. 8, p. 173-184.

LESTIENNE R., *Les Fils du temps. Causalité, entropie, devenir*, Les Presses du CNRS, Paris, 1990.

MAYR E., *La Biologie de l'évolution*, Hermann, Paris, 1981.

MAYR E., *Histoire de la biologie. Diversité, évolution et hérédité*, trad. par M. Blanc, Fayard, Paris, 1989.

MONOD J., *Le Hasard et la Nécessité*, Le Seuil, Paris, 1970.

MORIN E., *Science avec conscience*, Fayard, Paris, 1982.

O'HEAR A., *Karl Popper*, Routledge et Kegan Paul, Londres, 1980.

ORTOLI S. et PHARABOD J. P., *Le Cantique des quantiques*, La Découverte, Paris, 1984.

PEIRCE C., *Selected Philosophical Writings, Values in a Universe of Chance*, Dover Publ., New York, 1958.

PENROSE R., *The Emperor's New Mind*, Oxford University Press, 1989.

PESSIS-PASTERNAK G., *Faut-il brûler Descartes ? Du chaos à l'intelligence artificielle : quand les scientifiques s'interrogent (Entretiens)*, La Découverte, Paris, 1991.

POINCARÉ H., *Calcul des probabilités*, Gauthiers Villars, 1912 ; rééd. Jacques Gabay, Sceaux, 1987.

POINCARÉ H., *La Science et l'Hypothèse*, rééd. Flammarion (« Champs »), Paris, 1968.

POPPER K. R., *La Logique de la découverte scientifique*, Payot, Paris, 1978.

POPPER K. R., *Le Réalisme et la Science. Post-scriptum à la Logique de la découverte scientifique, I*, Hermann, Paris, 1990.

POPPER K. R., *Un univers de propensions, deux études sur la causalité et l'évolution*, L'Éclat, 30250 Combas, 1992.

PRIGOGINE I., *Physique, Temps et Devenir*, Masson, Paris, 1980.

PRIGOGINE I. et STENGERS I., « La Nouvelle Alliance », *Scientia*, 1977, vol. 112, p. 287-304 ; *Scientia*, 1977, vol. 112, p. 617-630.

PRIGOGINE I. et STENGERS I., *La Nouvelle Alliance*, Gallimard, Paris, 1979.

PRIGOGINE I. et STENGERS I., *Entre le temps et l'éternité*, Fayard, Paris, 1988.

REICHENBACH H., *The Theory of Probability*, University California Press, Berkeley, 1949.

RUELLE D., *Hasard et Chaos*, Odile Jacob, Paris, 1991.

RUHLA C., *La Physique du hasard*, Hachette, Paris, 1989.

STRAHLER A. N., *Science and Earth History: The Evolution/Creation Controversy*, Prometheus Books, Buffalo, New York, 1987.

SUPPES P., *Probabilistic Metaphysics*, Blackwell, Oxford, 1985.

SUPPES P., *Logique du probable, démarche bayésienne et rationalité*, Flammarion, Paris, 1981.

TEILHARD DE CHARDIN P., *Le Phénomène humain*, Le Seuil, Paris, 1955.

WALD A., *Statistical Decision Functions*, Wiley, New York, 1950.

Table

II. Le hasard dans la vie

III. LE HASARD PHYSIQUE

Composition Facompo, Lisieux (Calvados)
Achevé d'imprimer en janvier 1993
sur les presses de la SEPC, Saint-Amand (Cher)
Dépôt légal : janvier 1993
Numéro d'imprimeur : 115
Premier tirage : 3 000 exemplaires
ISBN 2-7071-2191-6